THINK GROWTH

Herausgeber und Initiator: Tomas Herzberger
Satz: Slaven Kovacevic
Cover-Gestaltung: Laeeq Hussain Arif

INHALT

VORWORT VON MORGAN BROWN

In 2013, I was working with Sean Ellis on his consumer-insights startup, Qualaroo. It was four months before we would launch GrowthHackers.com and I was focused on building a new webinar program to drive leads for the SaaS survey tool we sold. I saw lots of SaaS companies running webinars and so I thought we should also be doing it.

I spent months and months working on this webinar program, getting guests to host them with Sean and getting deals in place to have our webinars marketed to our partners' customer databases. It was a ton of work (I lived, ate and slept thinking about webinars) but the results were meager. We generated a lot of leads but few who were qualified and even fewer that turned into new sales.

At the same time, the Qualaroo survey widget shown on every customer website had a link back to our own. This little link drove thousands of visits every month and was one of our most important sources of trials and sales. One day, while I was sweating the details of yet another webinar, Sean asked me if we had tested anything around the funnel of people coming from the Qualaroo survey widget to our site. The truth is, we hadn't. I had been so focused on building out this under-performing webinar program that I didn't even think of trying to make this very important sales channel any better.

After a quick sanity check, we decided to give the webinars a break and spend some time seeing if we could improve the funnel from the survey link. And we could! We found that by changing just the copy of the link we could dramatically increase the amount of traffic to our site along with the number of new trials and sales. For months, I'd been trying to create a new growth channel from scratch, copying the "best practice" of other SaaS companies with no success. Then we changed one sentence and started to make incredible gains.

I felt stupid, relieved and excited all at once.

It was that revelation that led us to give up on the webinars and spend our time wringing every bit out of that funnel, testing new copy, better landing pages and more — and ultimately building GrowthHackers.com when we saw the sites frequented by marketers had the best converting traffic. It was one of the best learning lessons of my career.

At Facebook, Naomi Gleit, who was the very first product manager on the vaunted Facebook growth team, has a framework that is used across company titled: Understand, Identify, Execute. This simple framework matches very closely with the one Sean and I coined in Hacking Growth: Analyze, Ideate, Prioritize, Test. They both emphasize starting with understanding what is actually happening before jumping into execution.

Too often in our hunger for growth we start at the end. We start with execution, we start with testing, but we don't have the understanding, we don't do the analysis, and therefore we don't identify the best opportunities. My story is the classic case. Because I didn't understand, I didn't identify the best opportunity for growth, so I was executing on the wrong thing.

Once we understood where the traffic and sales were coming from, we identified the best opportunities to improve it and executed with much greater efficiency and effectiveness than we had before.

As you read this book, you'll take away lots of ideas, lots of new things to try out to grow your business. Keep that excitement but remember my story — before you dive in and start executing be sure to take the time to do the analysis, get the understanding, so that you can identify your best bet before you put in all the work. When you analyze and understand, your execution will be so much more effective.

I love the title of this book, "Think Growth" because growth won't come without the thinking. You can't apply these tactics without thought and expect to grow. The more time you spend upfront trying to truly understand what the best bet is for your growth, the better chance you'll have of finding the right opportunity and ultimately winning.

Start with understanding and you'll be well on your way. Here's to big wins!

— Morgan Brown
Author, Hacking Growth
Product Lead at Facebook

EINLEITUNG VON TOMAS HERZBERGER (HERAUSGEBER)

Gude! Wir hatten vermutlich noch keine Gelegenheit, uns persönlich kennenzulernen, aber durch die Lektüre dieser Seiten werden wir einige Zeit miteinander verbringen. Ich weiß, dass viele Menschen, Marken und Plattformen um Deine Aufmerksamkeit ringen, dass Deine ToDo-Liste gut gefüllt und Hobbys spannend sind.

Deswegen sind wir Autoren sehr dankbar, dass Du diese Zeilen liest und uns damit das wichtigste anvertraust, was Du hast: Deine Zeit. Wir nehmen diese Verantwortung keineswegs als Selbstverständlichkeit und hoffen, dass wir ihrer gerecht werden.

Solltest Du Fragen zu einem Kapitel haben oder unsere Hilfe benötigen, besuche unsere Seite thinkgrowth.de. Dort findest Du alle Kontaktmöglichkeiten zum Autoren-Team.

Warum ist dieses Buch entstanden?

„Wir sind keine Herzchirurgen"

Bei meiner Tätigkeit als Berater höre ich oft diesen oder einen ähnlichen Satz aus dem Marketing-Team. Natürlich hängen von unseren beruflichen Entscheidungen keine Menschenleben ab. Unsere Fehler können unangenehme und teure Folgen haben, sogar den eigenen Job kosten. Aber niemand kommt durch schlechtes Marketing zu Schaden. Oftmals wird ein solcher Satz dafür benutzt, um die Bedeutungslosigkeit der eigenen Tätigkeit hervorzuheben und für Entspannung vor einer schwierigen Entscheidung zu sorgen.

Nach dem Motto: „Entspann Dich! Egal wie Du Dich entscheidest, es wird keine ernsten Konsequenzen haben!" Dabei geht es Marketern nicht anders als den meisten anderen Menschen, die im Büro arbeiten und deren Job keine direkten Auswirkungen auf das Wohl unserer Mitmenschen haben. Nicht jeder von uns ist Chirurg, Altenpfleger oder Pilot. Soweit, so gut.

Aber dieser Satz impliziert auch noch etwas anderes, viel Bedeutenderes. Er stellt indirekt auch die Frage: Was tun wir eigentlich, damit es „der Welt", also unseren Mitmenschen besser geht? Lustige Werbespots, die so „gut" sind, dass die meisten lieber umschalten? Bunte Banner, die inzwischen von den meisten Menschen ignoriert oder sogar geblockt werden? Ist das unser Vermächtnis?

Memento mori et carpe diem!

Kurzer Zwischenstopp: Ich beschäftige mich relativ oft mit der eigenen Sterblichkeit. Ich mache das nicht gerne - um genau zu sein, erschrecke ich mich vor der Endgültigkeit und Unausweichlichkeit des Todes. Aber diese Angst hat auch etwas Gutes: Sie ermahnt mich daran, das Leben zu genießen. Ich bemühe mich daher, diese Angst in Produktivität zu kanalisieren.

Vor Kurzem habe ich die Wohnung meiner Großmutter entrümpelt, weil sie viele persönliche Dinge nicht ins Heim mitnehmen kann. Dabei sind mir dutzende Fotoalben meiner Großeltern in die Hände gefallen und ich sah Bilder meines verstorbenen Großvaters, als er in meinem Alter war. Was hatte er „der Welt" hinterlassen? Glücklicherweise seinen Sohn, ansonsten würdest Du diese Zeilen nicht lesen. Aber was hat er für seine Mitmenschen getan? Wovor hatte er Angst, was hat ihn beschäftigt, was war für ihn der Sinn des Lebens? Leider habe ich es versäumt, ihn das vor seinem Tod zu fragen. Ich war damals erst zehn Jahre alt. Und leider hat er kein Tagebuch geführt, das mir Antworten geben könnte.

Meinen Kindern (und hoffentlich Enkeln) soll es eines Tages nicht so gehen! Deswegen habe ich mir zwei Ziele gesetzt:

1. Ich möchte der Welt etwas Bleibendes hinterlassen. Das war und ist die Motivation für mich, Bücher zu schreiben.[1]
2. Ich möchte einen positiven Einfluss auf die Welt haben. Das war der wichtigste Grund für mein ehrenamtliches Engagement. Insbesondere die Gründung des „Growth Hacking Meetups" hat dabei eine besondere Rolle gespielt. Denn immer wieder kommen Teilnehmer auf mich zu, die sich dafür bedanken, dass ich sie einen kleinen Schritt weiter an ihr Ziel gebracht habe. Und beinahe alle Co-Autoren dieses Buches waren Speaker bei diesem Meetup!

Wie könnte ich diesen positiven Einfluss weiter verstärken? Vielleicht nicht der originellste, aber sicherlich ein guter Weg, ist das Spenden an eine wohltätige Organisation. Aber wie das Geld dafür verdienen?

Sachbuch-Autor zu sein hat viele positive Aspekte - aber viel Geld ist sicherlich keiner davon. Von jedem Verkauf meines Buches „Growth Hacking" bekomme ich sage und schreibe einen Euro. In Anbetracht des

1 In einem früheren Leben habe ich es mit der Produktion von Filmen versucht, denn ich liebe Filme noch mehr als Bücher. Aber wie sich herausgestellt hat, ist die Filmemacherei von so vielen Faktoren und Menschen abhängig, dass langfristiger Erfolg SEHR unwahrscheinlich ist. Und damit meine ich nicht mal die große Karriere in Hollywood, sondern lediglich die Sicherung des Unterhalts.

hohen zeitlichen Investments vermutlich der schlechteste Stundenlohn, für den ich je gearbeitet habe. Zeitungsaustragen mitgerechnet.

Aber in den letzten Jahren habe ich – insbesondere durch die regelmäßigen Meetups – viele kluge Menschen getroffen. Unternehmer, Experten und Autoren. Ein Netzwerk, mit dem ich den regelmäßigen Austausch sehr genieße. Wenn wir unsere Kräfte bündeln würden, könnten wir gemeinsam ein Buch schreiben und es gemeinsam vermarkten – und so mehr Exemplare verkaufen. Und je mehr Exemplare wir verkaufen, desto mehr Geld könnten wir spenden.

Dieser Gedanke war die Geburtsstunde von „Think Growth!"

Was dieses Buch NICHT ist

Es ist mittlerweile ein kleiner Trend, dass viele Experten (und solche, die sich dafür halten) ein Buch schreiben, es im Selbstverlag veröffentlichen und es als sog. „Lead Magnet" anbieten. Interessenten können sich das kostenlose Buch bestellen und bezahlen nur für die Versandkosten – als Dankeschön hat der Autor dann die Kontaktdaten (also den Lead) und kann die Leser per Email und Direct Mail (also der guten alten Post) mit neuen Informationen zu seinen Produkten beglücken. Tolle Sache, oder? Der Leser hat ein reales, haptisches Buch in den Händen und der Autor „warme" Leads.

Machen wir aber nicht.

Dieses Buch ist auch kein Produkt zur Umsatzsteigerung durch Affiliate-Verkäufe. Bei diesem Modell würde jeder Autor am Verkauf beteiligt werden und ist deswegen motiviert, das Buch möglichst oft zu verkaufen. Ein populäres und gutes Geschäftsmodell!

Also warum machen wir das nicht auch?

Was passiert mit den Erlösen aus den Verkäufen?

Ein Großteil der Einnahmen geht direkt an Amazon als Bezahlung für die Nutzung der Vertriebsplattform. Von den restlichen Einnahmen bezahlen wir die Produktion des Buches, also das Lektorat, den Satz die Gestaltung des Covers und die Ausgaben für Werbung. Den eigentlichen Gewinn spenden wir an die Kampagne „Plastikflut“ des WWF und unterstützen damit eines der wichtigsten Anliegen unserer Zeit: Den Kampf gegen Plastik in den Ozeanen.

Denn ich würde mir wünschen, dass es auch meinen Kindern noch vergönnt sein wird, eine gesunde Unterwasserwelt erleben zu dürfen. Denn der Kampf für gesunde Meerestiere ist auch ein Kampf für die eigene Gesundheit: Immerhin sind wir das Ende der Nahrungskette! Wenn Fische Plastik essen und wir die Fische, wo landet das Plastik dann wohl? Genau, in uns. Kein schöner Gedanke, oder? Vielen Dank, dass Du uns bei diesem Vorhaben unterstützt!

Es ist kein Geheimnis, dass wir noch ein zweites Vorhaben verfolgen: „Think Growth!“ soll ein Bestseller auf Amazon werden! Denn erfahrungsgemäß werden Bücher, die diesen Status erreicht haben, von Amazon noch häufiger den Kunden angezeigt und dadurch noch häufiger gekauft - und wir können noch mehr spenden.

Für wen ist dieses Buch?

Dieses Buch ist für jeden, der sich aus der Deckung wagt. Jeder der sein eigenes Projekt verfolgt. Möchtest Du Dich als Berater oder Trainer selbstständig machen oder mehr Kunden gewinnen? Bist Du ein Sidepreneur oder Gründerin, die endlich die ausgetretenen Pfade verlassen und ein eigenes Unternehmen gründen will? Oder bist Du ein Marketer, der ein neues Produkt in einem neuen Markt zum Erfolg führen darf?

Dieses Buch haben wir für Dich geschrieben!

Dass Du diese Zeilen liest, beweist bereits, dass Du „hungrig" nach Erfolg bist, aber auch weißt, dass Erfolg nicht über Nacht kommt. Harte Arbeit und ständiges Lernen gehören unweigerlich dazu. Wir hoffen, damit einen kleinen Beitrag beisteuern zu können, dass Du (mehr oder schneller) Erfolg hast.

Sicherlich (hoffentlich!) wirst Du das eine oder andere Thema schon kennen. Uns war es sehr wichtig, keine kurzlebigen Taktiken oder Hacks zu beschreiben, sondern bewährte Strategien, die Du in jeder Branche und für jede Zielgruppe anwenden kannst. Ein Buch, das sich nicht auf die gerade angesagten Social-Media-Kanäle konzentriert, sondern Dir fundiertes, langlebiges Wissen an die Hand gibt. Somit bleibt der Inhalt immer aktuell. Ein Evergreen.

Wer hat dieses Buch geschrieben?

Beim Zusammenstellen des Autoren-Teams war es mir wichtig, dass wir möglichst unterschiedliche Spezialgebiete besetzen. Deswegen wirst Du Kapitel von Experten mit vollkommen unterschiedlichen Schwerpunkten lesen können. Fairerweise muss ich sagen, dass dieses Buch eine Art MVP darstellt, d.h. unser Fokus lag auf qualitativ hochwertigen Einzelkapiteln. Die Überleitungen zwischen den einzelnen Kapiteln ist mitunter etwas holprig... das haben wir uns für die nächste Auflage aufgehoben. Die Autoren sind:

Hendrik Lennarz:
Growth (Hacking) Mindset: Wo alles beginnt

Hendrik ist Experte für Growth Hacking aus Köln. In seinen 10 Jahre als CTO/CPO bei Trusted Shops, wo er Growth Hacking Erfahrung in allen Bereichen sammeln durfte, sowie jetzt schon 2 Jahre als Growth Hacking Coach für eine dreistellige Zahl an Startups und Unternehmen tätig ist, hat er gelernt, dass Growth Teams vor allem ein Mindset etablieren müssen, bei dem ständiges Lernen und Optimieren den Alltag bestimmen. Teams müssen permanent die besten Ideen analysieren, priorisieren und umsetzen – im besten Fall die, die auch den größten Einfluss auf das Wachstum haben. Das wird als Growth Hacking Mindset bezeichnet.

Felix Thönnessen: So kriegst Du jeden Kunden - Kundenbedürfnisse kennen

Felix hat als Coach und Mentor bereits über 1.000 Gründungen begleitet. Unter anderem war er Coach für die Startups bei der VOX-Sendung „Die Höhle der Löwen" und weiß daher worauf es ankommt und was ein erfolgreiches Unternehmen ausmacht. Als Keynote Speaker ist er weltweit zu den Themen Marketing, Startups und Digitalisierung unterwegs.

In seinem Kapitel geht es um Kundenbedürfnisse: Wie man Bedürfnisse potenzieller Kunden erkennt und mit seinen Produkten und Dienstleistungen befriedigt. Du lernst wie Du Deine Kunden besser identifizieren, ansprechen und mit Deinem Mehrwert überzeugen kannst.

Marina Zayats: Das Digital Personal Branding Mindset

Das Zukunftsinstitut schreibt: „Die Arbeitswelt von morgen wird die Menschen überall auf der Welt stärker fordern, sich selbst in ihr immer wieder neu zu definieren." Digital Personal Branding ist der Schlüssel um, genau das zu tun und ist für JEDEN Menschen relevant, der noch einiges vorhat in seiner Karriere. In diesem Kapitel erfährst Du, wie Du Dein Superkräfte-Portfolio aufdeckst, richtig verpackst und zielführend sichtbar machst.

Marina Zayats ist Beraterin für Unternehmenskommunikation. Sie hilft börsennotierten Unternehmen und Einzelpersonen dabei, ihren Wert überzeugend zu verpacken und wirksam an die richtigen Zielgruppen zu kommunizieren. Ihr Buch zum Thema Digital Personal Branding erscheint Ende 2019 im Springer Verlag.

Vincent Tresno: Skalieren wie ein Einhorn - wie Dein Unternehmen mit Growth Hacking durch die Decke galoppiert

Als Coach und Interim Manager unterstützt Vincent Startups und Konzerne in der Schweiz, die größten Wachstumshebel zur Steigerung von Nutzerzahlen und Umsatz zu identifizieren und zu betätigen. Auch als Dozent z.B. an der HWZ Hochschule für Wirtschaft Zürich gibt er sein Wissen weiter, das er unter anderem als Chief Marketing Officer bei Rocket Internet gesammelt hat.

In seinem Kapitel erklärt Dir Vincent die Grundlagen des Growth Hackings und warum nicht Tools oder Hacks, sondern Mindset, Unternehmenskultur und der Prozess für den Erfolg ausschlaggebend sind.

Vladislav Melnik: Wie Du mit Inbound Marketing mehr Wachstum erzielst

Als ich Vladislav zum Thema Inbound Marketing fragte, wie er seine Tätigkeit beschreiben würde, antwortete er eloquent: „Ich helfe den Davids dieser Welt, gegen die Goliaths zu gewinnen." Das tut er hauptsächlich als Gründer und Co-Founder des Affenblogs, den das Team ohne Fremdkapital in drei Jahren zu Deutschlands größtem Blog über professionelles Bloggen aufgebaut hat, was zu einem sechsstelligen Jahresumsatz führte. Aus dem Affenblog wurde Chimpify, eine SaaS-Software für Selbstständige, Startups und kleine Unternehmen, mit der sich alle digitalen Marketing-Aktivitäten zentral steuern lassen.

Sprich: Vladislav ist einer der besten Experten in Deutschland für Inbound Marketing. Er kennt das Thema nicht nur aus den luftigen Höhen von Agenturen und Kunden mit großem Budget, sondern erläutert Dir in seinem Kapitel, wie jeder diese Methodik einsetzen kann, um mehr Traffic, Leads und Kunden zu gewinnen.

Andreas Achatz:
Wie man als Internet-Agentur effektiv Kunden gewinnt

Andreas hilft Webdesignern & Internet-Agenturen dabei, mehr Kunden zu gewinnen – selbst wenn kein Budget für die Werbung vorhanden ist.

In seinem Kapitel erzählt Andreas von seinem Kampf. Sein Kampf mit sich selbst, mit den vielen Ratgebern und mit den Kunden, die keine sind. Er erzählt davon, wie er seine eigenen Zweifel und Ängste überwunden und letztendlich eine Formel gefunden hat, durch die Du neue Kunden gewinnen und bestehende langfristig begeistern kannst. Alles ohne großes Budget.

Dennis Tröger:
Kunden gewinnen mit Instagram - dank Beziehungs-Marketing und lebendigen Kanälen

Dennis hilft Unternehmen, lohnenswertes Social Media Marketing zu betreiben, das sie dabei unterstützt, ihre unternehmerischen Ziele zu erreichen. Als einer der wenigen Experten stellt er dabei das in den Vordergrund, wofür Social Media gemacht worden ist: Nicht etwa der Steigerung der Follower-Zahlen, sondern der Interaktion zwischen Menschen.

Wenn Du mehr über Social Media im Allgemeinen und Instagram im Speziellen lernen willst, darfst Du Dir sein Kapitel nicht entgehen lassen! Und anschließend sein frisch erschienenes Buch zum Thema Instagram-Marketing kaufen!

Björn Tantau:
Das Geheimnis erfolgreicher Sales Funnels

Björn ist Berater, Coach und Keynote Speaker aus Hamburg. Er hilft KMU, Unternehmern und Selbstständigen dabei, mit Social Media Marketing und Social Ads mehr Kunden zu gewinnen und den Umsatz signifikant und dauerhaft zu steigern. Mit viel Enthusiasmus gibt er sein Wissen auf

Konferenzen, Messen und Events weiter und versorgt seine Community (+70.000 Menschen) in Social Media, auf seiner Website und in seinem Podcast regelmäßig mit wertvollen Informationen.

In seinem Kapitel lernst Du mehr über Sales Funnel. Mittlerweile scheint jeder von Funneln zu sprechen, aber viele nutzen entweder gar keine Sales Funnels oder setzen vorhandene Systeme völlig falsch ein. In seinem Kapital zeigt er, wie ein erfolgreicher Sales Funnel grundsätzlich funktioniert, wie er aufgesetzt wird, mit welchen Methoden die Verkäufe noch mehr gesteigert werden können und welche Fehler Du auf jeden Fall vermeiden solltest.

Dennis Fischer:
Vom Lesen wirst Du NICHT erfolgreich!

Zu sagen, Dennis liest viel, ist noch untertrieben. Nach über 500 gelesenen Business-Ratgebern weiß er, dass es nicht nur aufs Lesen, sondern auf das TUN ankommt. Als Autor und Mentor hilft er seinen Kunden, endlich loszulegen und ins Handeln zu kommen!

Bist Du nicht auch der Meinung, dass Business-Ratgeber der beste Weg sind, um sich fortzubilden und persönlich weiterzuentwickeln? Hast Du auf der anderen Seite auch schon die Erfahrung gemacht, dass Du vier Bücher zum Thema „Geldanlage" gelesen hast und trotzdem war Deine finanzielle Situation noch genauso bescheiden wie vorher? Es geht nicht um das Lesen der Bücher, sondern darum die Dinge umzusetzen! Nach der Lektüre von 500 Business-Ratgeber in den letzten 10 Jahren hat Dennis erkannt, dass es nicht um die Quantität, sondern um die Qualität geht. Vor allem aber geht es darum ins Handeln zu kommen. In seinem Kapitel hat er die wichtigsten Erkenntnisse für Dich in einer einfachen Formel zusammengefasst.

Robert Weller:
10X – Ein Mindset und Framework für unschlagbaren Content

Robert Weller ist Director der Growth Academy von konversionsKRAFT, einem Unternehmen, dass sich auf Conversion-Optimierung spezialisiert hat. Seine Leidenschaft ist es, Menschen durch die Wissensvermittlung und den Erfahrungsaustausch bei ihrer persönlichen und beruflichen Entwicklung zu unterstützen. Dafür nutzt er auch seinen Blog toushenne.de und engagiert sich als Keynote Speaker regelmäßig für den Ideenaustausch rund um digitale Wachstumsstrategien.

Das 10X-Mindset basiert darauf, wie ein Startup zu denken: Jeden Tag geht es ums Überleben. Results, or die! Entscheidend ist dabei die Akzeptanz von Fehlern und des Risikos, möglicherweise nicht erfolgreich zu sein. Scheitern ist ein wichtiger Teil von Innovation. Die „10X Marketing Formula" ist ein System aus ineinandergreifenden Frameworks, durch das wir zehnfaches Wachstum (oder mehr), unabhängig von den Marketing-Kapazitäten, erreichen können. Sie ist gleichermaßen ein Mindset und eine Methode und erstreckt sich über vier Phasen, die Robert in seinem Kapitel erläutert.

Sandro Jenny:
Mit agilen Growth Teams die Weichen für mehr Wachstum stellen

Der Schweizer Sandro Jenny beschäftigt sich seit mehr als 15 Jahren mit digitalen Geschäftsmodellen. Er hat sich auf Methoden des Growth Hacking in Verbindung mit User Experience Design spezialisiert, um damit ein herausragendes Produkterlebnis zu gestalten. Nachdem wir uns via Twitter kennengelernt haben (eine lange Geschichte für ein anderes Mal), hatte ich das große Vergnügen, gemeinsam mit Sandro das Buch „Growth Hacking" zu schreiben.

In seinem Kapitel erläutert Dir Sandro, wie Du Dein Team zusammensetzen solltest, damit Dein Unternehmen die Herausforderungen der Zielgruppe erkennen und fortwährend an der Lösung arbeiten kann. Denn ohne Product Market Fit kann kein Wachstum stattfinden.

Tomas Herzberger: Think Growth! Es passiert alles in Deinem Kopf

Und zu guter Letzt meine Wenigkeit. Als selbstständiger Interim-Manager, Berater und Autor helfe ich ambitionierten Unternehmern dabei, mit Digital Marketing mehr Wachstum zu erzielen. Dabei profitieren meine Kunden von über 13 Jahren Berufserfahrung im Digital Marketing.

Schreiben ist schon lange eine Leidenschaft von mir: An meinem ersten Buchprojekt habe ich in der 5. Klasse gearbeitet. Deswegen war es mir eine besondere Ehre, gemeinsam mit Sandro Jenny den Bestseller über Growth Hacking zu schreiben, das umfassendste deutschsprachige Werk zu diesem Thema.

Auf die Veröffentlichung folgten dutzende von Vorträgen und Workshops zum Thema Growth Hacking. Dabei kam ich mit Menschen aus den unterschiedlichsten Unternehmen in Kontakt und habe festgestellt: Es ist nicht DIE EINE Methode oder eine innovatives Tool, das zum Erfolg führt. In der Regel ist die Mentalität der ausführenden Personen entscheidend. Für diese ambitionierten und hungrigen Menschen ist dieses Buch geschrieben.

Tomas Herzberger

PS: Wenn Dir dieses Buch gefallen hat, wären wir Dir für eine 5-Sterne Rezension auf Amazon sehr dankbar. Damit hilfst Du dabei, das Buch noch weiter in das Scheinwerferlicht zu rücken und letztendlich auch mehr Spenden zu sammeln. Vielen Dank vorab!

KAPITEL 1:

GROWTH HACKING IST EIN MINDSET

Kein Unicorn-Startup ist mit nur einem einzigen Marketing-Trick über Nacht groß geworden.

Von Hendrik Lennarz

Sorry, die Zauberformel der berühmten Unicorn-Startups wie Airbnb, Booking, Slack, Dropbox, Uber oder Facebook war leider kein bestimmter Growth oder Marketing Hack, der die Gründer über Nacht zu Millionären gemacht hat.

Meine zehn Jahre als CTO/CPO bei Trusted Shops, in denen ich fleißig Growth Hacking Erfahrung in allen Disziplinen (außer Finance und Buchhaltung – das kann ich deswegen leider auch immer noch nicht) sammeln sowie jetzt schon zwei Jahre als Growth Hacking Coach für über 200 Startups und Unternehmen tätig sein konnte, haben mir gezeigt, dass Growth Hacker und deren Teams sich vor allem zwei Superkräfte antrainieren müssen:

1. Die Fähigkeit, ein Mindset zu etablieren, bei dem ständiges Lernen und Optimieren den Alltag bestimmen. Teams müssen getrieben sein von dem Gedanken, das Business zu entwickeln und wachsen zu lassen. Spricht man bei Sportlern und Teams von einer Gewinner-Mentalität, so bezeichne ich das im Berufsleben als Growth Hacking Mindset mit dem radikalen Fokus auf der Umsetzung.

2. Die Fähigkeit, sich im Rahmen eines kontinuierlichen Prozesses zwischen Ziele setzen, Planen, Umsetzen, Messen und Optimieren von neuen Ideen zu bewegen. Das Ganze in Hochgeschwindigkeit und damit bedeutend schneller als die Konkurrenz. Das nenne ich den Growth Hacking Prozess.

Disclaimer: Was ist Growth Hacking (nicht)?

Schauen wir uns die einzelnen Begrifflichkeiten des Wortes Growth Hacking einmal kurz im Detail an:

Growth – ist das englische Wort für Wachstum, Anstieg oder Zunahme. Dies kann eine Steigerung der Reichweite, der User-Anzahl, der Kundenanzahl, des Umsatzes oder natürlich auch eine Steigerung des Customer Lifetime Values (= der Gesamtwert, den ein Kunde für das Unternehmen generiert) sein.

Hacking – „To hack into a system" ist der englische Begriff für „in ein System eindringen". Dabei ist es enorm wichtig zu verstehen, dass ein Hacker immer ein bestimmtes Ziel verfolgt und verschiedenste Methoden ausprobiert, um in das Zielsystem einzudringen. Ein Hacker muss sich dabei nicht an vorgegebene Prozesse halten. Vielmehr muss er wirklich alles ausprobieren, um sein Ziel zu erreichen. Hier sind viel Erfahrung, Know-how, Ausdauer, die richtigen Werkzeuge und Tools sowie Kreativität gefragt. Ein Computer-Hacker ist dafür ein gutes Beispiel. Mal abgesehen von der kriminellen Energie, die bei Hackern oftmals vorherrscht. Das ist beim Growth Hacking natürlich nicht der Fall.

Damit sind wir auch schon bei der Abgrenzung von der Disziplin Growth Hacking – im Klartext: „Was Growth Hacking NICHT ist..."

- Growth Hacking liegen keine kriminellen Machenschaften zu Grunde. Es soll weder jemand betrogen oder gehackt, noch soll einer Person bewusst Schaden zugefügt werden. Genauso wenig wollen wir Growth Hacker, die mit der Vortäuschung falscher Tatsachen User mit sogenannten Clickbaits (zum Beispiel Aufmerksamkeit erregende Fake-News, etc.) auf unsere Angebote locken. Leider sind das immer noch Beispiele, die viele Menschen aus der Szene mit dem Begriff Hacker verbinden.

- Growth Hacking, so wie ich es interpretiere und coache, hat nichts mit „schnell und hektisch im Internet reich werden zu tun. Es geht darum, einer Idee, einem Startup oder einem bestehenden Geschäft einen substantiellen und vor allem nachhaltigen Schub zu geben durch Bedienung von wirkungsvollen Hebeln – kleine und große. Nachhaltiges Wachstum ist dabei viel wichtiger als kurzfristige Erfolge.
- Growth Hacking ist keine reine Marketing-Technik, auch wenn das so leider immer noch im Wikipedia-Eintrag vermerkt ist. Aber wir arbeiten daran, diesen Eintrag zu ändern.
- Growth Hacking kann disziplinübergreifend entlang der gesamten Customer Journey angewendet werden. Dies kann sowohl Offline- und Online-Kunden-Touchpoints als auch Maßnahmen betreffen zur Gewinnung von Neukunden, zur Steigerung des Umsatzes mit Bestandskunden (= Customer Success Management) oder aber auch zur effizienteren Arbeit im Team, um nur ein paar ausgewählte Beispiele zu nennen.
- Growth Hacking funktioniert gleichermaßen für B2C und B2B. Die besondere Herausforderung im B2B-Bereich liegt dabei darin, dass das System wie auch die Zielgruppe zu knacken ist, was eine deutlich höhere Komplexität besitzt. Dies liegt nicht zuletzt daran, dass es nicht nur einen Entscheider gibt, sondern mehrere.

Diese Abgrenzung ist meines Erachtens essenziell wichtig. Denn viele junge (vorwiegend) Geeks werben auf Facebook, Instagram, Linkedin und Co. tagtäglich damit, wie man mit ihrem Online-/Sales-Funnel, ohne Arbeit, sechsstellige Summen verdienen kann. Dabei sage ich nicht, dass die Methoden nicht funktionieren können. Ich bin jedoch mit 13 Jahren

Berufserfahrung im Bereich Growth für Startups und Unternehmen der Meinung, dass Growth (Hacking) auch ganz viel mit Erfahrung zu tun hat. Vor allem im Bereich Kundenempathie, Vertrauen und persönlichem Netzwerk – dies kann man sich mit keinem High-Speed „Ich werde schnell reich im Internet"-Funnel erkaufen.

Der Growth Hacking Prozess v3.0

Growth Hacking funktioniert besonders gut im Zustand der Unsicherheit, zum Beispiel bei einem Startup-, Produkt- oder Kampagnen-Launch, oder aber auch schon bei einer simplen aber diskussionswürdigen Optimierung der Website.

Da niemand voraussagen kann, ob die Idee auch wirklich bei den Kunden so ankommt, wie erhofft, empfiehlt es sich, nicht einfach wild loszulegen. Es geht beim Growth Hacking demnach auch nicht einfach darum, möglichst viele Hacks in möglichst geringer Zeit umzusetzen. Bitte, bitte tue das nicht!

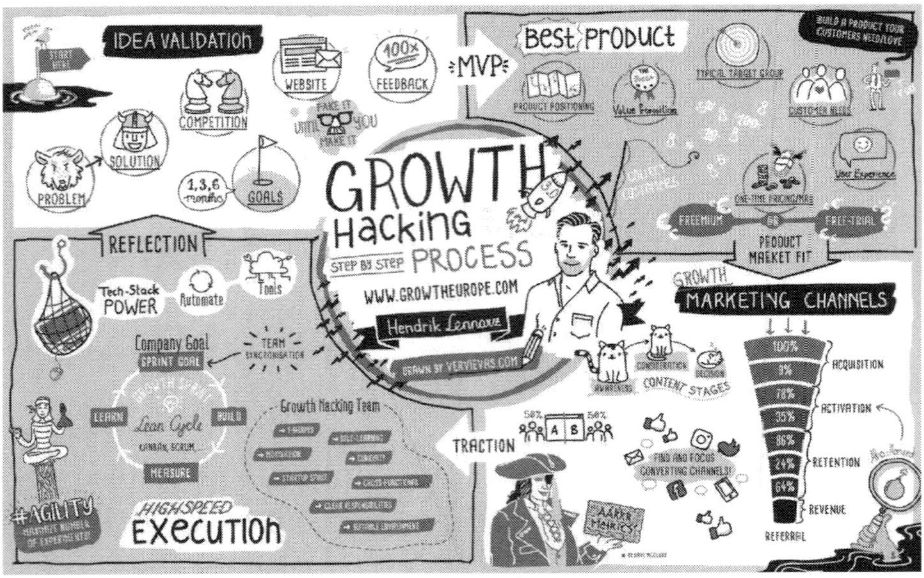

[Grafik 1: Growth-Hacking-Prozess V3.0]

Growth Hacking ist vielmehr ein Prozess aus Trial & Error. Diesen Prozess haben wir im Jahr 2017 erstmals begonnen in eine Art „Growth Hacking Canvas“ zu verpacken. Ende 2018 ist diese Grafik jetzt schon in der Version 3.0 erschienen und diente mittlerweile schon über 1.000 Startups und Unternehmen in ganz Europa als Schritt-für-Schritt-Anleitung für systematisches Wachstum. Aber wie ist dieses Canvas bestehend aus den 4 Bereichen „Idea Validation“, „Product Market Fit“, „Growth Marketing“ und „High-Speed-Umsetzung“ anzuwenden?

Phase 1: Ideen Validierung

Am Anfang steht immer nur eine Idee. Eine Idee kann eine neue Geschäftsidee, eine neue Kampagne, eine Optimierung, ein neues Produkt, eine neue Zielgruppe oder ein neuer Marketing-Kanal etc. sein.

Aber wie finde ich heraus, ob die Idee erfolgreich sein wird, oder nicht? Ganz einfach: möglichst schlank, schnell und günstig ausprobieren. Welches Problem wird beim potenziellen Kunden gelöst? Was ist die skizzierte Lösung? Wie sieht der Wettbewerb aus? Wir bauen eine erste Website und versuchen die ersten 100 Interessenten, Leads, Kunden oder Kunden-Feedbacks zu bekommen. Zu den Kunden rausgehen, um echtes Feedback zu bekommen ist die Devise, statt immer weiter in der Blackbox weiterzuarbeiten und zu optimieren. Das ist super schwierig, da man eigentlich ständig das Gefühl hat, dass es noch nicht fertig ist und man deshalb noch nicht damit rausgehen kann.

Wenn dieser Punkt eintritt, sollte man sich allerdings immer wieder vor Augen führen, was der absolute Worst-Case für eine Idee darstellt? Normalerweise kommen dann Antworten wie ein Shitstorm oder schlechte Qualität. Fragt man jedoch erfolgreiche Gründer dann antworten diese in der Regel: „Wir haben viel Geld, Liebe, Ressourcen und Zeit verbrannt, weil wir etwas gebaut haben, das am Ende keiner gekauft oder vielleicht sogar auch niemand gebraucht hat.“ Oder „Wir haben nicht den richtigen Marketing-/Vertriebskanal gefunden, um die richtige Zielgruppe zu erreichen.“

Um genau dies zu vermeiden, sollte man versuchen, jede Idee möglichst klein zu schneiden und unmittelbar zu probieren, die richtige Zielgruppe damit zu konfrontieren. Maßnahmen können dabei sein, „Fake it until you make it"-Websites oder Click-Dummies zu erstellen, die nur dafür gemacht sind, Stimmungen der Zielgruppe einzuholen. Oder wie beispielsweise bei den Crowdfunding-Plattformen wie Kickstarter und Co. sogar schon die ersten Umsätze einzunehmen oder mithilfe von Mailing-Tools die ersten E-Mail-Adressen von Interessenten abzugreifen.

Ein paar einfache Möglichkeiten, um Ideen schnell zu prüfen, sind:

- Interviews
- Click-Dummies
- Feature Fake/ Fake-Website (Smoke-Tests)
- Kickstarter-Kampagnen
- A/B-Tests usw.

Diese Systematik bezeichnet man häufig als sogenannte Smoke-Tests. Damit diese nicht sonderlich aufwendig in der Umsetzung sind, gibt es heute geniale Tools, mit denen sich einerseits viele Arbeitstage (vor allem in der IT oder bei den externen Entwicklern) vermeiden lassen, aber auch andererseits Fehler oder falsche Annahmen von vornherein vermeiden lassen, indem man eben nicht an den wahren Kundenbedürfnissen vorbei entwickelt.

Phase 2: Der Product Market Fit

Das perfekte Produkt, das perfekte Feature oder die perfekte Kampagne zu bauen, ist sicherlich der richtige Anspruch. Aber auch mithilfe eines ersten Prototypen (MVP = Minimum Viable Product) lassen sich schon die ersten Kunden gewinnen. Mithilfe deren Feedback wir dann schnell weitere Features oder Ausbaustufen dem Produkt hinzufügen können. Ziel dieser Phase ist der erste echte zahlende Kunde, der zehnte und dann vielleicht der hundertste Kunde. Je nachdem, in welcher Branche wir unterwegs sind, beziehungsweise in welcher Phase sich unser Startup oder unsere Idee befindet.

Es wird also ernst. Spätestens in dieser Phase scheitern die meisten Startups, weil sie nicht in der Lage sind die ersten Kunden für ein Produkt zu finden, mit deren Hilfe sie dann weiterlernen und weiterwachsen können. Notwendig in dieser Phase sind vor allem eine glasklare Positionierung, eine Value Proposition und natürlich Klarheit über die Zielgruppe. Auch die grundsätzlichen Fragen bzgl. Business-Modell, Preisgestaltung, Zielmärkte und Go-To-Market-Strategy sollten nicht nur geklärt, sondern optimalerweise validiert sein, um das definierte Ziel „zahlende Kunden“ überhaupt erreichen zu können.

Praxisbeispiel: Positionierung / Value Proposition

Die Begriffe „Value Proposition“ oder „Positionierung“ sind sicherlich bekannt. Sie beschreiben die absolute Besonderheit Deines Produktes oder Deiner Dienstleistung, bzw. wie man diese im Markt positionieren möchte.

Eine erste Hilfestellung ist dabei bei ankommenden Neukunden wirklich genau herauszufinden, warum sie eben genau zu Dir gekommen und nicht zur Konkurrenz gegangen sind. Bei scheidenden Kunden oder verlorenen Sales Pitches gilt es, sehr genau herauszufinden, warum dies passiert ist. Gar nicht so einfach, stimmt 's? Aber eben super wichtig. ;-)

Ein guter USP, also ein Alleinstellungsmerkmal gegenüber der Konkurrenz, können dabei zum Beispiel ein regionaler Vorteil, ein Preisvorteil, die Markenbekanntheit, gute Referenzen, eine besondere Technologie bzw. Innovation oder die Kombination aus einigen Faktoren („Alles aus einer Hand“) sein.

Was Du auch immer für dich als USP definierst: Wie wir im Rahmen hunderter Website-Audits feststellen mussten, liegt das größte Optimierungspotential oft an ganz anderer Stelle.

Eine zielgruppengerechte und vor allem nutzenorientierte Ansprache auf der Website fehlt erschreckend häufig. Sowohl bei Startups, als auch noch viel häufiger bei den Websites mittelständischer oder großer Unternehmen.

Es gilt dabei die Faustregel: Ein durchschnittlicher Besucher einer Website nimmt sich im Durchschnitt nur fünf Sekunden Zeit, um den tatsächlichen Nutzen des Angebots für sich selbst zu bewerten. Fünf Sekunden – das ist sehr sehr wenig. Ist der Nutzen für den Besucher klar erkennbar und wird positiv bewertet, dann wird der Besucher sich weiter informieren – aber auch nur dann. Ist der Nutzen für den Besucher nicht klar verständlich, wird die Website auch genauso schnell wieder verlassen. Pech gehabt und ab zurück zur Google-Suche oder zur Konkurrenz. Schade um das Marketing-Budget, oder?

Jetzt der Growth Hack: Stelle auf allen wichtigen Verkaufsseiten immer das eindeutige Nutzerversprechen für Deine Zielgruppe klar in den Vordergrund! Optimalerweise als gut lesbaren Text, wie zum Beispiel einer großen Überschrift. Bilder oder Videos müssen diese Nachricht dann unterstützen, sollten aber niemals allein ohne Text stehen.

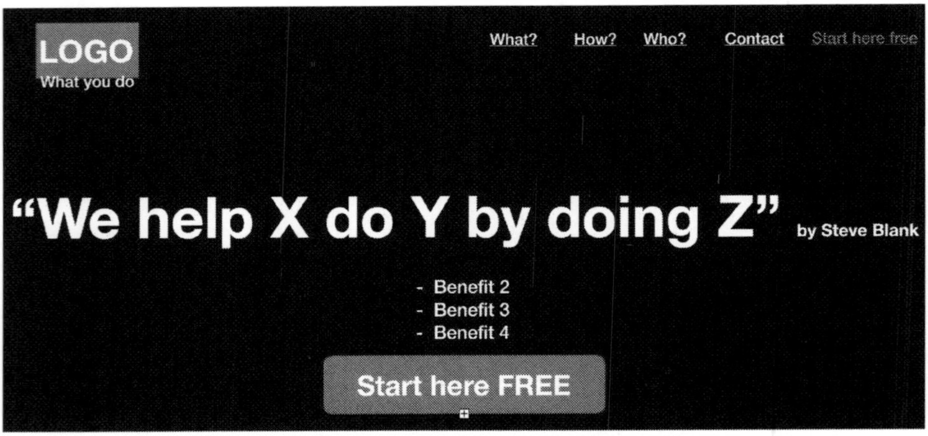

[Grafik 2: We help x do...]

Weil dieser eine Satz, bzw. diese eine Headline allerdings leider so unglaublich schwierig zu erstellen ist, gibt es von Startup-Guru Steve Blank das folgende Template:

We help [X] do [Y] by doing [Z][1]

1 https://medium.com/@tor/these-10-templates-will-make-you-rethink-how-you-write-value-propositions-a789a528fad2

Wie ist dieses Schema anzuwenden?

Man ersetzt X durch die Zielgruppe, ja genau man muss sich hier für die Hauptzielgruppe entscheiden.

Y wird ersetzt durch das Problem, das wir für die besagte Zielgruppe lösen.

Z ersetzen wir durch die Art und Weise, bzw. mit der Besonderheit, wie wir das Problem Y lösen.

Probier's doch mal aus! Dieser Satz bringt es auf den Punkt. Falls Du jetzt glaubst, dass er für Dein Website-Design viel zu lang ist, dann frag Dich nochmal kurz, ob lang und richtig nicht besser ist als kurz und falsch. ;-)

Product Market Fit messen?

Die Phase der Product Market Fits dient dazu, eine „ordentliche" Anzahl Kunden für das Produkt gewonnen zu haben, die auch wirklich mit dem Produkt zufrieden sind. Zufrieden bedeutet in diesem Fall laut Growth Hacking Erfinder Sean Ellis, dass User auf die Frage...

„How would you feel if you could no longer use this product?" folgendermaßen antworten...

> *„If you're above 40% of the people saying they'd be very disappointed, I tend to say you've found product/ market fit, and if you're less than that, you haven't.*

Ist dieser Product Market Fit erreicht, geht 's dann endlich weiter in die Growth- bzw. Growth-Marketing-Phase.

Phase 3: Skalieren mit Growth Marketing

Beim Growth Marketing geht es darum, den ersehnten reproduzierbaren Marketing-Kanal zu finden, mit dem man mit einem positiven Return on Investment (ROI) neue Nutzer, bzw. neue Kunden, gewinnen kann.

„Aber Hendrik, mit welchem Marketing Kanal sollen wir anfangen? Wo finden wir unsere typische Zielgruppe und wie können wir sie dort ansprechen? Sind es die Social Networks wie Facebook, Instagram, Youtube, Linkedin, Pinterest und Co.? Oder doch eher die fast schon klassischen Kanäle wie E-Mail Marketing, Google (SEO und SEM) oder gar am Ende die gute alte Pressearbeit?"

Die Antwort kann da leider nur sein: „Sorry, kann ich so auch nicht sagen. Aber wir können es mit kleinen Experimenten testen."

Nein, natürlich ist das nicht die richtige Antwort, denn mit der kann niemand etwas anfangen. Meine persönliche Standardantwort auf diese Frage ist die, dass ich sage:

„Wenn nichts zu 100% dagegen spricht, dann starten wir auf Facebook und Instagram."

Warum? Weil man mit Facebook und Instagram so unglaublich schnell einen Post – unterstützt durch eine einfache Werbeanzeige – erstellt hat, das man schon in wenigen Stunden den ersten Traffic generieren kann. Vor ein paar Jahren, als es auch die Google Ads noch nicht gab, war das so nicht möglich. Das darf man nicht vergessen. Oder anders ausgedrückt – das muss man den jungen Online-Marketern immer mal wieder erklären, da die sich diese (alte) Welt gar nicht mehr vorstellen können. Lustig, oder?

Ob der generierte Traffic jetzt hochwertig ist und konvertiert oder nicht, muss man dann natürlich testen. Aber generell kann man rasend schnell Traffic generieren, um erste Hypothesen (Annahmen, ob ein Kanal funktionieren kann oder eben nicht) zu validieren. Genau solche Tricks und Mechanismen benötigen wir beim Growth Hacking.

Wichtig: Nur weil wir in 90% unserer Coachings mit Facebook und Instagram beginnen, bedeutet das nicht, dass das auch immer funktioniert oder wir die anderen Kanäle außen vor lassen. Viel mehr habe ich mit meinem Team herausgefunden, dass die meisten Zielgruppen, inklusive B2B, auch hier in den großen Social Networks zu targeten sind. Auch, wenn viele das nicht glauben. Generell gilt die Grundregel: Stets die Kanäle unserer Zielgruppe nutzen – und das können morgen schon andere sein wie gestern und letztes Jahr.

Anmerkung: Vielleicht noch eine kurze Erklärung zu Targeting und Retargeting- Mechanismen?

Der Social Media Funnel

Ganz einfach: Wir dürfen eben nicht zu schnell mit Post und Kampagnen agieren, die zum Verkauf unserer Produkte werben. Menschen sind auf den Social-Media-Portalen Youtube, Facebook, Instagram, Linkedin, Pinterest usw., um sich in erster Linie unterhalten zu lassen und nicht, um etwas zu kaufen. Dieses Verständnis ist für erfolgreiches Social-Media-Marketing essenziell wichtig.

Die Lösung liegt darin, einen sogenannten Content-Marketing-Trichter bzw. Funnel aufzubauen. Das bedeutet im ersten Schritt produzieren wir ein Stück Content, das eben in den Social Networks **Aufmerksamkeit** generiert. Nochmal: Dies ist nicht für den Verkauf gedacht, sondern einzig und allein dazu, bei den Usern eine Interaktion zu bewirken. Zum Beispiel ein Like, einen Kommentar, das Anschauen eines Videos. Sehen möchten die User unterhaltenden Content. Das ist auch der Grund, warum Katzenvideos oder die Fail-Army so unfassbar gut funktionieren. Was bedeutet das für unseren Content?

Alles, was wir in die Social Networks posten konkurriert demnach mit Katzenvideos. Also müssen unsere Content-Formate im allerersten Schritt deutlich mehr nur auf Unterhaltung und Information abziehen, als auf den Verkauf. Oder ganz trocken ausgedrückt: Der Content sollte einen gewissen Mehrwert für das Informationsbedürfnis des Besuchers erfüllen, er kann aber auch gern lustig, unterhaltsam oder informativ sein. Diese erste Phase nennt man „Awareness".

Diese Leute, die dann mit diesem Content interagiert haben, werden im nächsten Schritt durch Retargeting mit dem nächsten Content versorgt. Dieses Stück Content dient aber wieder nicht zum Verkauf, sondern dazu, den User zu sensibilisieren, dass wir eine Lösung für sein spezielles Problem haben. Diese zweite Phase nennt man **Consideration**. Jetzt kommt 's: Die User, die mit diesem Inhalt auch noch qualitativ interagiert haben, weil sie sich zum Beispiel dieses Video vollständig zu 100% angeschaut oder den Blogpost gelesen haben, bekommen im letzten Schritt eine Anzeige, in der dann endlich das Produkt angeboten wird. Diese dritte Phase nennt man **Conversion**.

Mit diesem, ganz grob beschriebenen dreistufigen Funnel, stellt man sicher, dass auch wirklich nur die Leute die „Verkaufsanzeige" angezeigt bekommen, die auch wirklich zur Zielgruppe gehören. Sonst hätten sie sicher nicht dreimal mit dem zugespitzten Content interagiert.

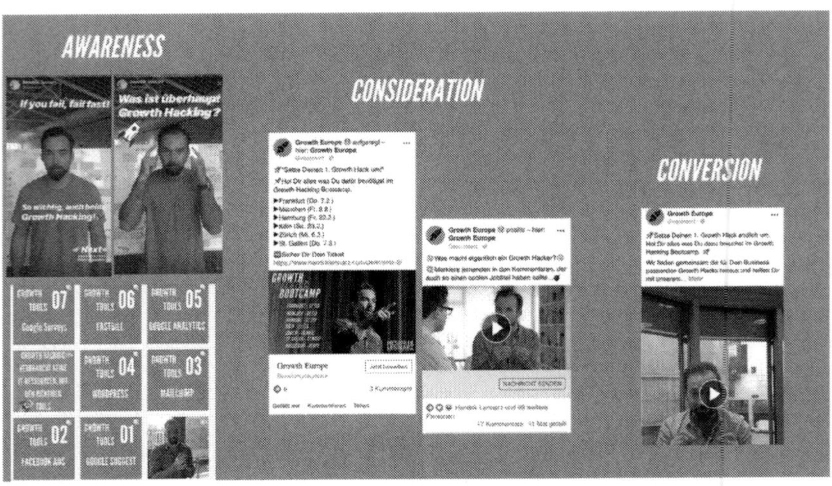

[Grafik 3: Content Marketing Funnel – Beispiel]

Beim Aufbauen eines Funnel ist das Growth Hacking Mindset besonders gefragt. Das erste Stück veröffentlichter Inhalt wird garantiert nicht abgehen wie eine Rakete – aber vielleicht schon das Zweite, das Dritte oder das Siebzehnte. Es geht eben darum, sich in die Logik der Zielgruppe hineinzuversetzen und den Usern die Inhalte zur Verfügung zu stellen, die sie eben als Nächstes brauchen, um dann letztendlich eine Kaufentscheidung zu treffen. Um das zu schaffen, muss man viel ausprobieren.

Videos matter

Als Content-Formate eignen sich derzeit kurze authentische Videoformate besonders gut, da diese von den meisten Social-Media-Plattformen wie Facebook, Instagram oder Linkedin bevorzugt mit Reichweite beschenkt werden. Kurze knackige Videos, maximal drei Minuten, sind gar nicht so aufwendig wie man immer denkt. Das Gleiche gilt für das Video-Setup sowie den Schnitt.

Viel entscheidender für die Aufnahme der ersten zehn Videos ist, dass man es schafft, damit einfach mal loszulegen und die Videos dann auch wirklich zu veröffentlichen, um echte User-Feedbacks zu bekommen. Auch, wenn man noch nicht 100% damit zufrieden ist. In den Social Networks sind authentische Videos, die nicht bis zur Perfektion gedrillt sind, in der Regel sehr beliebt. Dieses erste Feedback gibt in der Regel Sicherheit und das Optimieren im Funnel kann beginnen.

Ich persönlich empfehle Instagram-Stories, da sie super einfach mit dem Smartphone zu erstellen sind und mit dem Tool Canva aufgehübscht werden können. Man kann gar nicht oft genug erwähnen, dass die Kontinuität beim Growth Hacking das A und O darstellt.

LinkedIn rocks

Wenn Du im B2B Growth Hacking unterwegs bist, dann solltest Du dringend einen angestrengten Blick auf Linkedin werfen. Seitdem LinkedIn es möglich gemacht hat, auch hier Videos zu posten, funktioniert hier richtiges Content-Marketing.

Mein Tipp: Wenn ihr den Content aus Eurem Funnel für Facebook und Co. auch hier postet, dann werdet ihr mit enorm viel Reichweite belohnt! Warum?

1. Weil Linkedin gerade zum Beispiel Leute, die Videos posten, mit 7+ Tagen Reichweite beschenkt. Und das Beste ist, man kann sich die Business-Profile der Leute, die mit dem Content interagieren, komplett anschauen. Das ist wirklich genial. Vor allem im B2B-Kontext.
2. Weil der Großteil der Linkedin-User eben eher zurückhaltend ist auf Linkedin und nur zuschaut. Grund ist wahrscheinlich, dass die User sich nicht trauen, zu interagieren, da Linkedin ja schließlich offiziell ein Business-Portal darstellen soll. Das bedeutet aber im Umkehrschluss, dass Leute, die richtig guten Content posten, einen extra Batzen der Reichweite abbekommen. Erst recht, wenn der Content auch noch nicht nur inhaltlich qualitativ, sondern auch noch entertaining ist. Langweilige Downloads von Whitepapern gibt es schon genug auf der Welt, oder?

Linkedin für B2B musst Du dringend ausprobieren. Und nochmal: B2B funktioniert auf den anderen Social Networks auch, wenn man sich intensiv mit den Problemen und Wünschen der Zielgruppe auseinandersetzt und mit der Funnel-Logik Awareness, Consideration, Conversion arbeitet, um am Ende auch nur die relevanten User mit dem Angebot zu targeten.

Valides Tracking

Natürlich gibt es noch unzählige weitere Marketing-Traction-Kanäle wie Google Ads, Pinterest Ads, Sales, eBay, Amazon, E-Mail-Marketing usw. Unsere Empfehlung ist, mit kleinen Hypothesen-basierten Tests diese Marketing-Kanäle ebenfalls anzutesten.

Um auch wirklich valide Aussagen treffen zu können, benötigen wir ein funktionierendes Tracking-System.

Mit System ist jedoch nicht das eine Tool, wie bspw. Google Analytics, sondern das Zusammenspiel verschiedener Tools, gemeint. Um die gesamte Customer Journey vom ersten Kontakt mit einem Stück Content, einem zweiten Kontakt über die Lead-Generierung bis hin zur Conversion zu tracken, sind normalerweise mehrere Tools im Einsatz. CRMs, Mailing-Tools, AB-Testing-Tools, Web-Tracking, usw...

Phase 4: High-Speed-Umsetzung

Der wichtigste Baustein einer guten Idee ist die Umsetzung. Leider weiß niemand, welche Idee für ein Startup, ein neues Produkt, ein Feature oder eine Marketing-Kampagne wirklich funktionieren wird und welche nicht. Genau aus diesem Grund müssen wir einfach viel mehr ausprobieren.

Wie viele Experimente am Tag schaffst Du oder schafft ihr im Team? Ah, Moment, wir müssen erstmal aufklären, was überhaupt ein Experiment ist, oder?

Ein Experiment beginnt beim Growth Hacking immer mit einer Hypothese, die es zu beweisen oder zu widerlegen gilt. Ohne Hypothese veräppeln wir uns sonst später selbst und beantworten die Frage „Wie ist es gelaufen?" mit „Ganz, ok" und machen dann einfach genauso weiter, ohne etwas gelernt zu haben.

Anschließend geht es in die Umsetzung, die Erfolgsmessung, die Auswertung und dann die Entscheidung, wie es mit dem Growth Hacking weitergeht. Stoppen, optimieren oder vielleicht sogar so laufen lassen... Je nachdem.

Eins ist für mich nach über 13 Jahren Erfahrung im Growth Hacking, auch wenn es nicht immer so einen coolen Namen hatte, klar: Ein mit dem Growth Hacking Mindset infiziertes Team, das die notwendigen Skills und Tools beherrscht, sowie in der Lage ist, kontinuierlich neue Ideen zu entwickeln, und natürlich mit dem berühmten Lean Cycle (Ziel definieren, Umsetzen, Messen, Lernen, Optimieren, ...), lässt sich die Umsetzungsgeschwindigkeit von Growth Teams immer radikal erhöhen. Das klingt logisch, ist es aber in der Realität leider gar nicht so einfach. Wir alle haben noch zehn andere Dinge zu tun, die uns vom Growth Hacking abhalten. Agilität bedeutet, so viele Experimente umzusetzen wie möglich und nicht einfach nur eine agile Methode wie Scrum anzuwenden.

Booking.com: Der Benchmark

Booking.com gilt für die High-Speed Execution als das Maß aller Dinge und schafft angeblich über 2.000 Experimente täglich. Interessanterweise sollen davon 90% mit einem nicht positiven Ergebnis abgeschlossen werden. So eine Quote von 90% muss ein Mindset erstmal verkraften, oder? Bei 2.000 Experimenten am Tag bedeutet das schließlich 1.800 Experimente mit negativem Ergebnis. Das bedeutet im Umkehrschluss aber auch, dass sie 200 Experimente mit positivem Ergebnis am Start haben. So wächst man förmlich „automatisch".

Ein Beispiel: Die Analogie zu einer Sales-Pipeline passt hier meines Erachtens ganz gut. Wenn Du nur einen potenziellen Kunden pro Tag kontaktierst, ist die Wahrscheinlichkeit, dass genau dieser eine konvertiert, relativ gering. Kontaktierst Du aber zehn oder vielleicht sogar 100, dann steigt die Wahrscheinlichkeit eine Conversion zu erzielen, selbstverständlich. Problematisch sind dabei, vor allem in großen Unternehmen, die Egos, variablen Gehaltsbestandteile und Positionen der Manager. Nur die wenigstens können es sich leisten, sich selbst oder den Vorständen einzugestehen, dass 90% der Projekte ein negatives Ergebnis erzielt haben. Im Vergleich sind Startups förmlich dazu gezwungen, viel mehr und schneller zu experimentieren. Genau diese Risikobereitschaft macht den Unterschied zwischen disruptierenden und disruptierten Unternehmen aus.

Wie kann man mit Growth Hacking starten?

„A Growth Hacker is a person whose true North is Growth"
- Sean Ellis, der Erfinder des Begriffs „Growth Hacker"

Dieser Satz beschreibt, wie eine Einzelperson, ein Team oder gar ein ganzes Unternehmen mit Growth Hacking starten kann. Es geht im ersten Schritt darum, zu definieren was Growth/Wachstum überhaupt in dem jeweiligen Fall bedeutet. Das können Umsatzziele, Anzahl der Kunden, Customer Lifetime Value, Anzahl der Abonnenten oder Follower sein, um nur ein paar Beispiele zu nennen.

Anschließend ist der Fokus des oder der Teams und Abteilungen entscheidend. Alles, was getan wird, muss optimalerweise auf dieses eine übergeordnete Ziel ausgerichtet sein. Das gilt natürlich auch für alle einzelnen Ideen und Gedanken der Teammitglieder. Hört sich einfacher an, als es in der Realität wirklich ist. Vor allem für bestehende Unternehmen, die sich mit eingefahrenen Strukturen und Mindsets rumschlagen, gilt das Synchronisieren der Abteilungen untereinander in Form von sich überschneidenden Zielen (OKRs = Objective and Key Results[2]) als die Herausforderung schlechthin.

Meine persönliche Empfehlung, nach zehn Jahren Arbeiten in einem ständig wachsenden Unternehmen und heute nach über 200 Coaching-Projekten in Unternehmen jeglicher Größe, ist ganz zu Beginn die Investition in das Mitarbeitertraining. Das gilt gleichermaßen für Startup-Teams, als auch für die Führungskräfte und Mitarbeiter gewachsener Unternehmen.

Wie lernt man die notwendigen „digitalen" oder „Growth Hacking" Skills am besten? Genau! In dem man sie mit echten Beispielen aus der Praxis veranschaulicht bekommt und dann direkt versucht, sie anzuwenden. In großen Unternehmen sind leider oftmals neue Tools, neue Team-Organisationen oder auch einfach nur das „Ok" von oben notwendig. Ohne die

2 https://rework.withgoogle.com/guides/set-goals-with-okrs/steps/introduction/

geht es leider mal wieder nicht. Startups haben es da deutlich einfacher, zumindest sofern sie mit dem Growth Hacking Mindset ausgestattet sind.

Growth Hacker Skills

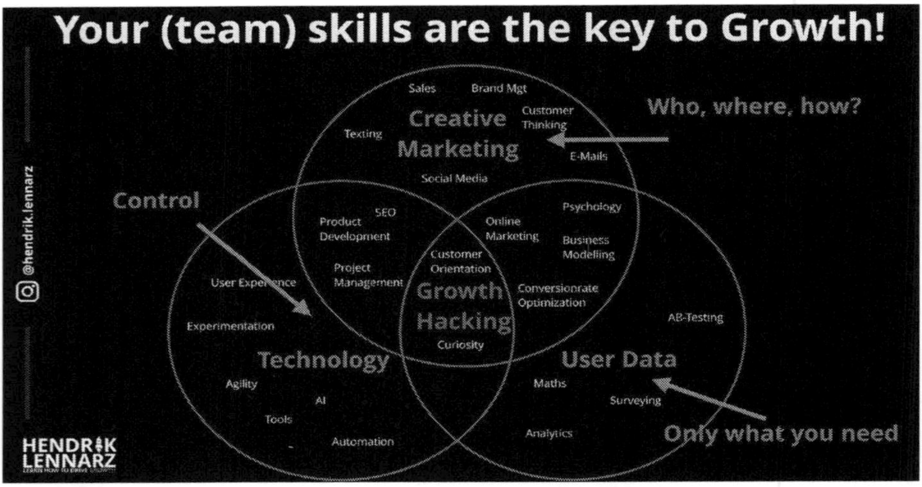

[Grafik 4: Growth Hacker Skills]

Immer wieder werden wir von Startups oder Mitarbeitern von Unternehmen gefragt, welche Skills sie sich aneignen müssen, um für die digitale Zukunft gewappnet zu sein. Oftmals sogar noch konkreter, auf welche Skills man denn beim Recruiting besonders achten sollte. Die Gewichtung, welche digitalen Skills (= Eigenschaften) besonders gefragt sind und welche nicht, hat sich leider in den letzten Jahren grundlegend verändert. Nur verstanden haben es die wenigsten. So hat man früher (und leider zu oft auch heute noch) meistens hauptsächlich nach fachlicher Qualifikation eingestellt.

Zum Beispiel „Wir benötigen einen E-Mail-Marketing-Profi". Dieser beherrscht dann zwar das E-Mail-Marketing aus dem FF, aber ist oftmals nicht in der Lage, andere Marketing-Kanäle parallel zu testen oder die Landingpages zu optimieren, auf der seine E-Mail-Klicker konvertieren sollen. Der Blick auf die gesamte Customer Journey ist heutzutage einfach unverzichtbar.

Was bedeutet das?

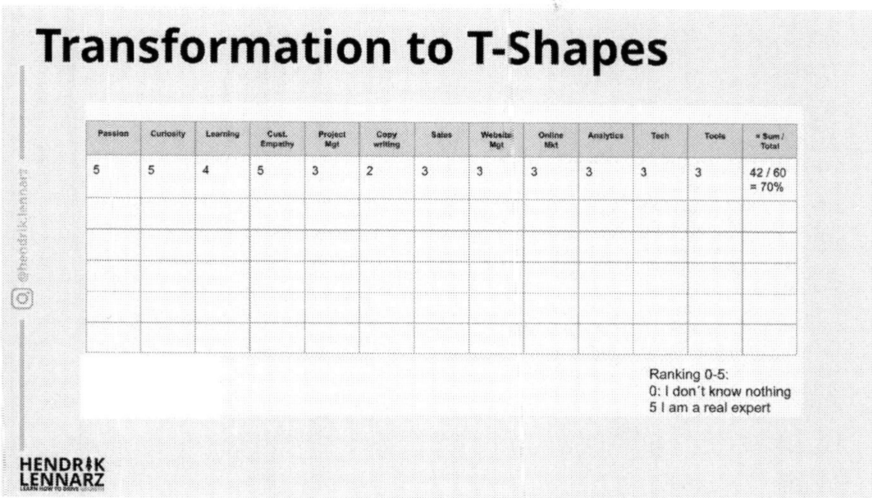

Passion	Curiosity	Learning	Cust. Empathy	Project Mgt	Copy writing	Sales	Website Mgt	Online Mkt	Analytics	Tech	Tools	= Sum / Total
5	5	4	5	3	2	3	3	3	3	3	3	42 / 60 = 70%

[Grafik 5: T-Shaped Marketer]

1. Ein Growth Hacker sollte in allen digitalen Disziplinen möglichst breit aufgestellt sein, um überall wenigstens ein bisschen mitreden zu können. Vergleichbar mit einem Startup-Gründer. Nur so ist sichergestellt, dass man schnell umsetzen kann und sich nicht in einem ständigen Abhängigkeitsverhältnis befindet. Das bremst ungemein. Dies bedeutet nicht, dass man alles auf Expertenniveau selbst können oder selbst tun muss. Aber die Basics muss man drauf haben, um bewerten zu können, wie man mit dieser Disziplin weiter verfahren möchte. Möchte man es sein lassen, jemanden einstellen oder das Ganze an eine Agentur outsourcen? Man spricht hier dann vom „T-shaped Marketer" oder vom (interdisziplinären) „Growth Team", das alle notwendigen Skills besitzt, um sein Produkt möglichst autark nach vorn zu bringen. Permanentes Lernen und vor allem Neugier sind dafür natürlich eine Grundvoraussetzung.

2. Meiner Erfahrung nach ist aber die Bewertung von sogenannten „Softskills“ mindestens genauso wichtig, bzw. als noch wichtiger einzustufen. Was nutzt dem Unternehmen ein Spezialist für die Disziplin X oder Y, wenn er/sie nicht zum Team passen oder die Zusammenhänge der Customer Journey nicht verstehen? Was nutzt die beste Copywriterin, wenn sie eigentlich keine Lust hat oder ihre Texte niemals pünktlich zur Deadline abliefert?

„Passion never fails“ – Nicht nur im Recruiting für mich persönlich das oberste Credo. In meinen Teams muss nicht jeder gleich gut sein oder die gleiche Qualifikation haben. Aber ich erwarte, dass jeder das gleiche Brennen in den Augen hat, um maximal viel zu Lernen und immer wieder neue Dinge ausprobieren zu wollen. Das aus dem TV bekannte A-Team, mit B. A. Baracus, Howling Mad Murdock, Templeton „Face“ Peck und John „Hannibal“ Smith, ist dabei für mich immer noch das beste Beispiel für das perfekte heterogene Team.

Tools

Die Folie zu Growth Hacking Tools wird in meinen Growth Hacking Bootcamps am häufigsten fotografiert. Jeder mag kleine oder große Helferlein, die einem das Leben an der richtigen Stelle einfacher machen. Erst recht in einer Welt, die immer technischer und IT-lastiger wird, aber die meisten Kollegen leider selber nicht ausreichende IT-Skills besitzen.

Nehmen wir mal das Erstellen einer einfachen allerersten Website für ein Startup als echten Use-Case. Die meisten Startup-Gründer stehen vor einem riesigen Berg an Fragen.

- Was brauche ich eigentlich?
- Mit welcher Software sollen wir starten?
- Wer macht das Design?
- Wer macht den Text?

Oder schaffe ich das vielleicht sogar alles selbst mit dem richtigen Clicky-Content-Management-System-Tool?

Growth Hacker sind von Natur aus neugierig. Growth Hacker müssen super schnell in der Lage sein, neue Ideen auszuprobieren. Dafür ist der Einsatz der richtigen Tools einfach unabdingbar.

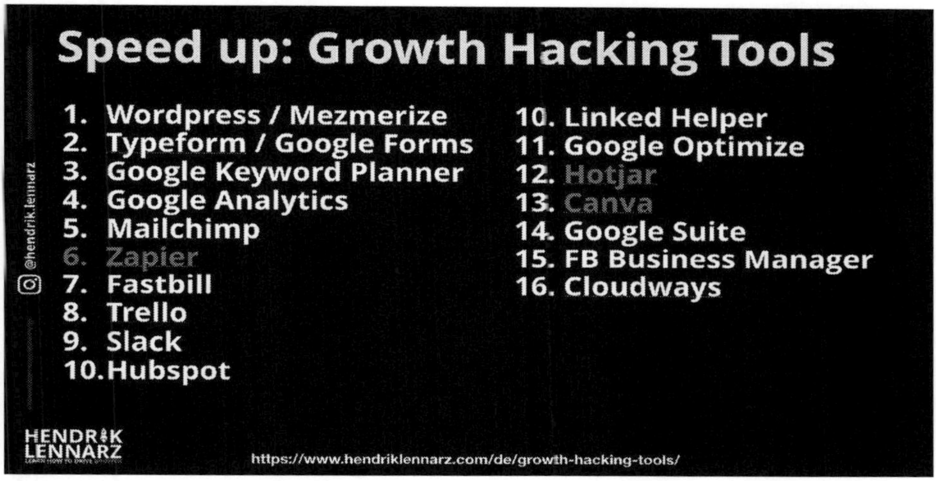

[Grafik 6: Growth Hacking Tools]

Meine persönlichen Lieblings-Growth-Hacking-Tools:

- **Google Vorschlagssuche** „Instant Search“: Nach welchen Problemen suchen meine potenziellen Kunden wirklich?
- **Google Forms und Typeform** für kleine Umfragen (auch gut für die Leadgenerierung)
- **LinkedHelper**[3]: Ein Google Chrome Extension, mit der man auf Linkedin automatisiert die Reichweite seines Linkedin Profils deutlich erhöhen kann.
- **Mailchimp**: Für 90% der E-Mail-Marketing-Use-Cases ausreichend. Einfach zu starten und zu nutzen.
- **Hotjar**: Nimmt die Aktionen der kommenden User auf der Landingpage oder der Website auf. Nicht als statische Heatmap, sondern als kleines Screencast-Video.

3 https://linkedhelper.com/

- **Zapier**: Zum Automatisieren von Prozessen ist Zapier eine echte Growth Hacker App.
- **HubSpot**: Mein CRM-System, in dem ich meinen B2B-Sales-Prozess hüte. Das Herzstück meines Unternehmens.
- **Canva**: Mit Canva kann man sehr einfach, weil browserbasiert, Bilder und Videos beschriften und animieren. Photoshop braucht man für Instagram und Co. nicht mehr.
- **Socialpilot**: Für zentrales Management von Social Postings und Auswertungen.

Um nur einige zu nennen...

Kontinuität

Der richtige Prozess, das richtige Growth Hacking Mindset, das Team mit den besten Skills und eine ganze Palette an super Tools – das sind die Zutaten für eine erfolgreiche Growth-Hacking-Strategie. Fehlt noch was?

Ja, leider. Einmal ist leider kein Mal. Genau wie man auch von einem einmaligen Fitnessstudiobesuch noch keine dicken Muckis bekommt.

Deswegen müssen diese Growth Hacking Sprints vor allem zu Beginn der Einführung optimalerweise mindestens einmal monatlich wiederholt werden. Am besten erstellt man eine erste **Growth Hacking Roadmap** für die nächsten drei Monate. Diese beinhaltet alle Meilensteine, Ideen und vor allem die Growth Hacks, die gerade in der Umsetzung sind – über alle genutzten Kanäle hinweg (Social Media, Website, Newsletter, ...). Auf diese Art und Weise behält jeder während des Growth Sprints den Überblick.

Nur so können die Teams auch ein Gefühl dafür bekommen, wie man mit einer ständigen Optimierung am Ende schneller vorwärtskommt, als mit den großen Projekten, die monatelang in der Blackbox – ohne echtes Kundenfeedback einzuholen – entwickelt werden.

Nach drei Monaten sollten sich erste Routinen eingestellt haben, sodass die Sprints gut durchlaufen und man im Erfolgsfall beginnt zu überlegen, ob man die Sprintdauer nicht verkürzen und die Growth-Sprint-Anzahl erhöhen kann.

Und jetzt, wie geht es weiter?
Rate mal…#executeordie
GROWTHARTIGE Grüße aus Kölle
Hendrik Lennarz
https://www.hendriklennarz.com/de/

KAPITEL 2:

AUSFLUG IN DEN KOPF DES KUNDEN

von bloßen Bedürfnissen zur hellen Begeisterung

Von Felix Thönnessen

"Amazing things will happen when you listen to the consumer."

Dieses Zitat stammt von Jonathan Midenhall, CMO von Airbnb, und es hört sich ziemlich toll an, oder? Wenn du auf deine Kunden hörst, passieren erstaunliche Dinge. Klar soweit – aber wie stellt man das an?

Um das zu beantworten, widmen wir uns zunächst einmal der Frage, wie man seinen Kunden denn eigentlich zuhört. Denn nur in den seltensten Fällen, kann man diese mal so eben auf einen gemütlichen Plausch treffen. Darum gebe ich dir ein paar konkrete Tipps, wie du an die wahren Bedürfnisse deiner Kunden kommst.

Stell dir mal vor, du wüsstest ganz genau, was deine Käufer wollen. Mit diesem Wissen könntest du einige großartige Sachen anstellen – zum Beispiel Produkte kreieren, die direkt ins Schwarze treffen. Aus diesem Grund geht es im zweiten Schritt dieses Kapitels dann daran, diese Kundenbedürfnisse zu erfüllen (oder vielleicht sogar zu übertreffen?).

Dass dies gar nicht so leicht ist, zeigen uns rund die Hälfte aller Gründer, die innerhalb der ersten fünf Jahre scheitern. Der häufigste Grund hierfür: Es ist kein Bedarf am Markt vorhanden. Dieser ominöse Bedarf, nach dem immer alle suchen, ist dort vorhanden, wo es potenzielle Kunden gibt.

Im Duden steht geschrieben, du sollst die Probleme deiner Kunden lieben. Ok, eigentlich steht dort, dass der Bedarf etwas „in einer bestimmten Lage benötigtes“ oder die „Nachfrage nach etwas“ ist (aber Ersteres merken wir uns auch mal).

Beispiel: Du hast Hunger, also einen Bedarf nach Nahrungsaufnahme, gehst zum Bäcker, kaufst dir ein Brötchen und, boom, Bedarf gedeckt – oder? Wäre natürlich schön, wenn es so einfach wäre. Allerdings spielen bei den meisten Kaufentscheidungen noch weitere Faktoren mit hinein, z.B. persönliche Präferenzen, verfügbare finanzielle Mittel und so weiter. Was also, wenn du gerade eine Low-Carb-Diät machst und der Bäcker die heißgeliebten Eiweiß-Brötchen noch nicht im Sortiment hat? Gerade beim Bäcker seines Vertrauens kann man Reaktionen auf wechselnde Kundenwünsche schön beobachten. Beste Beispiele hierfür sind das bereits genannte Eiweiß-Brötchen, das Vital-Brot mit Chia-Samen oder die einfache Kennzeichnung veganer Gebäcke.

Keine Frage – es ist wichtig auf Kundenbedürfnisse zu achten. Ansonsten läuft man Gefahr mit seinem Produkt im „Museum of Failure“ zu landen. Ja, das gibt's wirklich. Hier versammeln sich Dinge, die die Welt nicht brauchte. Wer also nicht neben der farblosen Pepsi, der Elektroschock-Gesichtsmaske oder dem grünen Ketchup ausgestellt werden möchte, sollte sich lieber mit den Bedürfnissen draußen am Markt auseinandersetzen.

Eine Marktlücke finden und hineinsetzen? Das gehört in vergangene Zeiten, vor allem in die vor der Digitalisierung, und hat schon damals eher mäßig gut funktioniert. Früher wurden Produkte mit viel Budget entwickelt und in den Markt eingeführt. Erst danach stellte sich heraus, ob hierfür überhaupt ein Markt existierte.

Zum Glück steht das Internet nicht im Museum of Failure und kann uns daher heute wunderbare Möglichkeiten präsentieren, wie man es besser macht. Dank der Digitalisierung können wir flott auf den dynamischen Markt und die Wünsche potentieller Kunden reagieren. Allen voran steht hier der Zugang zu einer Fülle an Informationen. So können wir zunächst die Probleme und Bedürfnisse potenzieller Kunden identifizieren, um uns erst im Anschluss hieran an die Ausarbeitung einer Lösung zu machen.

Es ist wichtiger denn je, den Menschen zuzuhören und hieraus den größtmöglichen Mehrwert für sie zu kreieren. Manchmal kann deine Lösung für ein Problem wiederum zu neuen Problemen führen, die dann wiederum weitere deiner Produkte lösen – bestes Beispiel ist wohl das iPhone und der ewig leere Akku.

Doch wie hört man zu? Wie schleicht man sich in die Köpfe der Kunden und erhascht Einblicke in ihre Bedürfnisse? Wie macht man den Unterschied von „nice to have" zu einer echten Kaufentscheidung? Und am Wichtigsten: Wie entwickelt man aus diesem Wissen Lösungen, die verstanden werden?

Um diese Fragen zu beantworten, widmen wir uns zunächst einmal den Begrifflichkeiten. Der Kunde hat Bedürfnisse, Wünsche und Erwartungen – alles das Gleiche? Du ahnst es vielleicht schon: Nein.

Bedürfnisse

Hat der Kunde ein Problem, verspürt einen Mangel oder gar eine Unzufriedenheit und es bedarf einer Lösung. Er hat also ein Bedürfnis. In unserem ersten Beispiel hattest du Hunger (Problem) und hast dir etwas zum Essen gekauft (Lösung).

Wünsche

Ob du dich nun für eine Zimtschnecke oder für ein belegtes Vollkornbrötchen entscheidest, hängt von deinen Wünschen ab. Diese sind manchmal mehr und manchmal weniger rational nachvollziehbar.

Erwartungen

Die Erwartungen, die du an deine Mahlzeit hast, sind ausschlaggebend für deine Zufriedenheit am Ende. Von dem Geschmack, über die Knusprigkeit des Brötchens bis hin zur Freundlichkeit des Verkaufspersonals – Erwartungen sind die Anforderungen, die du an die Lösung deines Problems stellst.

Da wir die Terminologie nun geklärt hätten, kommen wir zum interessanten Teil: Wie erkennst du die Bedürfnisse, Wünsche und Erwartungen deiner potenziellen Kunden?

Wie erkenne ich die Bedürfnisse meiner Kunden?

Zunächst musst du wissen, wer deine potenziellen Kunden sind. Hast du erstmal eine möglichst homogene Zielgruppe definiert, kannst du hieraus kundenorientierte Lösungsansätze herausarbeiten. Darum erörtern wir im Voraus, wie du deine Kunden überhaupt findest. Sobald wir die gefunden haben, geht's ans Eingemachte: Dann wird gefragt, analysiert und gelauscht.

Finde deine Kunden

Jetzt darfst du die Spürnase in dir zum vorschein kommen lassen und dich auf Entdeckungsreise begeben. Dein Ziel ist die Zielgruppe alias deine Schafherde. Um ein tadelloses Mitglied der Schafherde zu sein, muss man vor allem ein Schaf sein. Werde zum Schaf, misch dich unter die Herde, denke und handle wie ein Schaf.

Kurz gesagt: Versetze dich in deine Zielgruppe hinein.

Folgende Fragen können dir dabei helfen:

1. Wer sind meine Kunden?

Definiere die fundamentalen Merkmale deiner Kunden. Dazu gehören:

- Geschlecht
- Alter
- Wohnort
- Einkommen
- Beruf
- Hobbies, Interessen & Werte

2. Warum kaufen meine Kunden?

Menschen kaufen aus verschiedensten Gründen. Manchmal ist es ganz spontan, aus einem „Haben will"-Impuls heraus. Andere Produkte werden aus dem Bedürfnis dazuzugehören oder als Statussymbol gekauft. Vielleicht kaufen deine Kunden dein Produkt auch nur, weil die Konkurrenz zu teuer ist. Gesetzliche Änderungen und Arbeitsanforderungen können ebenso Anlässe für einen Kauf sein, wie emotionale und soziale Bedürfnisse.

Wir beschäftigen uns hier also mit der Frage, was den Kaufimpuls bei deinen Kunden triggert. Schon mal was vom Stimulus-Response-Modell gehört? Vielleicht kennst du es auch als Reiz-Reaktions-Modell oder als SOR-Modell. Es geht darum, Reize zu setzen, mit welchen unterbewusste oder bewusste Emotionen ausgelöst werden, die im Folgenden zu Handlungen führen.

Keine Angst, wir steigen hier nicht in den trockenen Teil der Verhaltenspsychologie ein, aber ein paar Brocken davon können wir uns durchaus zu Nutze machen. Ich beschreibe das Modell mit einem Beispiel:

Kennst du diese fiesen TV-Werbespots, die uns in den Abendstunden frisch aufgebackene, dampfende Tiefkühlpizza vorführen? Dieser Werbespot übt einen Reiz auf uns aus. Wir hocken gemütlich vor dem Fernseher und haben uns insgeheim schon ausgemalt, welche Knabbereien wir uns heute noch gönnen werden. Auf einmal kommt dieser himmlische Werbespot, vollgepackt mit geschmolzenem Käse und einem Rand, der das perfekte Knusprig-Fluffig-Verhältnis hat – du könntest schwören, es riecht auf einmal wie bei deinem Lieblingsitaliener. Die akute Lust auf Pizza, der Duft, den wir vermeintlich wahrnehmen, entsteht in unserem Kopf und ist von außen nicht sichtbar, beeinflusst allerdings unsere Reaktion. Diese ist sehr wohl sichtbar: Zum Glück sind wir stets für solche abendlichen Gelüste gewappnet und werfen uns prompt die Notfall-Pizza in den Ofen – Reaktion.

Der Reiz des Werbespots hat im Zusammenspiel mit unserer Vorliebe für Pizza und unserer Assoziation von Fernsehen mit leckerem Essen eine Reaktion hervorgerufen. Und wer weiß – beim nächsten Einkauf entscheiden wir uns vielleicht sogar für die Marke, die in besagtem Werbespot zu sehen war.

Wie kaufen meine Kunden?

Auf welche Weise tätigen deine Kunden ihre Käufe am liebsten? Gehen Sie noch ganz klassisch in den Laden oder sitzen sie lieber bequem daheim? Falls letzteres, nutzen sie dafür den Laptop, Desktop Rechner, das Tablet oder ein mobiles Endgerät?

In diesem Schritt solltest du dich außerdem der Frage widmen, ob Käufer und Verwender deines Produktes wirklich dieselbe Person sind. Meine Mutter kauft beispielsweise manchmal Krawatten. Jedoch nicht, weil ihr die so gut stehen (tun sie bestimmt), sondern weil mein Vater welche braucht. Auch das neueste Puppenhaus wird in der Regel nicht vom Verwender, dem Kind, gekauft, sondern von den Eltern.

Wie viel Geld geben meine Kunden aus?

Wie hoch ist das durchschnittliche Einkommen deiner Kundschaft? Wie viel davon wird ausgegeben und wie viel davon wird auf die hohe Kante gelegt?

Aus den Ergebnissen kannst du dir eine oder mehrere Buyer Personas zusammenbasteln. Eine Buyer Persona ist sozusagen ein fiktiver Kunde, dem du auch gerne einen anderen Namen als Max Mustermann geben darfst. Das kann helfen Probleme und Bedürfnisse deiner Kunden besser zu verstehen.

Angenommen du hast bei deiner Zielgruppenanalyse festgestellt, dass deine Kunden vorzugsweise männlich, Arbeitnehmer mit landesdurchschnittlichem Verdienst, in ihren 20ern oder 30ern und Frischluft-Fanatiker sind. Du verkaufst übrigens Sonnenbrillen, die sich für den Sport sowie fürs Gutaussehen eignen. Geben wir dem Kunden allerdings einen Namen, wird daraus der 30-jährige Lenny Lausbube – bei seinen Freunden bekannt als Outdoor-König, angestellt bei einem örtlichen Automobilzulieferer, der nach seinem Schichtdienst gerne mal in die nahegelegenen Berge entflieht. Und nein, der Name muss keine Alliteration sein, aber das hört sich so schön eingängig an.

Mit Lenny ist doch gleich viel mehr anzufangen als mit der anonymen Zielgruppe, oder? Je mehr du versuchst, dich in Lenny reinzuversetzen, desto klarer wird das Gesicht deines Kunden. Frage dich immer: Was würde Lenny tun?

Je nach Einzelfall kann ein Unternehmen eine oder gar zehn Buyer Personas haben. Zu Anfang reicht es, wenn du mit der wichtigsten beginnst. Verkaufst du allerdings Unisex-Sonnenbrillen oder gar Brillen für Damen, empfiehlt es sich natürlich auch für Laura Lausmädchen eine Buyer Persona zu erstellen. In meiner Marketing-Kickbox ist genau diese Analyse deiner Zielgruppe der Startpunkt um dein Marketing und deine Kundengewinnung erfolgreich zu machen (felixthoennessen.de/marketing-kickbox).

Nun ist diese Zielgruppe, bzw. diese Buyer Persona, wahrscheinlich aus deinen Überlegungen heraus entstanden. Du hast dich gefragt, welchem Typ

Mensch, du mit deinem Produkt oder deiner Dienstleistung helfen willst. Du hast deine potenziellen Kunden und deren Problem identifiziert. Im nächsten Schritt geht es daran, diese zu verifizieren.

Frage deine Kunden

Nun müssen Beweise folgen. Schließlich handelt es sich bisher "nur" um deine Annahmen und nicht um Fakten. Nur wenn sich deine vorher getroffenen Hypothesen auch bestätigen lassen, kannst du an einer wirklich kundenorientierten Lösung arbeiten. Dementsprechend fragen wir deiner Schafherde jetzt löcher in den Bauch (oder die Wolle) um daraus ihre Bedürfnisse schlusszufolgern.

Apropos Beweise - hier ist Beweisstück A für das, was passieren kann, wenn man nur auf seine eigenen Einschätzungen vertraut und wechselnde Kundenbedürfnisse sowie dadurch verursachte Änderungen am Markt ignoriert: Kodak. Das Unternehmen galt lange als Pionier auf seinem Gebiet, hat die Fotografie revolutioniert und sogar die erste Kamera für den Endverbraucher auf den Markt gebracht. Doch einen Trend hat das Technologieunternehmen verschlafen: Die Digitalisierung. Und zwar nicht, weil es an dem Knowhow oder den technischen Ressourcen fehlte. Nein, vielmehr erfand Kodak bereits 1975 die erste Digitalkamera. (verrückt, oder?) Allerdings wurde dieser Fortschritt ganz schnell wieder in die unterste, verstaubte Schublade zurückgelegt – aus Angst, das Geschäft mit den klassischen Fotofilmen würde den Bach runter gehen und sowieso wolle kein Mensch Bilder auf dem Fernseher begutachten. Lange wurde ignoriert, dass sich der Markt nachhaltig verändert hatte und dass die Digitalisierung der Kamera nicht nur eine Modeerscheinung war.

Kannst du dich noch an die Zeit vor den Digitalkameras erinnern? Filme waren teuer, jedes einzelne Foto kostbar und das Entwickeln aufwändig und langwierig. Man wusste nicht einmal, ob das Bild gut geworden war, bis man es auf Papier in den Händen hielt. Das wurde sicher schon lange von vielen Kunden als etwas lästig empfunden, allerdings mangelte es ja an geeigneten Lösungen hierfür – bis die ersten kommerziellen Digitalkameras auf den Markt kamen.

Als Kodak dann endlich auf den Zug der Digitalkameras aufsprang, kam schon das nächste große Ding: Smartphones. Der Zug war abgefahren. 2012 meldete Kodak Insolvenz an, stellte die Produktion von Digitalkameras ein und verkaufte 2013 sogar das ehemalige Kerngeschäft der Fotofilme. Du siehst, sogar „die Großen" machen Fehler und tappen in die Falle, nicht genug auf Kundenbedürfnisse zu hören.

Um diese Falle wollen wir aber schön und galant herumtänzeln. Vielleicht halten wir mal den kleinen Zeh hinein, schauen was passieren würde und ziehen ihn rechtzeitig wieder heraus, aber mehr nicht.

Und wie erfährst du nun, was deine Kunden wirklich wollen? Kennst du die Serie „Lucifer"? Wie der Name schon vermuten lässt, geht es darin um den Teufel, der in Menschengestalt auf der Erde lebt und eine Art Superkraft besitzt: Er kann die tiefsten Wünsche und Sehnsüchte der Menschen erkennen. Wie er das macht? Er fragt sie einfach. Gut, vielleicht ist da noch ein bisschen Hokuspokus dabei, aber du schaffst das auch ohne. Ganz nach dem Motto „wer nicht fragt, bleibt dumm".

Egal, ob du bereits ein Produkt, bzw. eine Dienstleistung anbietest oder die Idee dazu bisher nur in deinem Kopf existiert – das Befragen deiner bestehenden oder potenziellen Kunden ist der wohl naheliegendste Weg, ihre Bedürfnisse und Wünsche zu erfahren. Die Frage ist nur, wie kommst du an sie heran? Dazu hast du verschiedenste Möglichkeiten. Zum einen kannst du natürlich mal in deinem eigenen Umfeld schauen, wer zu deiner Zielgruppe passt. Auch wenn deine Mutter und deine besten Freunde exakt zu der von dir definierten Buyer Persona passen, sind das nicht die optimalen Kandidaten hierfür. Natürlich darfst du dir deren Feedback immer gerne anhören und zu Herzen nehmen, aber bitte immer mit dem Hintergedanken, dass es eben deine dich liebenden Freunde und Eltern sind. In den meisten Fällen wird ihr Feedback nicht objektiv genug sein.

Besser ist es, Bekannte zu fragen, die zu dir wie ein ehemaliger Kollege oder Schulkamerad stehen. Zu ihnen hast du Zugang und dennoch die nötige Distanz, die sie für eine unbefangene Meinungsäußerung benötigen. Eine weitere Möglichkeit wäre, an Interessenten heranzutreten. Das können beispielsweise Personen sein, die zwar deinen Newsletter abonniert, aber noch nie etwas bei dir gekauft haben. In den sozialen Netzwerken könnten das auch deine Follower sein.

Gibt es bereits Kunden, die für dein Produkt oder deinen Service bezahlt haben, versäume es auf keinen Fall, auch sie zu Rate zu ziehen. Schließlich haben sie bereits Erfahrungswerte gesammelt und können womöglich sogar benennen, warum sie gerade bei dir gekauft haben und mit welchen Aspekten sie nicht zufrieden waren. Besonders wertvoll sind auch diejenigen, die nicht bei dir gekauft haben. Sie werden dir verraten können, wo sie Verbesserungsbedarf sehen.

Die wenigsten der genannten Personengruppen kannst du mal eben zu einer geschmeidigen Feedback-Runde in deinem Lieblingscafé treffen. Mache dir darum die schillernden Möglichkeiten des digitalen Zeitalters zu Nutze. In den sozialen Netzwerken bietet es sich an, Umfragen an deine Community zu stellen, um Feedback in den Kommentaren zu bitten oder deinen Followern sogar eine persönliche Nachricht zu hinterlassen. Hast du durch Newsletter und Verkäufe bereits E-Mail-Adressen gesammelt, kannst du hierüber eine Umfrage starten. Mit einem Internet-Tool wie Survey Monkey kannst du auch ganz einfach Online-Umfragen erstellen, deren Zugangslink in die E-Mail eingebaut werden kann.

In diesem Zuge ist es besonders wichtig, die richtigen Fragen zu stellen. Vielen Kunden fällt es schwer, ihre Bedürfnisse in Worte zu fassen. Das kann daran liegen, dass viele Bedürfnisse nur unterbewusst wahrgenommen werden. Oftmals ist die Lösung ihres Problems aber auch viel zu komplex für einen Laien. Darum: Lerne die Sprache des Kunden, stelle damit die richtigen Fragen und hinterfrage die Antworten. Versuche die Fragestellungen einfach und verständlich zu halten. Hole den Kunden dort ab, wo er steht, bestenfalls vor einem Problem, und führe ihn an die Lösung heran. Folgende Fragen können eine Hilfestellung dafür sein:

- *Welches Problem versuchen Sie mit dem Produkt zu beheben?*
- *Was muss das Produkt können, um Ihr Problem zu beheben?*
- *Was muss das Produkt können, um Sie zu begeistern?*
- *Wie muss das Produkt sein, damit es für Sie einzigartig wird?*
- *Würden Sie das Produkt kaufen? Wenn nein – warum?*
- *Was müssten wir an dem Produkt ändern, damit es für Sie in Frage käme?*

Es wäre außerdem sinnvoll, in diesem Schritt ein paar Hypothesen zu überprüfen, die du vorher aufgestellt hast. Wenn wir das Beispiel von vorhin nochmal aufgreifen, verkaufst du Sonnenbrillen, die sich für den Sport eignen und nebenbei auch noch schick aussehen. Du unterstellst deinem Kunden also, dass er zu sportlichen Aktivitäten gerne eine Sonnenbrille trägt und darüber hinaus Wert auf sein modisches Erscheinungsbild legt. Eine gute Frage könnte dann lauten:

Wäre es für Sie von Nutzen, wenn eine Sportsonnenbrille funktional und gleichzeitig modisch ist?

oder

Legen Sie bei ihren sportlichen Aktivitäten Wert auf Ihr Aussehen?

Wie bereits erwähnt, kennen Menschen ihre eigenen Bedürfnisse häufig nur unterbewusst oder können sie nicht benennen. Versuche darum möglichst wenig Fachbegriffe zu verwenden und dem Kunden auf Augenhöhe zu begegnen. Oft musst du etwas tiefer bohren oder an einer ganz anderen Stelle anfangen, als gedacht. Stelle dem (potenziellen) Kunden Fragen, die einfach zu beantworten sind und ihn dennoch nicht in seiner Antwort beeinflussen. So generierst du ehrliche Aussagen, selbst von Menschen, die wenig Wissen auf diesem Fachgebiet mitbringen.

Aus den Informationen, die du aus dem Feedback generierst, kannst du die Kundenbedürfnisse ableiten. Diese kannst du direkt dafür verwenden, dein Produkt zu kreieren, das Marketing anzupassen, den Service auszubauen oder ein bestehendes Produkt zu verbessern. Wage es jedoch nicht, deine Neugierde auf Feedback anschließend wieder wegzupacken. Hast du deine kundenorientierte Lösung erst einmal an den Mann oder die Frau gebracht, geht es daran, kontinuierlich neues Kundenfeedback einzuholen. Damit kannst du nicht nur die Zufriedenheit deiner Kunden messen, sondern auch auf dem aktuellsten Stand über ihre Bedürfnisse bleiben.

Dieses neue Feedback kannst du wiederum dafür nutzen, dein Produkt weiterzuentwickeln. So entsteht ein ewiger Kreislauf – der „build-measure-learn" Kreislauf. Dieses hübsche Ding ist außerdem ein Instrument der Lean-Startup-Methode. Mit jener Methode lassen sich auf besonders schlanke Weise neue Geschäftsideen testen und bestmöglich auf die Bedürfnisse der Kunden zuschneiden. In einer kontinuierlichen Schleife aus Feedback und Verbesserung des Produktes versucht man so, mit möglichst geringem Aufwand die beste Lösung zu finden.

Sagen wir du baust Häuser auf Bestellung. In diesem Fall wirst du deinen Kunden auch nicht sofort ein neues Heim hinstellen, sondern ihnen zuerst einmal den Entwurf vorlegen. Auf Papier oder in einer digitalen Simulation – Hauptsache die Kundschaft kann sich vorab schon ein gutes Bild vom Endergebnis machen. Der Entwurf dient hier als Minimum Viable Product[1], kurz MVP. Es ist das kleinste realisierbare Produkt deiner Idee. Erst nach einigen Sitzungen und Feedback-Schleifen wird der Entwurf des Hauses so sein, wie es sich deine Kunden vorstellen. Woher hättest du im Vorfeld auch wissen sollen, dass sie einen begehbaren Kleiderschrank und er vom Haus direkt in die Garage gehen können will? Du passt das MVP nach jedem Feedback an, was zur Folge hat, dass es immer mehr den Erwartungen deiner Kunden entspricht.

1 Eric Riess - Lean Startup

Dieses Konzept des Lean-Startups lässt sich auf brandneue Produktideen, aber auch auf einzelne Änderungen am Produktdesign und so weiter anwenden. Kostensparend und zielführend – ich steh' auf Effizienz.

Nun habe ich die ganze Zeit davon gesprochen, wie wichtig es ist, auf die Bedürfnisse seiner Kunden zu hören. Außerdem wissen wir jetzt auch, wie man in das gelobte Land der Kundenbedürfnisse findet und sich darin zurechtfindet. Aber was, wenn wir nichts finden? Was, wenn es einfach keinen Bedarf für unsere Idee gibt?

„Wenn ich die Leute damals gefragt hätte, was sie wollen, hätten sie gesagt, dass sie schnellere Pferde haben wollen."

Dieses Zitat stammt vom lieben Henry Ford, dem Gründer der Ford Motor Company und Pionier der modernen Fahrzeugfertigung. Autos wollte damals noch keiner haben. Verrückt, oder? Derartige Beispiele gibt es einige. Hätte man die Leute vor 2007 gefragt, ob sie ein iPhone oder gar ein Smartphone mit Multitouch-Bildschirm wollen, hätten sie wohl geantwortet, sie wollen SMS mit unbegrenzter Zeichenanzahl.

Schon mal was von mymuesli gehört? Die Idee, seine Frühstücksflocken ganz nach seinen eigenen Wünschen (wer mag schon Rosinen?) online zusammenzustellen, stammt von drei Jungs aus Passau. Ganz die vorbildlichen Studenten, die sie damals noch waren, wurde zuerst eine kleine Marktanalyse durchgeführt. Das Ergebnis: Keiner, aber auch wirklich keiner würde sich sein Müsli online kaufen und dann auch noch für einen höheren Preis, als im Laden. Zum Glück haben die Jungs trotzdem gegründet, denn heute beschäftigt mymuesli über 800 Mitarbeiter, betreibt europaweit über 50 Ladengeschäfte und verkauft in gängigen Supermärkten vorgefertigte Müslimischungen.

Haben die Gründer dieser Geschichten einfach einen guten Riecher gehabt? Das kann man im Nachhinein natürlich leicht sagen. Vor allem haben sie aber einen neuen Markt aufgebaut oder den bestehenden Markt zumindest ein Stück weit revolutioniert. Bei derartigen Innovationen können sich potenzielle Kunden oft noch nichts unter dem Endprodukt vorstellen. Erst wenn sie es sehen, kann ein Wunsch oder Bedarf entstehen, es zu besitzen.

Darum, ja - in Ausnahmefällen kann es sich als richtig erweisen, den fehlenden Bedarf am Markt zu ignorieren. Glücklicherweise haben wir heute, dank des technischen Fortschritts, ganz einfache Möglichkeiten, die Idee trotzdem auf den Markt zu bringen, ohne gleich auf volles Risiko zu gehen (Anspielung auf die vormals erwähnte Lean-Startup-Methode). Aber bedenke immer: Ausnahmen bestätigen die Regel.

Analysiere deine Kunden

Bisher haben wir mit dem Feedback (potenzieller) Kunden gearbeitet, um deren Bedürfnisse zu erkennen. Ein zusätzlicher Weg hierfür können Kundenkennzahlen sein. Kennzahlen und du seid nicht die besten Freunde? Da kann ich dir zum einen die Angst nehmen – so schlimm wird's nicht. Zum anderen sind die folgenden Kennzahlen der einfachste Weg zu erkennen, inwiefern du die Bedürfnisse deiner Kunden erfüllt hast. Also warum sollten wir uns diese Möglichkeit durch die Finger gehen lassen?

Hier schauen wir uns nur die vier aussagekräftigsten Kennzahlen an. Wie in vielen Bereichen des Unternehmertums könnte man hier natürlich noch viel tiefer einsteigen.

Kundenbindungsquote

Die Kundenbindungsquote oder auch -rate sagt aus, wie viele deiner Kunden über einen bestimmten Zeitraum wiederholt bei dir einkaufen. Hierbei wird die Anzahl deiner Kunden am Anfang und am Ende einer Woche, eines Monats oder sogar eines Jahres gemessen, sowie die hinzugekommenen Neukunden. Im Rückschluss erfährst du also auch, wie viele deiner Kunden dich lediglich einmal beehren.

Wiederkaufsquote

Die Kundenbindungsquote ist allerdings nicht zu verwechseln mit der Wiederkaufsquote. Diese gibt den Anteil deiner Kunden an, die mehr als einmal gekauft haben. Der Faktor des Zeitraums entfällt hier. Daher ist die Wiederkaufsquote ebenso einfach zu berechnen, wie sie aussagekräftig ist.

Rückgabequote

Klar, oder? Je häufiger dein Produkt reklamiert wird, desto offensichtlicher ist es, dass etwas damit nicht stimmt. Dann heißt es schnell sein und herausfinden, an was das liegt. Irgendetwas an dem Einkaufserlebnis war nicht nach den Bedürfnissen deiner Kunden ausgerichtet. In diesem Fall darfst und sollst du bitte zum Sherlock werden und dem Problem auf den Grund gehen.

Customer Lifetime Value

Der Langzeitwert eines Kunden hört sich auf Englisch nicht nur cooler an. Er gibt dir außerdem Aufschluss darüber, wie viel Wert ein Kunde für dein Unternehmen generiert. Dieser Wert kann zum einen in der Vergangenheit liegen (bereits getätigte Käufe) aber auch in der Zukunft (Prognosen zu zukünftigen Käufen). Damit kannst du unter anderem abschätzen, wie viel Geld für die Kundenakquise ausgegeben werden kann. Unberücksichtigt bleibt bei dieser Metrik allerdings, wie oft der Kunde gekauft hat.

Diese Metriken geben dir Aufschluss über die Kundenbindung sowie über die -loyalität. Daher kannst du aus ihnen sehr schön herleiten, inwieweit du die Bedürfnisse deiner Kunden erfüllt hast oder eben auch nicht. Ich weiß, nicht jeder hat es mit Zahlen und Analysen, aber im Vergleich zum vormals erwähnten Kundenfeedback haben sie einen entscheidenden Vorteil: Sie sprechen für sich.

Lausche deinen Kunden

Da du nun kräftig gefragt und analysiert hast, versuchen wir jetzt mal etwas ganz Anderes: Monitoring. Das hat nichts mit Computerbildschirmen zu tun, sondern mit dem Hinhören.

Kennst du noch die Geschichte von Momo, dem kleinen Mädchen mit den zerzausten Haaren? Ihre Gabe war das Zuhören. Klingt unspektakulär? Nein, gerade in einer so lauten Zeit wie heute, wo wir an jeder Ecke mit Informationen überschüttet werden und jeder seine eigene Geschichte im Netz teilen will, ist es eine Kunst, den richtigen Dingen Gehör zu verleihen. Und genau das wirst du tun. Höre den Menschen zu, lenke deine Aufmerksamkeit auf deine Zielgruppe, nimm den Austausch um Mitstreiter unter die Lupe. Soziale Netzwerke, Fachzeitschriften, Blogs und die Orte, wo sich deine Zielgruppe aufhält, sind hervorragende Anlaufstellen hierfür.

Deine Community, wie es auf Neudeutsch so schön heißt, spricht womöglich bereits über dich. Es gibt einige Online-Tools, die dir dabei helfen, das ganz einfach herauszufinden. Google Alerts, Mention und Socialmention benachrichtigen dich beispielsweise über Erwähnungen deines Unternehmens im Netz, bzw. analysieren diese. Hast du schon ein oder mehrere soziale Netzwerke als Kanäle für dein Unternehmen auserkoren, lege auf jeden Fall ein offenes Ohr an den Tag. Manche Trends oder Bedürfnisse gehen sogar viral und sind daher die perfekte Chance für flinke Marketer, darauf zu reagieren.

Ich denke, wir sind uns einig, wenn ich sage: Kunden wollen einfach verstanden werden. Mit Produkten die falsch kommuniziert werden oder gar an den Kundenwünschen vorbei schlittern, kann keiner etwas anfangen. Wie du dein neu gewonnenes Wissen nun auf deine Produkte oder Dienstleistungen transferieren kannst, erfährst du jetzt.

Wie erfülle bzw. übertreffe ich die Bedürfnisse meiner Kunden?

Nachdem du jetzt also weißt, wie du nach den Bedürfnissen deiner Kunden graben musst, schauen wir uns im Folgenden mal an, wie wir diese befriedigen. Oder weißt du was, streich das – wir werden sie übertreffen.

Genau das ist heute der Schlüssel zum Erfolg. Soweit du als Unternehmer oder Gründer nicht eine totale Innovation auf den Markt bringst, wirst du dich erstmal gegen einige Mitstreiter behaupten müssen. Das funktioniert am besten, indem du die Wünsche und Bedürfnisse deiner Kunden nicht nur hörst, sondern auch erfüllst und bestenfalls sogar über sie hinaus gehst.

Die Kunst der Begeisterung

Wie die Erfüllung der Kundenerwartungen mit deren Zufriedenheit bzw. Begeisterung im Zusammenhang steht, veranschaulicht das sogenannte Kano-Modell sehr schön (das ist das letzte Modell in diesem Kapitel, versprochen).

Nach dem Kano-Modell[2] kann man die Anforderungen, die Kunden an ein Produkt haben, fünf verschiedenen Merkmalen zuweisen: Basis-, Leistungs-, Begeisterungs-, Rückweisungs- und unerhebliche Merkmale. Diese sind danach kategorisiert, auf welche Weise die Kundenzufriedenheit von den Eigenschaften eines Kaufvorgangs beeinflusst wird. Veranschaulichen wir das ganze mal mit einem Beispiel: Dem Kauf des ersten Autos.

Basismerkmale

Von Anfang an ist dir klar, dein erstes Auto muss fahren können. Überrascht? Natürlich nicht, weil die Fahrtüchtigkeit eines Autos für den Käufer in der Regel selbstverständlich ist. Ist dieses Basismerkmal nicht erfüllt, bist du

2 Das Kano-Modell beschreibt den Zusammenhang zwischen der Erfüllung von Kundenanforderungen und der Kundenzufriedenheit. Noriaki Kano, emeritierter Professor der Tokyo University of Science, entwickelte 1978 ein Kundenzufriedenheitsmodell – heute bekannt als Kano-Modell

sehr, sehr unzufrieden. Ist es allerdings erfüllt, ändert das nichts an deiner Zufriedenheit – schließlich hast du das als Fahranfänger, der ganz heiß auf den ersten eigenen Schlitten ist, stillschweigend vorausgesetzt. Da gibt's keine Diskussion. Basismerkmale sind ein Muss.

Leistungsmerkmale

Klimaanlage, elektrische Fensterheber, Digitalradio und Sitzheizung – keine selbstverständlichen Merkmale, vor allem nicht bei deinem ersten Auto. Du bestehst aber trotzdem darauf und erwähnst das auch vor dem Autohändler. Außerdem soll der Wagen blau sein und natürlich nicht zu teuer. Diese Merkmale werden von dir also explizit verlangt. Der Autoverkäufer stellt dir voller Elan ein paar Modelle vor, die deinen Ansprüchen schon sehr nahekommen. Am besten gefällt dir der weiße Kleinwagen, der zwar nicht deinen Farbwünschen entspricht, aber sonst alles hat. Voilà – erstes Auto gekauft und du hast ein zufriedenes Grinsen im Gesicht, weil fast alle deiner Leistungsmerkmale erfüllt sind. Dass der Wagen nicht blau ist, hat deine Zufriedenheit zwar ein wenig geschmälert, aber manchmal muss man eben Kompromisse eingehen.

Begeisterungsmerkmale

Der Händler bietet dir an, die Zulassung deines Autos kostenfrei zu übernehmen. Du nimmst dieses Angebot dankend an – so sparst du dir den Gang zum Amt, Zeit und Stress. Als du das Auto die Woche darauf dann abholen willst, traust du deinen Augen kaum. Der Wagen wartet in der vor dem Autohaus bereits auf dich, vorne und hinten prangt dein Wunsch-Kennzeichen und um die Karosserie schlingt sich eine dicke, rote Schleife. Feierlich übergibt dir der Autohändler deine Schlüssel, ein schicker Schlüsselanhänger inklusive. Er hat sich außerdem die Freiheit genommen, schon mal einen faltbaren Einkaufskorb in den Kofferraum zu legen – sowas kann man immer brauchen. Und oben drauf gibt's noch einen Gutschein für die örtliche Autowaschanlage.

Hätten diese Merkmale gefehlt, wärst du keineswegs unzufrieden gewesen, aber jetzt bist du einfach nur begeistert – Begeisterungsmerkmale eben.

Selbstverständlich wirst du all deinen Freunden von der feierlichen Autoübergabe erzählen und ein Bild von deinem neuen Wagen mit der liebevoll geschnürten Schleife auf der Motorhaube machen, das eine Stunde später natürlich in allen Whatsapp-Gruppen, auf Instagram und auf Snapchat geteilt wird.

Unerhebliche Merkmale

Wie so ziemlich jedes Auto hat dein neuer Wagen einen Zigarettenanzünder. Außerdem hat sich der Händler die Mühe gemacht, alle örtlichen Radiosender ins Autoradio einzuspeichern. Beides findest du zwar ganz nett, aber auch nebensächlich. Du rauchst nicht und hörst niemals Radio, darum hättest du darauf auch gut und gerne verzichten können, ohne unzufrieden zu sein. Es sind unerhebliche Merkmale, die deine Zufriedenheit bei Fehlen oder Vorhandensein weder schmälern noch steigern können.

Rückweisungsmerkmale

Du bist überglücklich mit deinem ersten Wagen. Einen Unfallwagen hättest du allerdings niemals genommen. Man weiß ja schließlich nie, was da noch so alles fehlen könnte. Nein, ein Unfallwagen war von vornherein Tabu. Die Tatsache, dass ein Auto also bereits einen Unfall hinter sich hatte, wäre also ein klares Rückweisungsmerkmal für dich gewesen – es hätte dich unzufrieden gestimmt. Dass dieses Rückweisungsmerkmal in deinem Fall nicht vorhanden ist, hat allerdings keine positive Auswirkung auf deine Zufriedenheit.

Willst du die Bedürfnisse deiner Kunden also übertreffen, musst du dich mit den Begeisterungsmerkmalen auseinandersetzen. Basismerkmale sind für den Kunden schon selbstverständlich und selbst mit den Leistungsmerkmalen kann man sich heutzutage nur noch schwer von der Masse abheben. Be different or die – ich weiß nicht wie oft ich diesen Satz während meines Studiums gehört habe, aber er stimmt. Hebe dich vom Wettbewerb ab, verleihe deinem Produkt das gewisse etwas, gib deinen Kunden einen Grund, dich anderen vorzuziehen – begeistere!

Nimm dir doch mal einen Stift und ein Blatt Papier zur Hand. Überlege, welche Merkmale dein Produkt besitzen könnte, wie es die Kundenzufriedenheit beeinflusst und welche Kundenbedürfnisse du damit deckst. Auf diese Art kannst du besser verstehen, wie sich einer deiner Kunden nach dem Kauf fühlt und woran es ihm vielleicht noch fehlt.

Um deinen Begeisterungsmerkmalen ein Upgrade zu verpassen, verrate ich dir im Folgenden zwei ebenso simple wie grandiose Strategien. Sie helfen dir dabei, bei deinen Kunden einen bleibenden (und natürlich positiven) Eindruck zu hinterlassen. Halte dich fest, denn jetzt wird es feinfühlig.

Kleine Geschenke erhalten die Freundschaft

Eine Möglichkeit, wie du dein Begeisterungsmerkmalskonto aufladen kannst, ist das Prinzip der Reziprozität. Was sich hier anhört wie höhere Mathematik ist eigentlich das Prinzip der Gegenseitigkeit – ein Grundprinzip Menschlichen Handelns. Klingt kompliziert, ist es aber nicht. Wenn dich auf der Straße jemand anlächelt, lächelst du zurück (das unterstelle ich dir mal so). Das ist Reziprozität. Eine Person ist nett zu dir, in diesem Fall offensichtlich sogar ganz ohne Grund, und du hast automatisch das Bedürfnis, etwas zurückzugeben. Oft passiert das ganz unterbewusst. Dieses Prinzip kannst du dir auch zu Nutze machen, um die Erwartungen deiner Kunden zu übertreffen.

Wenn der Autohändler eine Schleife um den Wagen bindet, wenn du in der Apotheke Taschentücher und Hustenbonbons geschenkt bekommst oder wenn dir der Verkäufer zu deinen neuen Laufschuhen einen kleinen Workout-Guide für Läufer dazulegt – wie fühlst du dich dann? Verstanden? Wertgeschätzt? Begeistert? Ich würde es jedenfalls. Geben, geben, geben ist die Devise – sei VORsorglich, kreiere Begeisterungsmerkmale.

What a Feeling

Begeistere deine Kunden darüber hinaus, indem du merkwürdig bist. „Was redet der da, ich soll mein Unternehmen komisch aussehen lassen?", denkst du jetzt vielleicht. Nehmen wir das Wort doch mal auseinander: Merk und würdig. Ist etwas merkwürdig ist es also würdig es sich zu merken. Klingt doch eigentlich sinnvoll, schließlich wollen wir unseren Kunden in Gedanken bleiben. Das schafft man aber eindeutig nicht, indem man den vorgekauten Einheitsbrei der anderen wiedergibt. Besser ist es, sich anders zu zeigen und das am besten mit Emotionen. Beladen wir unser Produkt oder unser Unternehmen mit einer Botschaft, die Menschen auf der Gefühlsebene berührt, werden wir würdig gemerkt zu werden.

Bestes Beispiel: Mobilfunkanbieter. Heutzutage verkaufen diese nämlich nicht mehr nur Handyempfang. Nein, heute verkaufen sie Handyempfang UND Freiheit UND Freundschaft UND Lebensfreude. Oder wie fühlst du dich, wenn dein Datenvolumen am Ende des Monats wieder aufgefüllt wird?

Ein ähnliches Phänomen kann man bei diversen alkoholischen Getränken beobachten. Trinkst du eine Flasche kühles Becks, sitzt du gerade womöglich nicht in einer schummrigen Bar und versuchst den Ernst deines Lebens zu vergessen. Nein, vielmehr befindest du dich auf rauer See, Salzwasser spritzt dir ins Gesicht, du stößt mit deinen überdurchschnittlich lässigen Freunden an und das Leben ist einfach nur schön. So trinkt man Becks. Habe ich bisher auch immer falsch gemacht.

Emotionen sind eine schöne Stelle, um dieses Kapitel abzuschließen. Da wir Menschen fühlende, irrational handelnde Wesen sind, haben Emotionen eine unglaubliche Kraft. Wenn du deinen Kunden Fürsorge, Verständnis und darüber hinaus ein gutes Produkt gibst, werden sie mehr als nur Geld bezahlen. Sie werden dir außerdem mit Treue und Empfehlungen entgegenkommen. Sie fühlen sich wertgeschätzt - und Wertschätzung ist heutzutage eine starke Währung. Aber bevor es dir vor lauter Gefühlsduselei noch Tränen in die Augen treibt, wünsche ich dir viel Freude dabei, deine Schafherde glücklich zu machen.

Die Bedürfnisse deiner Kunden sind die Grundlage deines Marketings, nur so kannst du den Kunden am besten erreichen und an der für ihn relevantesten Stelle treffen. Mit meiner Marketing Kickbox (felixthoennessen.de/marketing-kickbox) habe ich ein Programm konzipiert, was genau an der Stelle ansetzt und dich zum wahren Kundenchampion macht. Zusammen gehen wir die wichtigsten Marketing-Geheimnisse durch und sorgen für mehr Bekanntheit und Aufmerksamkeit für dein Business. Wollen wir loslegen?

Bleib motiviert!

Felix

KAPITEL 3:

DAS DIGITAL PERSONAL BRANDING MINDSET

Der Chancenmacher in einer komplexen Arbeitswel

Von Marina Zayats

Vor etwa vier Jahren schaute ich eine Netflix-Serie, die meine Karriere in neue Bahnen lenken sollte. Die erste und bis dahin einzige Staffel enthielt gerade einmal fünf Folgen, doch schon die erste reichte aus, um einen Entschluss zu fassen. Der Entschluss lautete damals: Ich will Menschen dabei helfen, ihre Leidenschaft, ihr Können und ihren Mehrwert für die Gesellschaft greifbar und für andere sichtbar zu machen. Kurze Zeit später sollte ich erfahren, dass genau das die Essenz von Personal Branding ist: Den eigenen Mehrwert für eine bestimmte Zielgruppe verstehen und sichtbar machen.

Die Serie heißt *Chef's Table* und der Mann, dessen Portrait mich so fasziniert hatte, heißt Massimo Bottura. *Chef's Table* begleitet außergewöhnliche Chefköche aus aller Welt. Der Fokus liegt dabei nicht ausschließlich auf den Speisen, sondern auf der Persönlichkeit der Menschen dahinter. Der Zuschauer erfährt, warum sie das tun, was sie tun und wie sie dahin gekommen sind. Ich schreibe diese Zeilen, nachdem ich eben eine Folge aus Staffel 6 geschaut habe mit einem weiteren brillanten Menschen namens Dario Cecchini.

Was beide Männer, Massimo und Dario (und alle anderen ChefköchInnen aus *Chef's Table*) gemeinsam haben: Faszination, Hingabe und einen Hauch von Obsession bei ihrer Tätigkeit. Diese Begeisterung ist unglaublich ansteckend und zieht mich jedes Mal aufs Neue in den Bann. Jede Folge erinnert mich an drei Dinge:

- Diesen Schaffensgeist für etwas zu empfinden und dem auch nachgehen zu können, ist unfassbar wertvoll. Ein Geschenk!
- Ich möchte mein Leben lang diesen Schaffensgeist behalten und neu entdecken für weitere Themen und Tätigkeiten.
- Ich möchte Menschen dabei helfen, ihren Schaffensgeist sichtbar zu machen, um andere Menschen damit zu inspirieren. Gleichzeitig möchte ich den Menschen dabei helfen, noch mehr Chancen zu nutzen, und zwar dadurch, dass sie ihre Arbeit sichtbarer machen.

Was hat das mit Digital Personal Branding zu tun?

Jeder Mensch hat eine einzigartige DNA und einen einzigartigen Fingerabdruck. Genauso ist auch unser Set an Fähigkeiten, Wissen, Erfahrungen usw. sehr individuell. Dieses Superkräfte-Portfolio ist von Mensch zu Mensch sehr unterschiedlich. Dennoch höre ich von meinen Workshop-Teilnehmern am Anfang des Tages häufig: „Diese Fähigkeit hat doch fast jeder" oder „es gibt nichts, worin ich herausragend gut bin". Wenn wir uns einzelne Aspekte unseres Superkräfte-Portfolios anschauen, dann gibt es sehr sicher jemanden, der genauso smart programmieren oder genauso gut kochen kann. Zwei Menschen können jedoch nicht das identische Superkräfte-Portfolio haben. Die Mischung an Fähigkeiten, Wissen, Erfahrungen, Stärken etc. ist immer individuell. Zumal jede einzelne Fähigkeit zusätzlich unseren persönlichen Fingerabdruck trägt, also unsere Persönlichkeit. Aus diesem Grund ist auch jeder Chefkoch völlig anders, der in *Chef's Table* porträtiert wird. Jeder ist anders aufgewachsen, hat andere Kultureinflüsse, andere Fähigkeiten beim Kochen entwickelt und verschiedene

Erfahrungen damit gemacht. Der konkrete Mehrwert und die Erfahrung für den Gast ist somit auch von Chefkoch zu Chefkoch unterschiedlich.

Das bedeutet auch: Jeder Menschen hat bereits eine Personal Brand. Denn: Personal Branding hat nichts damit zu tun, wie viele Menschen Dich kennen, sondern welchen Mehrwert Du den Menschen bringst, die Dich kennen.

Damit kommen wir auch schon zur ersten Regel beim Personal Branding:

Kein Personal Branding ohne Wert für andere. Ich lade Dich an dieser Stelle ein, Dich von der Angst der reinen Selbstdarstellung zu verabschieden. Wen auch immer Du gerade als Paradebeispiel dafür im Kopf haben solltest: Darum geht es bei Personal Branding nicht. Personal Branding dient als Werkzeug, um Menschen klar aufzuzeigen, welchen Wert Du vermittelst und damit Chancen auf beiden Seiten zu ermöglichen.

Bevor es weitergeht, bleibt eine zentrale Frage: Warum spreche ich die ganze Zeit von Personal Branding und im Titel steht „Digital Personal Branding"? Die Basis einer wirksamen Personal Brand hat sich mit dem Siegeszug des Internets und sozialer Netzwerke nicht verändert. Wenn Du Deinen Wert für andere nicht richtig greifen kannst, bringt auch die beste Sichtbarkeit und Reichweite nichts.

Wenn Du Dir jedoch die Mühe machst, die Essenz Deiner Superkräfte herauszukristallisieren und in Einklang zu bringen mit Deinen Zielen (dazu später mehr) und Deiner Zielgruppe, so bieten Dir die digitalen Kanäle heute eine ganz andere Möglichkeit der Sichtbarkeit.

Mit inaktiven oder gar nicht existierenden LinkedIn- oder XING-Profilen und inkonsistenten Informationen auf verschiedenen Kanälen lassen viele Menschen wertvolle Chancen verstreichen. Wer die Werkzeuge des Personal Brandings vernachlässigt, offenbart das Fehlen einer Kompetenz, die in der heutigen Arbeitswelt unerlässlich geworden ist.

In einer aktuellen Studie des Frauenhofer-Instituts zum digitalen Wandel der Arbeit wird „Selbstvermarktung“ als zentraler Bestandteil für die Sicherung der Chancengleichheit bei der Arbeit genannt.

Zudem ist die Wahrscheinlichkeit, dass alles was Du offline machst, schnell auch in der digitalen Welt ankommt, sehr groß. Viele Auftritte auf Kongressen oder Artikel in Zeitungen und Zeitschriften finden schnell den Weg in Soziale Netzwerke oder auf eine Unternehmenswebsite. Deine Personal Brand auch online gekonnt zu steuern, wird vom Institute For The Future als eine der essenziellsten Fähigkeiten genannt (IFTF 2018).

Das Digital in Digital Personal Branding bezieht sich also auf den zweiten Satz: Die Sichtbarkeit und die neuen Möglichkeiten, die die Digitalisierung Deiner Brand bietet.

Alles zusammengenommen entsteht folgende Definition von Digital Personal Branding:

Digital Personal Branding ist ein stetiger Prozess, bei dem Du Deinen Wert klar definierst und diesen an Deine Zielgruppe durch geeignete Kanäle kommunizierst.

Ist Personal Branding auch für Angestellte relevant?

„Ist Personal Branding nicht nur was für Selbstständige und Unternehmer?“, werde ich manchmal gefragt. Meine Gegenfrage lautet dann: „Hast Du Karriereziele, die über Deine jetzige Rolle hinausgehen?“ Wenn die Antwort ja lautet, dann lohnt es sich auch als Angestellte/r, seine Personal Brand aufzubauen und aktiv zu steuern – unabhängig davon, auf welcher Hierarchiestufe Du stehst und ob Du die Karriere im jetzigen Unternehmen vorantreiben möchtest, oder woanders. Natürlich ist gute Leistung die Voraussetzung, um mit Personal Branding überhaupt nachhaltig erfolgreich zu sein. Die Annahme, dass man jedoch alleine durch gute Leistung alle Karrierechancen bekommt, ist zwar bequem – aber falsch.

Als Selbstständige bin ich manchmal überrascht, wie wenig Beachtung Mitarbeiter Personal Branding einräumen – obwohl Unternehmen mit die besten Business-Netzwerke sind. Man arbeitet zusammen, kann auch entferntere Kollegen um Rat fragen, ist untereinander in LinkedIn und XING vernetzt, hat zudem oft interne Social Networks und sehr effektiv: Den Flurfunk. Das Einzige, was den meisten Mitarbeitern im Weg steht, sind ihre Glaubenssätze wie „ich brauche keine Bühne um mit meiner Leistung gesehen zu werden" oder „ich will keine Selbstvermarktung betreiben – das ist affig".

Beim Personal Branding geht es jedoch nicht darum „laut" oder „arrogant" zu sein, sondern darum, relevanten Menschen unaufdringlich zu zeigen, welchen Wert man für sie bietet. Ziel: Mehr Chancen schaffen auf BEIDEN Seiten. Natürlich spricht sich gute Leistung herum – aber auch mit den Botschaften, die Du senden möchtest? Oftmals werden Mitarbeiter von ihren Chefs als „fleißig, genau oder zuverlässig" beschrieben. Aber möchtest Du damit auch bei anderen potenziellen Chefs gesehen werden, die vielleicht eher nach Deinen anderen Attributen „kreativ, frech und schnell" suchen?

Wie definiere ich meinen Mehrwert?

Wenn Du Dich nicht auf eine Nische fokussierst und eindeutig kommunizierst, welchen Wert Du Deinen Kunden bietest, wirst Du keine starke Marke entwickeln können, sondern wirst beliebig und austauschbar. Ohne Dir glasklar darüber zu sein, welchen Wert Du wem lieferst, läufst Du Gefahr eine Personal Brand zu erschaffen, die von Deiner Zielgruppe nicht verstanden oder als nicht attraktiv wahrgenommen wird.

Aber nicht nur aus Kundensicht macht eine klare Positionierung Sinn: Wenn Du Deine Werte herausgearbeitet hast und Deine Marke mit Deiner Persönlichkeit übereinstimmen, wirst Du sicher und überzeugender Auftreten.

Personal Branding ist also auch immer in erster Linie Persönlichkeitsarbeit. Deswegen starten wir die Reise zu Deiner starken Personal Brand mit einer Bestandsaufnahme: Was sind Deine Superkräfte und welche Facetten Deiner Persönlichkeit gehören in Deine Personal Brand?

Für das Herausarbeiten gibt es viele Möglichkeiten, die alle eines gemeinsam haben: Ohne eine wirklich grundlegende Auseinandersetzung mit Deinen Stärken, Karrierezielen, Herausforderungen und Deiner Persönlichkeit geht es nicht. Nimm Dir diese Zeit! Einmal gemacht, hast Du ein sehr hilfreiches Werkzeug an der Hand, das Dir neue Türen öffnen wird.

Insights MDI-Test (auch DISC-Modell genannt)

Authentische Menschen setzen sich mit ihren Stärken und Schwächen auseinander. Dafür benötigen sie zwei Dinge: den Mut zur Selbstreflexion und eine ordentliche Portion an Ehrlichkeit. Wer authentisch sein möchte, muss auch vermeintlich unangenehmen Realitäten ins Auge sehen, denn natürlich würden wir gerne unserem Idealbild entsprechen (was selten der Fall ist).

Das Problem: Das Feedback Deiner Freunde und Familie ist nicht immer ehrlich und damit hilfreich. Oftmals kennen Dich diese Menschen zu gut und haben bereits ein sehr feststehendes Bild von Dir. Dabei werden bestimmte Aspekte „übersehen" oder sie spielen eine untergeordnetere Rolle, weil man sich nur aus dem „privaten Umfeld" kennt. Deshalb sind Werkzeuge hilfreich, die das persönliche Verhalten in all seinen Facetten aufzeigen können.

Ein solches empfehlenswertes Diagnostikinstrument ist der Insights MDI (Management Development Instrument) Report. Er gibt ein ganzheitliches Bild über

- Deine Führungsqualitäten, die Offenlegung Deiner Motive und Wertvorstellungen und den daraus resultierenden Verhaltenspräferenzen
- Deine emotionale Intelligenz.

Dieser Report kann als Grundlage Deiner Personal Brand dienen und hat den charmanten Nebeneffekt, dass Du auch das Verhalten anderer besser verstehen und einordnen kannst.

An dieser Stelle sei gesagt, dass die freie Version nicht so umfangreich ist, wie der Test, den lizenzierte MDI-Trainer anbieten. Dennoch gibt er eine solide erste Orientierung. Ich nutze das Wissen über die „vier Farben" mittlerweile nicht nur als Basis meiner Digital Personal Brand, sondern auch für die Zusammenarbeit mit meinen Kunden. Wenn ich weiß, dass ein Kunde sehr blau ist, muss ich mit ihm/ihr anders kommunizieren und auf andere Dinge achten, als wenn ich mit einem „gelben Kunden" arbeite. Eine leicht abgewandelte Form (Tieren satt Farben), findet man hier: https://www.youtube.com/watch?v=-lOp9qrjLJU. Ein sehr amüsanter wie hilfreicher Einstieg in das MDI-Modell.

2. Das Johari-Fenster

In den seltensten Fällen deckt sich das Selbstbild mit dem Bild, das andere von mir haben, denn jeder Mensch hat einen anderen Blick auf sich und seine Umwelt. Diese Differenz gilt es, transparent zu machen.

Wie Dir das gelingt? Durch aktives Nachfragen nach Beobachtungen, Eindrücken und Feedbacks. Das Johari-Fenster[1] veranschaulicht das sehr einfach mithilfe von vier Quadranten:

Beginnen wir oben rechts: Wie jeder andere auch, hast Du einen blinden Fleck bzgl. der Kenntnis Deiner selbst, weil Deine Kunden, Partner und Freunde ihre vollständige Meinung nicht mit Dir teilen – entweder, weil Du nicht fragen willst oder weil sie sich nicht trauen, Dir die Wahrheit zu sagen.

Unten Links: Natürlich hat jeder Mensch auch Geheimnisse. Dinge, die niemand über Dich weiß, weil Du sie bewusst oder unbewusst verbergen möchtest.

1 Abbildung: Johari-Fenster von Joseph Luft und Harry Ingham, Wikipedia 2019

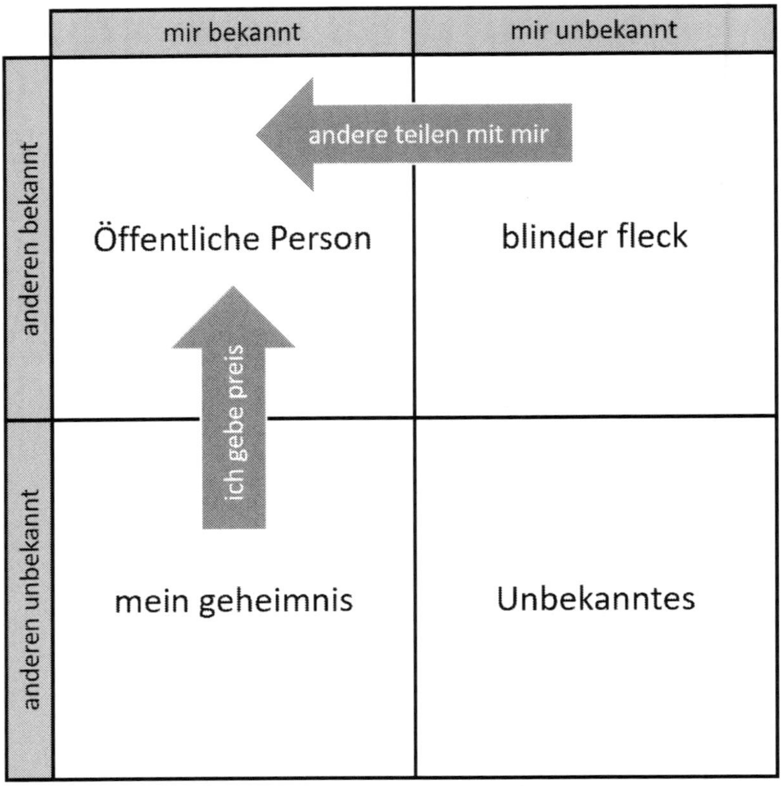

Oben Rechts ist die „öffentliche Person“ Deiner selbst: Das sind Facetten Deiner Persönlichkeit, die Du kennst und die andere kennen.

Im Gegensatz dazu gibt es (im Quadranten unten Rechts) das „Unbekannte“, also Facetten Deiner Persönlichkeit, die weder Dir noch anderen bekannt sind.

Anbei ist eine Liste[2] von Adjektiven, die beim Erstellen des Bildes im Quadrant „blinder Fleck“ hilft. Bitte Menschen aus Deinem Umfeld (idealerweise Menschen, die Dich aus unterschiedlichen Lebensbereichen kennen) um ein Feedback, in dem Du ihnen die Liste vorlegst und sie bittest, fünf der aufgeführten Adjektive auszuwählen, die sie mit Dir in Verbindung bringen.

2 https://www.lehrplanplus.bayern.de/sixcms/media.php/72/Sow_Jgst10_LB3_Johari_Fenster.pdf

Die gleiche Übung machst Du auch für Dich selbst. Am Ende siehst Du, wie weit Dein Selbstbild von Deinem Fremdbild entfernt ist.

- akzeptierend
- albern
- angespannt
- anpassungsfähig
- aufmerksam
- bescheiden
- bestimmt
- energievoll
- entspannt
- extrovertiert
- fähig
- freundlich
- fürsorglich
- geduldig
- geschickt
- genial
- glücklich
- großzügig
- heiter
- hilfreich
- idealistisch
- intelligent
- introvertiert
- kompetent
- komplex
- kühn
- liebevoll
- logisch
- mächtig
- mitfgühlend
- nachdenklich
- nervös
- nett
- organisiert
- redaktionsschnell
- reif
- religiös
- ruhig
- scheu
- schlau
- selbstbewusst
- selbstsicher
- sentimental
- spontan
- still
- stolz
- suchend
- tapfer
- unabhängig
- verlässlich
- vernünftig
- vertrauenswürdig
- warmherzig
- weise
- witzig
- würdevoll

Dieses Wissen kann Dir dabei helfen, Deine jetzige Personal Brand besser zu greifen.

3. Alle Superkräfte aufschreiben

Die beiden Tools MDI und Johari-Fenster helfen der Vorbereitung zu diesem Teil. Hier gilt es alle Deine Superkräfte aufzuschreiben. Superkräfte sind: Fähigkeiten, Fertigkeiten, Kenntnisse, Erfahrung, Deine Netzwerke, Deine Leidenschaften, die Persönlichkeitsmerkmale aus dem MDI. Eine Stütze kann hier die Erinnerung an Aufgaben sein, die Du erfolgreich gemeistert hast. Versuche sie herunterzubrechen. Welche einzelnen Fähigkeiten waren nötig, um den Tauchschein zu machen, Dich selbstständig zu machen oder befördert zu werden?

Ziele und Zielgruppe bestimmen

Nachdem Dein Superkräfte-Portfolio steht, gilt es diese lange Liste zu filtern nach

Deinen Karriere-Zielen und Deiner Zielgruppe.

Die Ziele müssen dabei nicht in Stein gemeißelt oder sehr konkret sein, aber eine Richtung ist entscheidend. Wobei soll Dir die Personal Brand in den nächsten Jahren helfen? Das kann Die Karriere im jetzigen Unternehmen sein, die erfolgreiche Selbstständigkeit mit Deinen Wunschkunden oder der Wechsel in eine andere Branche.

Anschließend stellt sich die Frage nach der Zielgruppe. Letztendlich geht es hierbei darum, drei Aspekte in Einklang zu bringen:

- Deine Ziele mit der Personal Brand
- Den Wert, den Du geben kannst und willst
- Die Zielgruppe, die die beiden oberen Punkte ermöglicht UND mit der Du zusammenarbeiten willst

Dabei ist die Beziehung zu Deiner Zielgruppe keine Einbahnstraße. Nur wenn beide Parteien voneinander profitieren (sei es auf einer emotionalen, finanziellen oder Informationsebene), entsteht eine stabile Bindung.

Wenn Unternehmen Social Media ernst nehmen (die, die es immer noch nicht tun merken gerade, dass sie stark nachrüsten müssen), investieren sie viel Zeit und Budget, um zunächst ihre Zielgruppe besser zu verstehen und genauer zu umreißen.

Ein wichtiger Schritt zum besseren Verständnis der Kundenprobleme und -erwartungen ist die Erstellung von sogenannten *Buyer Personas*. Eine Persona ist ein fiktiver Charakter, der repräsentativ für eine ganze Zielgruppe steht. Sie basiert auf demografischen und psychografischen Daten, sowie Informationen über das Verhalten der Zielgruppe, die man durch Interviews gewinnen kann.

Die Daten reichen von der Biermarke, die getrunken wird, über die Zeitung die gelesen wird bis hin zur Uhrzeit wann die Wäsche gemacht wird.

So haargenau brauchen wir es beim Personal Branding nicht, allerdings zeigt es uns, wie viele Informationen wir über unsere Zielgruppen gewinnen können. Viele der Informationen erhalten wir auch schon, ohne Geld für Social-Media-Kampagnen auszugeben oder teure Marktbefragungen durchzuführen. Das Stichwort lautet „Social Listening“. Die Sozialen Netzwerke enthalten unfassbar viele Daten über die Personen, mit denen wir zusammenarbeiten wollen. Sicherlich nicht über jede einzelne Person – aber über eine Zielgruppe als Ganzes.

Die folgenden Fragen können Dir dabei helfen die wichtigsten Zielgruppen für Deine Digital Personal Brand herauszufinden:

- Welche Menschen profitieren von Deinem Mehrwert bisher?
- Mit wem arbeitest Du gerne zusammen? Wen respektierst Du sehr für seinen Umgang mit anderen Menschen, für seine Arbeit etc.?
- Welche Befürworter hast Du und welche Rolle spielen sie beim Erreichen Deiner Ziele?
- Welche Menschen haben Dir dabei geholfen, Dich mit den richtigen Menschen zu vernetzen?
- Wer ist schon da, wo Du hin willst?
- Wer sollte Deine Arbeit unbedingt sehen, damit Du Deinen Zielen näher kommst?

Aus den Antworten ergeben sich konkrete Personen in Deinem Leben. Nun kannst Du anfangen, sie zu clustern um Deine Zielgruppen genauer zu definieren.

Verdichten im Personal Branding Pitch

Auf Business Events treffe ich immer häufiger Menschen, deren Jobtitel sich hinsichtlich Kreativität zu übertreffen scheinen: Titel wie Client Happiness

Manager, Digital Evangelist und Product Wizard sind hier noch die verständlicheren Formen. Auf dieser Seite kannst Du übrigens „bullshit titles" generieren, falls Du doch mal Inspiration brauchst: http://www.bullshitjob.com/title/.

Wie oft vergisst Du das, was Dir jemand über seinen Beruf oder Unternehmen erzählt hat binnen Minuten – oder hast es gar nicht erst richtig verstanden? Sei es ein neuer Kontakt auf einer Konferenz oder ein neuer Kollege in einer anderen Abteilung: Meistens merken wir uns eh nur das, was gerade wirklich relevant für uns ist (potenzieller Kunde, Mitarbeiter etc.). Die Details, die eventuell erst in einem Jahr für uns relevant werden, gehen so verloren.

Ein kurzer, prägnanter Personal Branding Pitch kann genau diesem Wissens- und damit Chancenverlust entgegenwirken. Menschen suchen nach Orientierung und das so effizient wie möglich – das schafft eine gute Marke und ein guter Personal Branding Pitch!

Was macht einen Personal Branding Pitch aus, der im Kopf bleibt?

- Er ist 2 – 3 Sätze lang
- Einfach formuliert (keine Schachtelsätze, komplizierten Fachbegriffe etc.)
- Er beantwortet die Fragen: Was ist Dein Wert und für wen?
- Optional: Was ist Deine „secret sauce" – wie machst Du das, was Du machst?
- Er ist outcome-orientiert (was ist der konkrete Wert, den andere bekommen – anders als „was mache ich")

Beispiel von einem Kunden:
„Ich sorge dafür, dass Unternehmer und Unternehmen nicht mehr Steuern zahlen als unbedingt notwendig. Darüber hinaus stehe ich meinen Mandanten als trusted Advisor bei allen Fragen zu Vermögen & Finanzen zur Verfügung."

Mein eigener Pitch:
„Als Kommunikationsberaterin helfe ich Unternehmen und Menschen dabei, ihren Wert überzeugend zu verpacken und wirksam an die richtigen Zielgruppen zu kommunizieren. Das erreiche ich durch den Aufbau und die Stärkung von relevanten Inhalten, Kommunikationskanälen und Beziehungen."

Wenn Du nun Deinen Pitch erstellst, darf es ruhig etwas dauern. Zeige den ersten Entwurf Menschen, die genau wissen, was Du machst und Menschen, die keine Ahnung haben von Deinem Job. Der eigene Pitch ist genau wie die eigene Marke (und genau wie Du selbst) ein stetiger Entwicklungsprozess.

Wohin nun mit dem Pitch, wenn er (für den jetzigen Moment) fertig ist?

Social-Media-Profile, z.B. Linkedin Summary (direkt unter Deinen Titel oder Deinen Slogan)

- Vorstellung face-to-face, z.B. auf Events
- Deine Website
- Im Grunde überall, wo es darum geht, anderen Menschen schnell zu vermitteln, was Dein Wert für andere ist.

Ein guter Pitch muss übrigens nicht angepasst werden von Zielgruppe zu Zielgruppe. Die Kunst besteht gerade darin, jedem zu vermitteln, wer Deine Zielgruppe ist und was Dein Wert für diese ist.

Wenn man diesen Pitch einmal verständlich formuliert hat (am besten auch an fachfremden Freunden trainieren), verstehen andere Menschen nicht nur besser, was Du machst, sondern behalten Dich auch besser im Kopf.

Der zweite Teil der Digital Personal Brand: Die Sichtbarkeit

Die Werkzeuge, um unsere Qualifikationen, Interessen und Persönlichkeit in einem so klaren Profil darzustellen, dass daraus eine starke Brand wird, sind vielfältig. Allerdings muss man nicht überall mitspielen. Für Menschen, die vor allem Entscheider aus der Corporate- und Startup-Welt erreichen wollen, empfehle ich die Basics: LinkedIn (unbedingt) und XING (optional). Wer Freiberufler ist, sollte sich auch überlegen, eine eigene Website anzulegen. Was Du auf Instagram, Snapchat oder Facebook treibst, kann privat bleiben, sollte aber den Informationen auf den Business-Netzwerken nicht widersprechen.

Was in die Social Business Netzwerke reingehört:

Der aktuelle Titel

- Dein Personal Branding Pitch
- Wenn Du als Experte in einem Themengebiet wahrgenommen werden möchtest: Eigene Blogartikel, die kurz und knapp konkrete Tipps oder Informationen geben. Zusätzlich das Teilen von fremden Artikeln versehen mit ein bis zwei Sätzen eigener Meinung. Social Media heißt so, weil es nun mal auf sozialer Interaktion beruht. Wer immer nur sendet, schadet seinem Netzwerk.
- Die wichtigsten(!) Stationen Deines Lebenslaufs, die auch noch einen Bezug zu Deiner jetzigen und zukünftigen Karriere haben. Auch hier lohnt es sich kurz zu beschreiben, was Du gemacht und erreicht hast, statt nur den Titel aufzuführen.
- Referenzen! Scheue Dich nicht davor, ehemalige oder jetzige Kollegen, Business Kontakte oder Kunden nach einer Referenz zu fragen.

Daneben gibt es natürlich noch eine Reihe anderen Möglichkeiten, wie Expertenbeiträge in Fach- und Online-Magazinen wie Xing Klartext, Vorträge bei Branchenevents und das Wichtigste: Das Aufbauen und Pflegen eines guten Netzwerks in der eigenen Branche und darüber hinaus. Die hier aufgezeigten Tipps bilden die solide Basis einer eigenen Digital Personal Brand, die von Dir statt von anderen gesteuert wird.

Über allem steht folgender Rat: Lege Deine Scheu ab, zu fragen! Kein Meinungsführer dieser Welt wurde, als er noch unbekannt war, gefragt: „Hast Du was zu sagen? Soll ich Dir die Plattform dafür geben?" Nein, er/sie hat die eigene Arbeit selbst sichtbar gemacht, damit andere überhaupt auf ihn/sie aufmerksam wurden! Du bist Dein eigener PR-Chef. Die Art und Weise, wie Du Dich sichtbar machst, ist Dir überlassen. Es gibt viele elegante Wege, seinen Mehrwert sichtbar zu machen, ohne marktschreierisch zu wirken.

Das wertvollste Werkzeug für die Meinungsführerschaft im Business-Kontext: LinkedIn!

Bevor wir in die Magie von LinkedIn einsteigen, zunächst die wohl wichtigste Frage:

„Warum sollte ich LinkedIn nutzen? Ich habe doch XING!"

LinkedIn hat beinahe 10mal so viele Mitarbeiter wie XING und ist mittlerweile Teil von Microsoft, also finanziell gut aufgestellt. Dementsprechend schneller können neue technische Features ausgerollt werden, was zu einer Vielzahl von Vorteilen gegenüber dem deutschen Konkurrenten führt. Darunter sind auch mehr Möglichkeiten, eigenen Content zu teilen und seine Digital Personal Brand sichtbar zu machen. Auf Linkedin erzielst Du mit gutem Content eine ganz andere Reichweite als auf XING.

- Auch wenn Du ausschließlich im DACH-Raum tätig bist und es auch bleiben willst, sind mittlerweile viele Deiner deutschsprachigen Kontakte auf LinkedIn. Im Gegensatz zu Xing hat der Newsfeed auf LinkedIn eine zentrale Rolle eingenommen: Die Mitglieder sind nicht einfach nur registriert und ggf. in Gruppen aktiv, sondern teilen auch immer häufiger ihre Meinung oder interessante Branchen-Neuigkeiten über öffentliche Posts. Dadurch ist LinkedIn Facebook ähnlich, jedoch i.d.R. mit deutlich besseren Umgangsformen, weil man weniger anonym ist. Das gibt Dir viele Informationen über Anknüpfungspunkte und damit Möglichkeiten zur Interaktion.

- Die Auswahl Deines primären Kanals hängt vor Allem von den Präferenzen Deiner Zielgruppe ab. Wenn sie zumeist auf LinkedIn unterwegs sind, solltest Du das auch tun. Denn insbesondere für Dich als Einzelkämpfer ist es unmöglich, die komplette Social-Media-Klaviatur zu spielen. Fokussierung heißt das Zauberwort! Konzentriere Dich auf die wichtigsten Kanäle und ignoriere alles andere, um Deine Kräfte und Deine Zeit smart einzusetzen.

Die Digital Personal Brand in LinkedIn aufbauen und steuern

In diesem Abschnitt erfährst Du, wie Du die wichtigsten Elemente in LinkedIn aufsetzt und nutzt.

Egal ob Du gerade erst Deinen LinkedIn Account aufgesetzt hast oder schon einen hast: Dein Profil in LinkedIn (und anderen Social-Media-Kanälen) ist eines der zentralen Elemente Deiner Digital Personal Brand. Dieses richtig und zielführend aufzubauen, ist somit der Start Deiner Reise.

„Dein LinkedIn-Profil ist nicht Dein Online-CV, sondern Dein Image!"

Es ist nicht zielführend, die Informationen aus Deinem Lebenslauf (lat. „Curriculum Vitae" = CV) eins zu eins zu kopieren. LinkedIn, genau wie XING, ersetzt Deinen CV nicht, weil diese Netzwerke nicht dafür da sind, Deinen Profilbesuchern alles im Detail über Deinen Werdegang zu vermitteln. Sie dienen primär dazu, sich zu vernetzen. Egal ob das Ziel der Vernetzung ein neuer Job, ein neuer Kundenauftrag, eine Einladung als Speaker ist oder Du einfach das Gespräch mit interessanten Experten suchst und selbst als Experte wahrgenommen werden möchten: Menschen brauchen drei Sachen, um sich mit Dir im ersten Schritt überhaupt vernetzen zu wollen:

- Orientierung (wer ist das?)
- „Reason Why" to connect (welchen Mehrwert vermittelt sie/er?)
- Trust (ist sie/er vertrauenswürdig?)

Profil-Slogan vs. Aktuelle Position

Die wichtigsten Aspekte Deines Profils, die Orientierung schaffen, sind Dein Profilbild und Deine aktuelle Position oder Profil-Slogan. Wenn Du auf Deinem Profil bist und dann unter Deinem Headerbild rechts auf den Bleistift klickst, öffnet sich ein Fenster, in dem Du beide Aspekte bearbeiten kannst. Ob Du Deine aktuelle Position anzeigen lassen willst oder lieber einen aussagekräftigen Profil-Slogan, hängt ganz davon ab, was mehr Orientierung schafft und was Dein Ziel ist. Gute Profil-Slogans begegnen Dir zum Beispiel bei den LinkedIn Top Voices. Für den DACH-Raum gibt es eigene Top Voices, die jedes Jahr im November gewählt werden.

Profilbild und Hintergrundbilder

Erstaunlich, wie viele Menschen immer noch unscharfe, unprofessionelle oder veraltete Bilder benutzen. Dabei ist Dein Profilbild mit das wichtigste Element auf Deinem LinkedIn-Profil! Unser Gehirn ist faul und fällt schnell ein erstes Urteil zu jeder Person, die wir sehen. Laut Wissenschaftlerin und TED-Speakerin Amy Cuddy beurteilen Menschen in den ersten Sekunden des (virtuellen) Treffens folgende zwei Aspekte[3]:

- Vertraue ich dieser Person?
- Respektiere ich diese Person (wirkt sie kompetent)?

Frage Dich, ob Dein Profilbild beides ausstrahlt!

Das Hintergrundbild gibt Dir die Möglichkeit, Deinem Profil einen weiteren persönlichen Touch zu verleihen. Beispielsweise das Bild eines Flugzeugs, wenn Du in der Luftfahrtbranche tätig bist.

3 Business Insider 2019, https://www.businessinsider.de/harvard-psychologist-amy-cuddy-how-people-judge-you-2016-1

Profil-Summary / Zusammenfassung

Hier kommt Dein Personal Branding Pitch rein. Zudem kannst Du einige Hashtags einfügen, um besser gefunden zu werden.

Artikel & Aktivitäten

Dieser Bereich zeigt auf einen Blick, wie aktiv Du auf LinkedIn bist und wie groß Dein Netzwerk ist. Hier sehen Profilbesucher drei interessante Informationen:

- **Die Größe Deines Netzwerks (Anzahl Deiner Follower):** Oben in der Übersicht Deines Profils, neben Deinem Titel, werden Deine Kontakte angezeigt. Das sind Menschen, mit denen Du vernetzt bist, weil sie Deine und Du ihre Kontaktanfrage angenommen hast. Sobald Du mehr als 500 Kontakte hast, erscheint nur noch „500+". Im Abschnitt „Artikel & Aktivitäten" sieht man jedoch die Anzahl Deiner Follower. Das sind Menschen, die Dir folgen, um Deine Beiträge zu lesen, ohne dass sie zwangsweise mit Dir vernetzt sein müssen. Deine Kontakte sind automatisch auch Deine Follower (außer, sie entfolgen Dir, ohne Dich als Kontakt zu entfernen).
- **Artikel:** In LinkedIn kannst Du eigene Blogartikel veröffentlichen mithilfe der internen Blogging-Plattform „LinkedIn Publishing". Dieser Artikel erscheinen dann im Bereich links. Wenn Du noch keine veröffentlicht hast, dann wird dieses Feld nicht angezeigt.
- **Beiträge & Aktivitäten:** Hier können Profilbesucher sehen, welche Beiträge bzw. Posts Du selbst teilst und welche Beiträge und Artikel Du von anderen LinkedIn-Nutzern kommentierst, teilst und mit „reactions" versiehst.

Dieser Bereich bietet Dir also viele Möglichkeiten, Deine Superkräfte (Wissen, Erfahrung etc.) in Content zu verpacken und mit anderen zu teilen. Gleichzeitig sehen andere, wie „sozial" Du bist in Social Media, welche Themen Dich genau interessieren und wie gut Du vernetzt bist.

Während Du Beiträge von anderen kommentieren, teilen und mit „gefällt mir" markieren kannst, die nicht unbedingt in Deine (thematische) Positionierung passen, solltest Du bei den eigenen Artikeln und Beiträgen bei Deinen eigenen Themen und Kernbotschaften bleiben. Frage Dich bei jedem Artikel: Wenn ich das veröffentliche, teile, oder kommentiere, zahlt es dann auf meinen Personal Branding Pitch ein?

Eine häufige Frage meiner Kunden lautet: Wie oft soll ich denn aktiv sein und eigene Beiträge teilen, andere Beiträge kommentieren etc.? Auch das hängt von Deinem Ziel ab. Wenn Du als Experte wahrgenommen werden möchtest und Dein Netzwerk aktiv pflegen und erweitern willst, reicht ein Besuch einmal pro Monat bei Weitem nicht aus. Das Ziel sollte es sein, LinkedIn zu einem Teil Deines beruflichen Alltags zu machen. Dafür ist es hilfreich, sich die LinkedIn App herunterzuladen, um auch mobil kurz den eigenen Newsfeed zu checken oder auf einen Kommentar unter seinem Post antworten zu können. Wenn Du am Anfang einmal pro Woche einen eigenen Beitrag teilst, eventuell sogar einen Artikel alle paar Monate und Dir jeden zweiten Tag 10 Minuten nimmst, um mit Deinem Netzwerk zu interagieren, profitiert Deine Digital Personal Brand davon. Denke daran: je mehr Kontakte Deine Follower haben, desto dynamischer ist ihr Newsfeed und desto geringer die Wahrscheinlichkeit, dass sie Deinen Beitrag zu sehen bekommen. Daher gilt: regelmäßige Interaktion ist Pflicht.

Empfehlungen

Empfehlungen von Kollegen, Kunden, Vorgesetzten, Mitarbeitern, Business-Partnern und weiteren Personen sind sehr wertvolle Elemente für Deine Digital Personal Brand. Eine Empfehlung wirkt wie ein Gütesiegel, das Du von jemand anderem öffentlich verliehen bekommst. Die meisten Selbstständigen akquirieren den Großteil ihrer neuen Kunden durch die Weiterempfehlung von bisherigen Kunden. Daher gilt: Qualität vor Quantität! Also achte darauf, wen Du um eine Empfehlung bittest und wen Du selbst öffentlich empfiehlst.

Interessen

Dieser Bereich umfasst die Unternehmen, Gruppen und Hochschulen, denen Du folgst. Auch hier kann ein Profilbesucher so einiges über Dich herausfinden. Deswegen empfehle ich regelmäßig zu prüfen, ob Du mit den Marken, denen Du folgst, auch assoziiert werden möchtest.

Der perfekte Beitrag – Botschaften ohne den eigenen Senf schmecken nicht!

In LinkedIn kannst Du Fotos, Videos, Dokumente, Links und sogar Lob für KollegInnen, Kunden und Geschäftspartner teilen (siehe Optionen links vom Button „Posten").

Nachdem Du einen Link in das Textfeld kopiert hast, erscheint eine Bildvorschau. Danach kannst Du den Link wieder löschen und stattdessen einen Text zum geteilten Inhalt schreiben. Darüber hinaus kannst Du aber auch einfach ein Foto oder Video zu deinem Text teilen. LinkedIn hat natürlich ein Interesse daran, dass die Nutzer auf der Plattform bleiben. Deswegen erzielen Beiträge mit externen Links tendenziell weniger Reichweite.

Zudem gibt es die Möglichkeit Personen in Deinem Beitrag zu verlinken, indem Du vor ihren Namen ein @-Zeichen setzt (ohne Leerzeichen). Beim Verlinken erscheint ein Fenster, aus dem Du den passenden Namen nur noch auswählen musst (die verlinkte Person wird darüber benachrichtigt, dass sie in Deinem Beitrag erwähnt wurde). Das ergibt Sinn, wenn sie beispielsweise der Autor des Artikels ist, den Du teilst oder wenn Du weißt, dass der Artikel für sie interessant sein könnte.

Einige Personen kannst Du nicht verlinken, weil sie diese Einstellung in ihrem Profil deaktiviert haben. Zudem kannst Du (sparsam) passende Hashtags nutzen, um Deine Reichweite zu steigern. Drei sind ideal.

Nach sehr vielen verfassten Beiträgen, sowohl für mich als auch für meine Kunden, kriegt man ein gutes Gefühl für die DNA eines erfolgreichen Posts. Wichtig ist bei allem, was Du teilst: Botschaften ohne den eigenen Senf schmecken nicht! Dein Netzwerk möchte Deine Meinung und Einschätzung. Stelle Fragen, beantworte Fragen, rege zum Nachdenken an und sei hilfsbereit. Sei der Mensch, dem Du auch im echten Leben gerne begegnen würdest.

Fazit

Die Arbeit an der eigenen Digital Personal Brand ist wie die Arbeit am eigenen Netzwerk. Sie ist ein Allrounder für Deine Karriere und schafft Mehrwert für Dich und für andere. Gleichzeitig erfordert es Zeit und es gibt keinen Shortcut. Sobald Du Dir jedoch die Arbeit gemacht hast, werden die Chancen, die Dir Deine Digital Personal Brand eröffnet, stetig zunehmen.

Wir leben in einer komplexen und lauten Welt, die gleichzeitig viele Möglichkeiten bereithält durch die neuen Technologien. Die Arbeit an der eigenen Digital Personal Brand ist eine Investition in sich selbst, um die Möglichkeiten dieser Welt smart zu nutzen.

KAPITEL 4:

SKALIEREN WIE EIN EINHORN

Wie Dein Unternehmen mit Growth Hacking durch die Decke galoppiert

Von Vincent Tresno

Wer mit unkonventionellen Methoden schnell große Märkte erobern will, bedient sich heute der Möglichkeiten des Growth Hackings. Das haben schon zahlreiche Unternehmen aus dem Silicon Valley getan, die heute zu den Global Playern in der internationalen Wirtschaft gehören. Denken wir nur an Amazon, Airbnb, Twitter, Facebook oder vergleichbare Unternehmen, die heute sogenannte Einhörner sind. Die Einhörner unter den Unternehmen sind Startups, die mit einer Unternehmensbewertung in Milliardenhöhe zu den am schnellsten wachsenden Unternehmen der Welt gehören. Solche Unternehmen greifen auf die exzellenten Möglichkeiten des Growth Hackings zu, das mit datengetriebenen Arbeitsweisen für ein exponentielles Wachstum sorgt.

Im Mittelpunkt steht beim Growth Hacking nicht der Aufbau einer Marke, oder das „Branding", sondern einzig und allein das Wachstum. Insbesondere wird bei Growth Hacking der Fokus auf das iterative Arbeiten und Durchführen vieler kleiner Experimente anstatt auf das Ausrollen einer einzigen großen Werbekampagne gesetzt. Dabei geht es nicht nur um das Growth

Hacking allein, sondern vor allem um die Skalierung als explizite Möglichkeit, Wachstum zu gestalten und nichts dem Zufall am Markt zu überlassen.

Wenn Du mit den besonderen Möglichkeiten des Growth Hackings für Dein Unternehmen einen deutlichen Wachstumsschub erreichen willst, möchte ich Dich einladen dieses Kapitel besonders aufmerksam zu lesen. Dann kannst Du darüber reflektieren, was die Kompetenzen im Growth Hacking und Skalieren für das Wachstum in Deinem Unternehmen bedeuten und wie Du selbst das Growth Hacking für neue Erfolge im Marketing einsetzen kannst.

Wachstum ist kein Zauberwerk

Klassisches Marketing sieht häufig schön aus, bringt aber oftmals kaum messbare Ergebnisse. Dabei wird in der klassischen Werbung jede Menge Geld verbrannt, denken wir nur an die immensen Streuverluste und an die Menschen, die als Kunden für bestimmte Produkte gar nicht infrage kommen. Das Ganze wird dann aber anschließend als „Branding" verkauft. Dafür haben junge und wachstumsorientierte Unternehmen weder Zeit, noch Geld. Warum sollte beispielsweise ein Hersteller von Außentüren Prospekte an Mieter in Wohnblöcken versenden, die gar keine eigene Haustür haben. Gemacht wird das trotzdem. Schade um Geld, Zeit und vergeudetes Material.

Im Growth Hacking geht es nicht um Branding, nicht um bloße Marken- oder Produktpräsentation, sondern immer um einen sichtbaren Zugewinn an Usern und Umsatz – um „Conversions"[1]. Dabei verstehen wir unter Conversion den Wandel im Status unserer Zielgruppenpersonen, also beispielsweise vom Website-Besucher zum Käufer. Der Grund für den Drang nach Wachstum ist relativ einfach auszumachen: Branding oder Produktwerbung allein macht längst noch keinen Gewinn. Erst dann, wenn User schnell, direkt und stark erreicht werden, steigt die Chance, aus diesen Usern direkte Kunden zu machen. Die kaufen die Produkte und Leistungen,

1 Conversion = im Marketing die Umwandlung im Status eines Users, beispielsweise vom Interessenten zum Kunden

auch wenn dahinter noch keine Marke steht. Dazu müssen die passenden Wege im sogenannten Marketing-Trichter geöffnet werden.

Growth Hacking ist kein Zauberwerk; letztlich sind Growth Hacking und Skalierung jedoch ein Handwerk, das man verstehen muss und entsprechend auch erlernen kann. Deshalb soll hier auch keine Rezeptur für den Wachstumszaubertrank in Form von vergänglichen „Growth Hacks" für ein spezielles Unternehmen vorgestellt werden. Vielmehr geht es um die wichtigsten Stellschrauben, Prozesse und mentalen Einstellungen im Unternehmen und im Marketing, die Growth Hacking und Skalierung erfordern und zugleich möglich machen.

Denken wir an großartige Unternehmen wie Facebook, Uber, Google oder Airbnb, dann denken wir sofort an das außerordentliche Wachstum, das diese Unternehmen erlebt haben. Und zugleich entsteht der Wunsch, auch für das eigene Unternehmen derartige Ergebnisse erzeugen zu können. Dazu muss man sich der Wirkungsweise von Growth Hacking und Skalierung bewusst werden, um dann mit den geeigneten Werkzeugen vergleichbare Wachstumssprünge erzeugen zu können. Genau an diesem Punkt setzen wir an, wenn Growth Hacking und Skalierung als die entscheidenden Stellschrauben für das Wachstum im Unternehmen verstanden werden.

Was Growth Hacking ist und was es kann

Wenn Du mit Growth Hacking Dein Unternehmen ganz nach vorn bringen willst, ist es wichtig zu verstehen, was Growth Hacking ist und was es kann.

Der Begriff Growth Hacking wurde 2010 von Sean Ellis geprägt, nachdem er für das Wachstum von Unternehmen wie Eventbrite und Dropbox verantwortlich war.

Er beschreibt Growth Hacking als einen Prozess des rapiden Experimentierens, der sich über den gesamten Marketing-Trichter, die Produktentwicklung und alle Käufersegmente spannt. Das Marketing wird also nicht mehr losgelöst vom Produkt, sondern als ein Teil des Produktes verstanden. Letztlich ist der wichtigste Punkt im Growth Hacking das sowohl iterative als auch datenbasierte Arbeiten: Es wird viel und schnell experimentiert, dabei aber sehr genau gemessen, welche Maßnahmen welche Wirkung erzielen.

Growth Hacking entstand in der Frühphase von Startups, in der es an Zeit und finanziellen Ressourcen mangelte, aber ein hoher Wachstumsdruck zum Überleben am Markt bestand. Da Geld und Zeit fehlten, war Markenbildung durch teure TV-Werbung oder Plakate und andere Massenmedien-Kampagnen nicht möglich. Dieser Druck und die Knappheit der Ressourcen zwangen die Startups, sehr kreativ zu sein und andere Lösungen zu finden. Trotz seiner Herkunft aus der Welt der Startups kann Growth Hacking jedoch auf alle Unternehmen jeder Größe und jedes Reifegrades angewendet werden. Vorausgesetzt, es sind Produkte oder Leistungen vorhanden, die sich in der vertriebsfertigen Phase der Marktreife (Product Market Fit) befinden, also nicht mehr in der Entwicklung und/oder Markterprobung sind.

Growth Hacking ist eine

- datenbasierte und datengetriebene
- wachstumsorientierte und
- kreativ-experimentelle

Marketingmethodik, die Produkt und Marketing verbindet und durch ein kontinuierliches Experimentieren auf ein schnelles Wachstum konzentriert ist.

Aus dieser groben Definition lassen sich auch die Möglichkeiten des Growth Hackings ableiten.

Warum und wie sich Growth Hacking vom traditionellen Marketing und digitalen Marketing unterscheidet

Das traditionelle Marketing konzentriert sich auf die erste Stufe im Trichter Acquisition“ (Siehe Bild 1). Mit “Acquisition„ ist nicht wie im Deutschen die

Akquise, also Abverkauf gemeint, sondern zum Beispiel die Generierung eines ersten Kontaktpunktes. Zur „Acquisition" auf klassische Art ist meist ein hoher Aufwand an Zeit und Geld erforderlich. Kampagnen müssen konzipiert, geplant und durchgeführt werden, Material muss gedruckt, TV-Spots produziert werden und letztlich müssen alle diese Werbemittel auch veröffentlicht sein, noch bevor irgendein Kunde wirklich gewonnen wurde.

In einer digitalen Umgebung bedeutet „Acquisition" zumeist, die Menschen erst einmal auf die Website des Unternehmens zu bringen, während Traffic das Hauptziel darstellt – Kennzahlen, die Growth Hacker als sogenannte „Vanity-Metric"[2] betrachten. „Vanity Metrics" sind Kennzahlen, die leicht manipuliert werden können, ohne verwertbar zu sein oder den Wert zu erhöhen. Zum Beispiel kann es gefährlich sein, Traffic[3] als Hauptkennzahl zu sehen, da sich solche Kennzahlen auch künstlich nach oben treiben lassen, ohne jemals wirkliches Wachstum zu erzeugen.

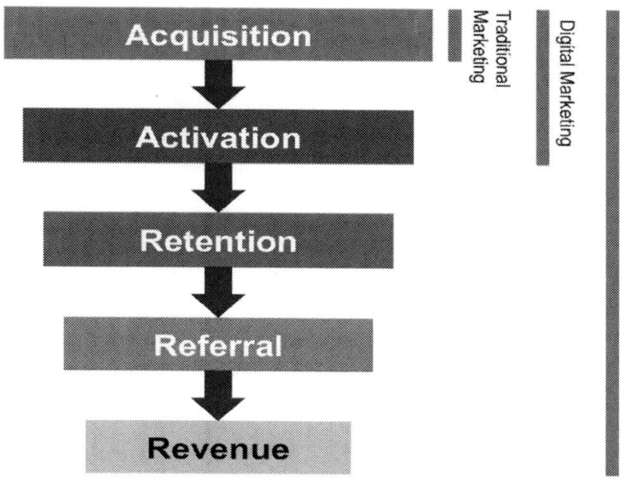

Bild 1: Growth Hacking Trichter
Quelle: Dave Mcclure's Pirate Metrics for Startups

2 Vanity-Metrics = Kennzahlen, die Eindruck machen, aber kaum belegbar sind, da sie von Faktoren losgelöst erhoben werden und keine Erkenntnisse zur Strategie oder Entwicklung bringen
3 Traffic = Zugriffe auf eine Webseite/ App.

Der Growth Hacking Trichter beschreibt die Grenzen und Möglichkeiten des klassischen Marketings im Vergleich zum digitalen Marketing und dem Growth Hacking. Deutlich wird, dass Growth Hacking mehr Stufen im Fokus hat, als nur die Akquise und Aktivierung der potenziellen Kunden. Im Growth Hacking kommen Kundenbindung (Retention), Empfehlungsmarketing (Referrals) und Umsatz (Revenue) im Sinne von tatsächlichem Nutzen hinzu. Damit werden auch psychologische Faktoren der Entscheidungsfindung beim potenziellen Kunden direkt angesprochen.

Während sich das traditionelle Marketing hauptsächlich mit „Acquisition" beschäftigt, gehen wir in der Welt des digitalen Marketings einen Schritt weiter, um uns mit der „Activation" zu befassen, bei der es sich um eine Mikro- (z.B. Newsletter-Anmeldungen) oder Makrokonvertierung (z.B. Kauf) handelt. Dies ist ein wichtiger Schritt in Richtung Wachstum, da wir nun damit beginnen, auch die Leistung zu messen. Damit lösen wir teilweise ein traditionelles Marketingproblem, das John Wanamaker, einer der Pioniere des Marketings, vor mehr als einem Jahrhundert so beschrieben hat:

> „Half the money I spend on advertising is wasted; the trouble is I don't know which half." („Die Hälfte des Geldes, das ich für Werbung ausgeben muss, ist verschwendet; das Problem ist, dass ich nicht weiß, welche Hälfte.")

Der Growth Hacker geht jedoch noch weiter, indem er das Wachstum aus mehreren Blickwinkeln heraus betrachtet, von der Kundenbindung (Retention) über die Empfehlung von Neukunden (Referral) bis hin zu verschiedenen Möglichkeiten der nachhaltigen Monetarisierung von Kunden (Revenue). Mit anderen Worten, Growth Hacking befasst sich mit dem Wachstum über den gesamten Trichter.

Das ist der Rahmen, der aus Dave Mcclure's „Pirate Metrics" entstanden ist. Aus dem Akronym „AARRR", das uns durchaus an die Piratensprache erinnert, resultieren die Kennzahlen „Acquisition", „Activation", „Retention", „Revenue" und „Referral". Und genau diese Kennzahlen bilden die wesentlichen Verhaltensweisen der Kunden ab. So implementieren wir nicht nur die Werbung in das Produkt, sondern auch den (potenziellen) Kunden mit seinen Verhaltensweisen in das Marketing. Er ist ein so nützlicher und einfacher Rahmen, dass ihn viele erfolgreiche Wachstumsteams im Silicon Valley über einen längeren Zeitraum hinweg nutzen.

Was bedeutet Growth Hacking?

Ja, es ist beschrieben, was Growth Hacking ist, aber noch nicht, was es in der tatsächlichen Umsetzung im Marketing bedeutet. Wenden wir uns also der Frage zu: Was bedeutet Growth Hacking?

Im Artikel „Growth Hacker is the new VP Marketing" stellte Andrew Chen, der unter anderem als Berater, Head of Growth oder Investor beispielsweise bei Dropbox, UBER, oder Andreessen Horowitz bekannt ist, Growth Hacking einem breiteren Publikum vor und bietet folgende Definition an:

> „Ein Growth Hacker ist eine Mischung aus Marketer und Programmierer, der sich mit der Frage beschäftigt, wie sich Kunden für ein Produkt erreichen lassen und antwortet mit A/B-Tests, Landingpages, Viralfaktor, E-Mail-Zustellbarkeit und Open Graph. Darüber hinaus schichten sie die Disziplin Direktmarketing mit den Schwerpunkten quantitative Messung, Szenariomodellierung über Tabellenkalkulationen und viele Datenbankabfragen ein."

Growth Hacker sind nur an messbaren Auswirkungen von Marketing interessiert und verwerfen den Rest. Sie sind datengesteuert, nutzen kreatives Marketing und integrieren Technologien in ihr Toolset[4] – oft sind sie selbst Programmierer. In einer aktuellen Liste von 50 Growth-Stars hatten

4 *Toolset = Das Toolset ist Dein Werkzeugkasten mit unterschiedlichen digitalen Werkzeugen für die Umsetzung Deiner Ziele im Growth Hacking; dazu gehören spezielle Softwarelösungen ebenso wie Analysewerkzeuge zur Kontrolle der Wirksamkeit der unterschiedlichen Maßnahmen.*

nur zehn Prozent einen Marketing-Abschluss. Die anderen 45 kamen aus IT-Berufen oder völlig artfremden Engagements.

Wir sehen also, dass Growth Hacking bedeutet, Tests und Experimente entlang des gesamten Trichters auszuführen, Daten zu erfassen und in das Marketing und Produkt einzubinden und alles auszulassen, was sich nicht durch Daten messen, bestätigen oder beeinflussen lässt.

Ein weiteres Framework, um sich in den Kopf eines Growth Hackers zu versetzen, bieten die drei Komponenten des Growth Hackings.

Die drei Komponenten des Growth Hackings

Growth Hacking implementiert drei wesentliche Komponenten, die sich gegenseitig bedingen, beeinflussen und wechselseitig treiben.

Die drei Komponenten im Growth Hacking sind:

1. Creative Marketing (kreative Vermarktungsstrategien)
2. Data & Testing (Datenerhebung, Datennutzung und fortlaufende A/B-Tests)
3. Engineering (Einsatz und Weiterentwicklung digitaler Werkzeuge im Growth Hacking)

Was das bedeutet, habe ich in folgender Grafik dargestellt:

Growth Hacking entsteht also an der Schnittstelle von Creative Marketing, Data & Testing und Engineering. Ein erfolgreiches Growth Hacking kann auf keine dieser Komponenten verzichten, ist aber immer auch wechselseitig und übergreifend bedingt.

Eine der ersten Geschichten über das Creative Marketing in der Ausprägung als Growth Hacking kam von Hotmail. Zunächst wollte Hotmail seine neuen Produkte mit einem traditionellen Ansatz bewerben: Plakate. Der Risikokapitalgeber Tim Draper riet jedoch davon ab, da dieser Weg sehr kostspielig sei. Nachdem Draper und die Entwickler von Hotmail Wachstumsideen erdacht hatten, kamen sie auf eine Idee, die historisch gesehen als der erste Wachstums-Hack verstanden werden könnte.

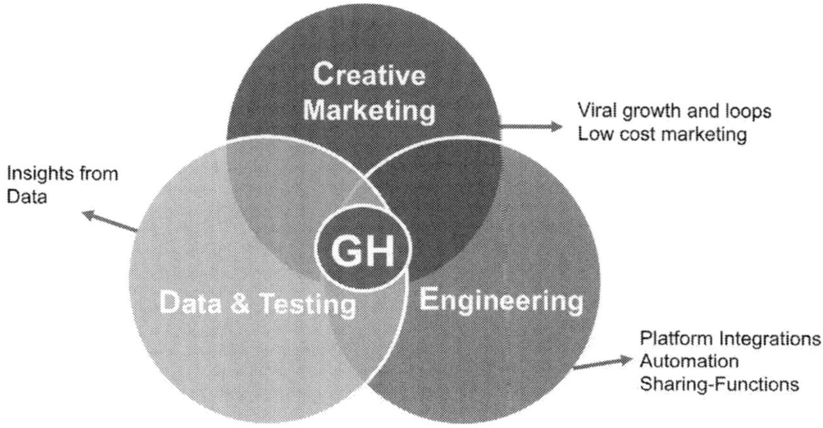

Bild 2: Die drei Komponenten im Growth Hacking

Jede E-Mail-Fußzeile, die über Hotmail gesendet wurde, sagte: „P.S. Ich liebe dich. Hol Dir einen kostenlosen E-Mail Account bei Hotmail." Und innerhalb weniger Wochen stiegen die täglichen Anmeldezahlen auf 20.000. Dies geschah so plötzlich, dass das Unternehmen Schwierigkeiten hatte, genügend Serverleistung zu erhalten. Jeder neue Kunde wurde nun automatisch zum Verkäufer und vervielfachte das Wachstum nahezu kostenfrei. Das ist eine beeindruckende Kombination aus kreativem Marketing und dem Denken in Form von Referrals innerhalb des viralen Rahmens.

In der Komponente Data & Testing geht es einem Growth Hacker darum, intelligente Einblicke zu gewinnen und Muster in den erhobenen Daten zu entdecken. So analysierte Twitter beispielsweise, dass Benutzer, die mindestens fünf Personen in ihrer ersten Sitzung folgen, wiederkommen, um die Plattform zu nutzen, was die Plattform attraktiver für die wiederkehrende Nutzung macht. Auf dieser Basis entwickelte Twitter einen Onboarding-Prozess, bei dem es für jeden neuen Benutzer sehr einfach war, fünf weitere Kontakte dem eigenen Konto hinzuzufügen – praktisch auf Knopfdruck. Dies ist eine Kombination aus der Verwendung von Daten und der dritten Komponente Engineering, um starke Wachstumszahlen zu erzielen.

Die Engineering-Komponente hat dazu beigetragen, dass beispielsweise Airbnb, ein Online-Marktplatz, auf dem die Nutzer ihr eigenes Haus an Gäste vermieten können, zu einem der größten Wachstumsunternehmen wurde. Airbnb, übrigens wie Twitter auch ein Einhorn mit Milliardenbewertung, fragte seine Kunden, wo sie ihre Häuser für kurzfristige Vermietungen bewarben, bevor sie Airbnb entdeckten. Sie fanden heraus, dass die Nutzer zuvor Craigslist, eine US-basierte Kleinanzeigen-Website, genutzt haben. Die Programmierer bei Airbnb programmierten dann die Funktionalität, um ihre Airbnb Kleinanzeigen auch auf Craigslist zu veröffentlichen. Alles, was der Benutzer tun musste, war, ein Häkchen zu setzen und ein paar weitere Details hinzuzufügen. Jetzt war jeder angekreuzte Airbnb-Nutzer, der klassifiziert wurde, auch auf Craigslist zu finden, was die Sichtbarkeit von Airbnb, gestützt durch die hohe Sichtbarkeit auf Craigslist, enorm steigerte und die Traktion schnell und kostengünstig erhöhte.

Die obigen Beispiele sprechen in hohem Maße für reine Akquise und viele Unternehmen glauben nun, dass Wachstum vor allem neue Kundenkontakte oder einfach mehr Traffic bedeutet.

Aber es ist die Kombination aus Neugeschäft und dem sicheren Blick auf das Naheliegende: Growth Hacker wissen, dass die Produkterfahrungen einen der größten Wachstumshebel bieten, da sie sich direkt in Kundenbindung, Empfehlungen und ein verbessertes Benutzererlebnis umsetzen lassen. So hat beispielsweise die Firma LogMeIn stark in kostenpflichtige Medien investiert, um viele Downloads zu erhalten. Die Nutzung der Software nach dem Download war jedoch sehr gering. Das Problem war, dass die Benutzer nicht verstanden, dass die Software kostenlos war. Eine Anpassung der neuen Kopie auf der Landingpage, die in diesem Fall überhaupt nicht viel Programmierung erforderte, führte zu einem hohen Wachstum, da der bestehende Traffic jetzt zu deutlich höherer Akzeptanz und Nutzung der Software verhalf. Die Antwort war nicht, mehr Traffic zu haben, sondern Daten zu verwenden und das Kundenerlebnis zu verbessern, indem man etwas, wenn auch nur geringfügiges, am Produkt, in diesem Fall die Website, selbst ändert. Im Growth Hacking ist also nicht Traffic das entscheidende Indiz für Wachstum, sondern tatsächlich die hohe Konversion. Das zu verstehen ist eine der Grundvoraussetzungen für erfolgreiches Growth Hacking.[5]

Wir haben nun eine gute Basis an grundlegenden Informationen zum Growth Hacking geliefert, aber noch nicht beschrieben, was Skalieren ist, was es für das Wachstum bedeutet und wie das geht. Dabei wollen wir Dir doch zeigen, wie Du skalieren kannst, um die großartigen Erfolge der Einhörner auch auf Dein Unternehmen zu adaptieren. Lass uns also beginnen, einen Blick auf das Skalieren im Growth Hacking zu werfen.

Skalieren wie ein Einhorn – So geht das

Als zukünftiges Einhorn willst Du nun endlich wissen, wie Du im Growth Hacking skalieren kannst. Dazu eine kurze Bemerkung vorab: Wiederholbarkeit geht vor Skalierung.

Was bedeutet Skalieren?

Die Skalierbarkeit beschreibt die grundsätzliche Fähigkeit eines Systems zur Größenveränderung, die wir, im speziellen Bereich des Marketings, als Wachstum definieren. Alles andere interessiert im Growth Hacking für wachstumsorientierte Unternehmen nicht. Praktisch gesehen geht es um die

5 *Ausnahmen bilden hier z.B. Medienunternehmen, in denen die Anzahl der Webseite-Bnbesucher nicht als „"Vanity Metric"" gilt, da diese 1:1 relevant sind für das Geschäftsmodell, da Werbeanzeigen basierend auf dier Anzahl von Webseite-Bnbesuchern verkauft werden.*

Expansionsfähigkeit von Geschäftsmodellen, möglichst ohne zusätzliche Investitionen oder Fixkosten.

Das Skalieren ist eine Maßnahme, die zuvorderst helfen soll, das angestrebte Wachstum zu beschleunigen. Dabei ist das Skalieren immer auf einen bestimmten Zeitraum in der Unternehmensentwicklung bezogen, also kein Automatismus, der immer einfach weitergeht, ohne dass Du ganz konkret in die Prozessgestaltung des Skalierens eingreifst.

Nehmen wir ein Beispiel: Du hast ein neues Produkt, eine neue Dienstleistung, die erste Verkäufe erzielt hat, und möchtest diese jetzt so schnell wie möglich und so breit wie möglich vermarkten. In einem ersten Schritt könntest Du jetzt in Deinem persönlichen Umfeld nach Kunden suchen und wirst diese vielleicht auch finden. Allerdings ist hier die Anzahl der möglichen Kunden limitiert und Dein Wachstum wird schnell stagnieren oder gar enden. Zumal nicht alle Kontakte Deine Kunden werden können und Kunden aus unterschiedlichen Gründen immer wieder auch abwandern. Du musst also immer wieder neue Kunden erreichen und gewinnen, wenn Du ein kontinuierliches und vor allem substantielles Wachstum erreichen willst. Sonst wirst Du Dich gerade als Startup am Markt nicht oder nicht dauerhaft durchsetzen können.

Der Prozess der wiederholbaren Kundengewinnung bezeichnen wir hier als Skalierung, die immer auf das Gewinnen von neuen Kunden fokussiert ist. Wenn dieser Prozess schnell, datengetrieben und kosteneffizient verlaufen soll, muss er bis zu einem Punkt beliebig wiederholbar sein. Das oben erwähnte Aktivieren der Verwandtschaft ist nur kaum wiederholbar, hat also nichts mit Skalieren zu tun. Mit Sicherheit könnten wir hier den Begriff der Skalierbarkeit weiter definieren und beispielsweise in horizontale und vertikale Skalierbarkeit trennen. Darum geht es hier aber nicht, sondern um das Verständnis, dass eine Wiederholbarkeit in der Art und Weise der Kundengewinnung gegeben sein muss, um von Skalierbarkeit sprechen zu können.

Vier Grundvoraussetzungen, bevor Du mit Growth Hacking Skalieren kannst

Wenn Du jetzt schon geneigt bist, mit Growth Hacking zu skalieren, muss ich Dich etwas bremsen. Bevor Du erfolgreich Skalieren kannst, müssen vier Grundvoraussetzungen erfüllt sein:

1. Product Market Fit
2. Culture und Mindset[6]
3. Growth Processes
4. Skills

Product Market Fit

Nachdem wir wissen, was wir mit Skalieren meinen und warum Growth Hacking eine passende Methode ist, schauen wir uns das Timing an, wann Skalieren Sinn macht. Häufig werde ich darauf angesprochen, dass ich einem Unternehmen helfen soll, es groß zu machen, zu skalieren. Nach einem Growth-Audit merke ich aber oft schnell, dass es noch gar keinen Sinn macht, zu skalieren, sondern vorher andere Themen zu behandeln sind.

Das Problem beim zu frühen Skalieren ist, dass man nicht nur das Gute skaliert, sondern eben auch das Schlechte. Wenn z.B. die Conversion Rate niedrig ist und das Return of Investment (ROI) vom Marketing immer Verluste zeichnet, ist es sehr wahrscheinlich, dass diese Verluste und die schlechte Conversion Rate mit skaliert werden und einfach nur zu noch mehr Verlusten führt.

Zusätzlich kennen wir solche Storys viel zu häufig: Eine Idee wird vom Gründer sehr geliebt. Es wird fleißig ein Businessplan geschrieben, dann mit Mühe und Not ein wenig Startkapital eingeholt und angefangen, das Produkt zu entwickeln. Bis die Frage aufkommt: Will es jemand kaufen? Aber keiner will es.

---

6 Mindset = Das Mindset ist Deine individuelle Grundausstattung mit Ideen, Überzeugungen, Zielen und Grundsätzen, mit denen Du im Growth Hacking arbeiten willst.

Was ist das Problem? Das Problem ist, dass keiner das Produkt kaufen will, das Produkt aber schon gebaut (Ich-baue-es-erstmal-Ansatz) oder Wagniskapital eingeholt wurde (Ich-finanziere-es-erstmal-Ansatz). Es gibt keinen sogenannten Product Market Fit: Der Nachweis, dass man ein Produkt entwickelt hat, für das es eine Nachfrage im Markt gibt. Und wie wir in meinen vier Kriterien für das Growth/Scaling sehen, ist Product Market Fit das Fundament für Skalierung durch Growth Hacking:

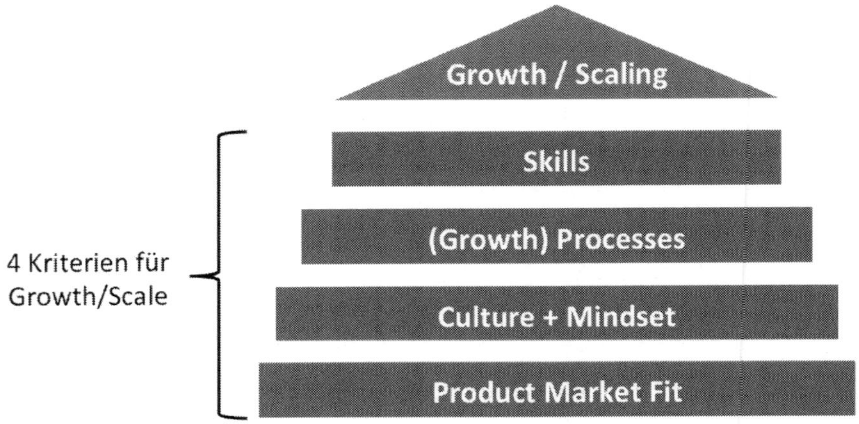

Bild 3: 4 Kriterien für Growth/Scale

Wie kann ich den Punkt des Product Market Fit definieren?

Wir haben gesehen, dass es keinen Sinn macht, ein Produkt, eine Leistung oder eine ganze Marke im Growth Hacking ganz nach oben bringen zu wollen, wenn das Product Market Fit nicht erreicht ist. Wie aber lässt sich dieser Punkt definieren?

Um zu erkennen, ob ein Product Market Fit vorhanden ist, lassen sich verschiedene Methoden einsetzen, die am besten in der Kombination klare Aussagen zum Product Market Fit liefern. Probate Methoden zum Messen des Product Market Fit sind:

- Die 40%-Regel
- Net-Promoter-Score (NPS)

- „Persistent Engagement“ und Kohorten-Analyse
- Finanzielle Metriken wie Akquisekosten (CACs)
- Traction und „Leading Indicators“
- 3 Linsen der Innovation

Hier nun die Kurzbeschreibungen zu den verschiedenen Analysemethoden:

Die 40%-Regel

Eine Kundenbefragung zur Begeisterung für Dein Produkt sollte 40% begeisterte User nicht unterschreiten. Für das Erreichen dieser Messgröße ist mit Sicherheit auch von Belang, dass die Gruppe der Befragten groß genug ist, im besten Fall um die 1.000 User.

Net-Promoter-Score (NPS)

Hier steht die Frage im Mittelpunkt, wie viele Deiner User das entsprechende Produkt weiterempfehlen würden. Je größer dieser Anteil, je höher die Wahrscheinlichkeit, dass der Product Market Fit erreicht ist.

„Persistent Engagement“ und Kohorten-Analyse

Lässt sich beispielsweise der NPS nicht ermitteln, bieten „Persistent Engagement“ und Kohorten-Analyse weitere Anhaltspunkte für das Product Market Fit. Das Persistent Engagement beschreibt dabei die anhaltende Beschäftigung mit einem Produkt durch die User; die Kohorten-Analyse zeigt, ob ausgewählte User-Gruppen am Produkt interessiert bleiben oder schnell wieder abwandern.

Finanzielle Metriken wie CACs/ Kundengewinnungskosten

CAC beschreibt die Kundengewinnungskosten (Customer Acquisition Cost). Entscheidende Frage ist: Wie hoch sind die Kosten für die Gewinnung je Neukunde? Wenn ein Unternehmen zu Beginn hier mehr ausgibt, als es über

Neukunden einnehmen kann, mag das in der Startphase nicht bedenklich sein. Allerdings macht es langfristig keinen Sinn, beispielsweise 100 Euro für das Gewinnen eines neuen Kunden zu investieren, nur um mit ihm einen Umsatz von 25 Euro zu generieren. Anders herum ist deutlich besser.

Traction und „Leading Indicators"

Traction bedeutet nicht gleich Umsatzsteigerung. Aber eine steigende Traction ist ein gutes Zeichen für ein funktionierendes Geschäftsmodell. Und ohne ein solches funktionierendes Geschäftsmodell wird auch der Product Market Fit nicht erreicht werden. Die „Leading Indicators" sind Frühindikatoren, also frühzeitige Hinweise darauf, wie sich die Traction, also die Kundennachfrage, entwickeln kann. Solche Hinweise finden sich beispielsweise in der Veränderung von organischem Traffic oder konkreter Interaktion mit den Usern.

Die drei Linsen der Innovation

Eine weitere Möglichkeit, das Product Market Fit aufzuzeigen, ist das Venn-Diagramm von Feasibility (Machbarkeit), Viability (Rentabilität), Desirability (Kaufinteresse).

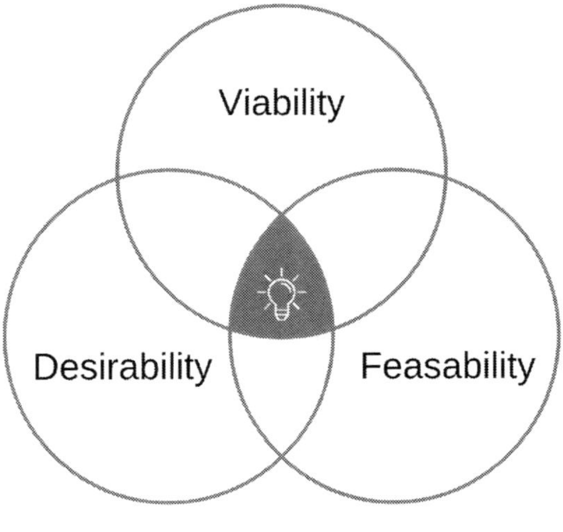

Bild 4: 3 Linsen der Innovation
Quelle: Ideo

Ein Geschäft muss machbar sein (Feasibility). Das bedeutet, die Technologie muss konkret umsetzbar sein. Leider wird häufig mit der Frage begonnen, ob ein Business gebaut werden kann aber nicht, ob es jemand will (Desirability). Und dort liegt häufig die Crux begraben. Denn nur, weil ich eine App bauen kann, heißt das noch lange nicht, dass jemand sie überhaupt will oder gar für die Nutzung zahlen würde. Der dritte Punkt ist Viability, also ob sich das Geschäftsmodell rechnet. An erster Stelle steht jedoch immer die Desirability. Wenn ein Produkt oder eine Dienstleistung von keinem gewollt ist, muss diese auch nicht angeboten werden. Alles andere baut darauf auf.

Culture und Mindset

Ohne eine Unternehmenskultur, die zu Growth Hacking und Skalierung passt, macht es keinen Sinn, hier aktiv werden zu wollen. Wenn wir an dieser Stelle von Kultur reden, meinen wir keine bunten Bilder an der Wand mit cleveren Motivationssprüchen, sondern vielmehr die Fähigkeit, sich innerhalb der Teams strukturell und innovativ mit Prozessen der Unternehmensentwicklung und des Growth Hackings auseinandersetzen zu können.

Dazu gehört ein entsprechendes Mindset; das bedeutet eine positive Einstellung bezüglich des Growth Hackings. Die gedankliche Reife für die Ausspielung solcher Prozesse ist ein wesentliches Merkmal, auf das nicht verzichtet werden kann. In der Regel sind es die Growth Hacker selbst, die dieses Mindset in die Unternehmen tragen. Immer auch in dem Bewusstsein, auf Widerstände zu stoßen, die sich jedoch in produktives Handeln umsetzen lassen. Nur so kann Growth Hacking und Skalierung wirklich funktionieren. Hierzu hat Tomas Herzberger in diesem Buch ein spezielles Kapitel geschrieben, in dem er das Thema Mindset vertieft.

Growth-Prozesse gestalten

Eine wesentliche Säule für das Gelingen der Skalierung ist die Ausgestaltung der Growth-Prozesse, also Wachstumsprozesse. Ein wesentlicher Bestandteil des Growth-Prozesses sind Tests oder auch Experimente.

Beim Growth Hacking geht es darum, Tests durchzuführen, Daten und Iterationen in einem hohen Tempo zu sammeln.

Es reicht jedoch nicht aus, einfach nur Tests in einem Unternehmen durchzuführen und es Growth Hacking zu nennen. Vielmehr ist wichtig, dass Wachstum nicht nur ein schöner Zusatz innerhalb der Organisation ist. Im besten Fall hat es einen eigenen Verantwortlichen und das Wachstum steht im Zentrum der Organisation mit viel Sichtbarkeit und positiver Verstärkung. Die erfolgreichsten Wachstumsteams verfügen über eine Führungsebene, die das Wachstum in den Vordergrund stellt. Aber was passiert, wenn das Führungsteam Growth Hacking nicht vorantreibt? Auch wenn dies eine Herausforderung sein mag, ist nicht alles verloren. So hat beispielsweise das Unternehmen BitTorrent Growth Hacking ohne große Unterstützung der Führungskräfte implementiert. Das Wachstumsteam zeigte einen enormen Wachstumsschub, das gesamte Unternehmen sowie die Führung nahmen Notiz davon und verlagerten den Fokus, um Growth Hacking zu unterstützen und den Unternehmenserfolg weiter zu verbessern. Auch so kann Growth Hacking ohne anfängliche Unterstützung der Führungsebene funktionieren – langfristig ist das allerdings nicht nachhaltig.

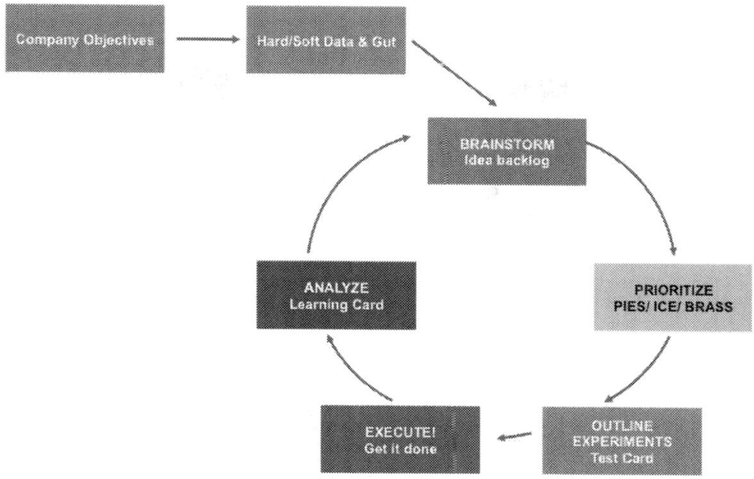

Bild 5: Growth Hacking Process
Quelle: Growthhackers.com

Daher ist es wirklich wichtig zu wissen, dass Growth Hacking neben der Führungsebene immer mit dem richtigen Team und einer datengesteuerten Denkweise beginnt, in der das Experimentieren und Lernen aus Fehlern nicht nur erlaubt, sondern gefördert und sogar systematisiert werden. Der Growth Hacking-Experte Rob Sobers geht sogar noch einen Schritt weiter und sagt, dass es nicht nur wichtig ist, Strukturen aufzubrechen und mit interdisziplinären Teams zu arbeiten, sondern dass ein Wachstumsteam idealerweise eine Art Vollmacht zum eigenständigen Handeln haben muss:

> *„Growth Hacking ist experimentelles Marketing, das von Leuten durchgeführt wird, die keine Erlaubnis oder Hilfe brauchen, um Dinge zu erledigen."*

Viele Wachstumsteams arbeiten daher mit agilen Methoden, oft mit hybriden Mischungen oder maßgeschneiderten Lösungen. Die folgende Abbildung zeigt den Growth-Hacking-Prozess vereinfacht:

Skills, die Du für die gute Skalierung brauchst

Grundvoraussetzung für erfolgreiches Growth Hacking und gutes Skalieren ist die passende Organisationsstruktur im Unternehmen. Nur wenn das Unternehmen, insbesondere die Führungsebene, für die Growth-Hacking-Prozesse wirklich bereit ist, kann eine Skalierung erfolgreich umgesetzt werden. Das schließt ein, dass Growth-Hacking-Prozesse auch erst einmal ohne den ausdrücklichen „Segen" der Führungsebene probiert werden dürfen, erfolgreich wird das aber langfristig nur dann sein, wenn das gesamte Unternehmen, inklusive der Führungsebene, dahinter steht.

Dazu kommen interdisziplinäre Strukturen oder Teams, die über Abteilungsgrenzen hinweg arbeiten können und dabei auch Hierarchieebenen überspringen können.

Eine weitere Voraussetzung ist die Fähigkeit, Growth Hacking Prozesse in der ganzen Breite und Tiefe der Skills zu erkennen und anzuwenden, und den sogenannten T-Shape Marketer möglichst im Team abzubilden.

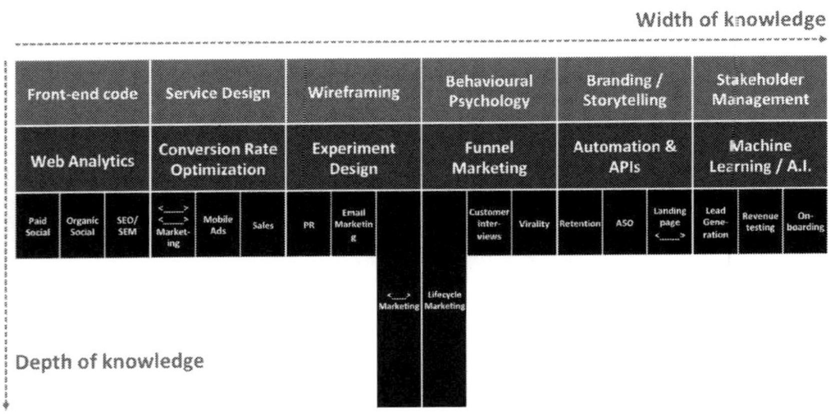

Bild 6: T-Shape Marketer
Quelle: Adaptiert von Growth Tribe

In der Grafik wird deutlich, dass ein sehr breites Wissen aus verschiedenen Bereichen, aber auch sehr tiefes Know-How in bestimmten Spezialgebieten benötigt, um erfolgreich Wachstum zu generieren. Dabei handelt es sich gleichfalls um einen Lernprozess, der sich ständig weiterentwickelt und im gesamten Unternehmen verwurzelt sein muss.

Und schlussendlich muss die Bereitschaft vorhanden sein, neue Wege zu gehen, datengetrieben zu arbeiten und das Wachstum immer in die Richtung voranzutreiben, welche die höchste Erfolgswahrscheinlichkeit aufweist. Das setzt eine gewisse Wandlungsfähigkeit in Denk- und Arbeitsweisen voraus, die nicht in jedem Unternehmen von Grund auf vorhanden sind.

Growth Hacks kommen und gehen, doch das Growth Mindset bleibt

Wir haben uns einige konkrete Beispiele und Taktiken aus dem Silicon Valley angeschaut. Denken wir noch einmal an solche erfolgreichen Einhörner wie Airbnb, Twitter oder Dropbox. Als Nächstes ist es sinnvoll, auch festzustellen, was Growth Hacking nicht ist. Ein häufiges Missverständnis von Growth Hacking ist es, es als eine bereits existierende Sammlung von kleinen Taktiken zu betrachten, die bei ihrer Umsetzung automatisch zu massiver Vitalität und Wachstum führen – eine Art Wundermittel.

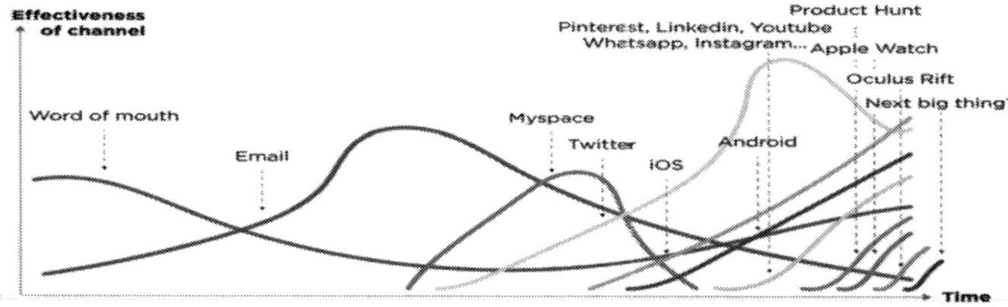

Bild 7 : Marketingkanal Effektivität nach Zeit
Quelle: James Currier, Update von Peter van Sabben

Growth Hacking ist jedoch in erster Linie eine daten- und experimentierorientierte Denkweise. Es ist wirklich ein Prozess und ein Mindset. Es ist ein Prozess des schnellen Experimentierens über verschiedene Kanäle und das Produkt selbst, um die effizientesten Wege zu finden, um Deinen Kundenstamm und Deine Einnahmen zu erweitern.

Es stimmt jedoch, dass es im Ergebnis oft eine Taktik gibt, die umgesetzt werden kann. Aber einen Growth Hacker zu bitten, individuelle Growth-Hacking-Taktiken zu implementieren, ist ein Wettlauf mit der Zeit, den Du nicht gewinnen kannst, da jeder Growth Hack seine Effektivität verliert, wenn er als statisches Erfolgsrezept gesehen wird. Ähnlich wie in der folgenden Grafik können wir sehen, dass die Effektivität einer Taktik oder sogar eines Kanals mit der Zeit rapide abnimmt:

Es ist also sehr typisch, dass auf einmal klassische Kanäle, die normal nicht gut funktionieren, plötzlich funktionieren und vice versa. Noch viel häufiger ist es aber so, dass viele Marketingkanäle insbesondere innovative Marketingkanäle am Anfang recht gut funktionieren. Doch je mehr Marktteilnehmer diese entdecken, desto geringer wird die Wirkung. Nur, wie schaffe ich es nun die richtigen Marketingkanäle zu selektieren?

Rein in die Praxis: Marketingkanäle skalieren

Die klassische Frage, die ich oft höre ist: Welcher Marketingkanal ist der Beste für die Skalierung im Growth Hacking? Doch jeder glaubwürdige Marketingexperte muss an dieser Stelle mit „Ich habe keine Ahnung" antworten. Der Grund ist, dass man zwar einen gewissen Erfahrungsschatz mit der Zeit aufbaut, doch die Marketingkanäle sich sehr schnell verändern und das Zusammenspiel von Produkt, Markt und Marketing Mix immer extrem variieren kann.

Daher ist ein wichtiger Teil des Growth-Hacking-Prozesses das systematische Austesten verschiedener Kanäle. Ein sehr hilfreiches Framework ist das von Justin Mares im Buch „Traction" beschriebene, welches deutlich zeigt, wie Traction im Sinne des Austestens der möglichen Channels funktioniert.

Eines der besten Frameworks zur Selektion geeigneter Marketingkanäle ist das Bullseye Framework, welches sich mit der Methodik einer Lean-Startup-Kultur sehr gut kombinieren lässt. Man kann sich das Ganze vorstellen wie eine Dartscheibe mit drei Ringen. Der äußerste Ring stellt die verschiedenen Marketingkanäle von Affiliate Marketing, Suchmaschinenmarketing hin bis zu PR und Display-Werbung dar. Dieses spezifische Framework stellt 19 verschiedene Optionen vor, jedoch ist es eher als eine Übersicht und Annäherung zu sehen, denn neue Kanäle kommen täglich dazu oder verschwinden wieder aufgrund von mangelnder Relevanz. In dem äußeren Ring geht es um die Frage: Welche Marketing Kanäle gibt es?

Nachdem man die verschiedenen Optionen betrachtet hat, geht es in den zweiten, mittleren, Ring. Hier stellt sich die Frage: Welcher Marketingkanal hat eine hohe Wahrscheinlichkeit auf Erfolg? Es geht es also darum, eine Hypothese zu erstellen auf Basis von dem, was wir über den Kanal wissen. Erfahrungen (die eigenen und/ oder die von Experten), ggf. eine Kalkulation und ein kleines bisschen gesunder Menschenverstand, ob der Kanal für Dich relevant ist. Die Dynamik eines jeden Kanals ist sehr unterschiedlich. Wann zum Beispiel macht es Sinn, auf Suchmaschinenmarketing oder Suchmaschinenoptimierung zu setzen? Genau dann, wenn es einen sogenannten „Search-Demand" gibt, ist einer dieser Kanäle relevant. Sprich, User suchen bei Google (oder anderen Suchmaschinen), da es sich um ein Produkt handelt, welches bereits bekannt ist. Schwierig ist es jedoch für den User nach etwas bei Google zu suchen, wenn der User gar nicht über die Existenz des Produktes oder gar der ganzen Produktkategorie informiert ist – ein sehr typischer Fall bei neuen, innovativen Produkten. Hier wäre ein „Discovery Marketing Channel", also einem Marketingkanal, wie z.B. Facebook Ads, or Instagram passender, da User hier ganz spontan neue Produkte entdecken können.

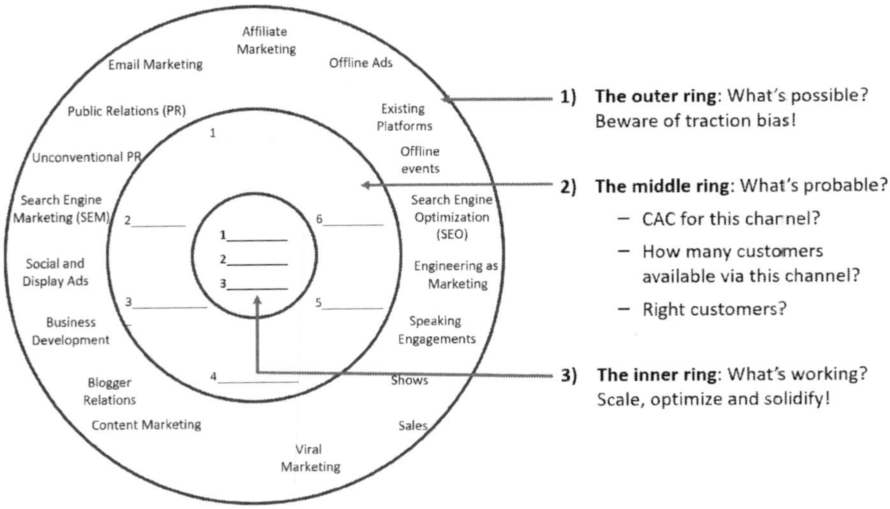

Bild 8: Bullseye Framework
Quelle: Justin Mares

In der Konsequenz müssen alle relevanten Kanäle mit einem kleinen Budget ausprobiert und in ihrer Wirksamkeit eingeschätzt werden. Und das immer wieder und mit immer wieder neuen Ideen, die via Tests in ihrer Wirkung zu qualifizieren sind. Das ist die starke, experimentelle Seite des Growth Hacking, die sich letztlich im Skalieren als erfolgreich zeigt.

Ohne Data & Testing geht es nicht

„What gets measured gets managed."
- Peter Drucker

Marketing muss messbar sein. Heute können wir einzelne Touchpoints messen: War der Kunde auf Deiner Website, wie lange war er dort, hat er etwas in den Warenkorb gelegt, etc. Im Offline Marketing wird dies sicherlich schwerer, aber anhand neuer Tracking-Technologien, werden auch klassische Kanäle wie TV anhand von intelligenten Tracking-Systemen gemessen und wie Display-Werbung oder jedes anderes Medium in der Customer Journey getagged, getrackt und ausgewertet.

Nur so kann Dein Unternehmen wissen, welcher Marketingkanal funktioniert, welcher nicht funktioniert oder wie dieser optimiert werden kann. Und nur so ist eine Optimierung und Skalierung möglich. Alles andere ist Blindflug, Zeit- und Geldverschwendung.

Fazit – Das Ziel ist der Weg

Die Grundlagen zum Skalieren sind auch gleichzeitig der Weg zu skalieren. Die wichtige Frage beim Skalieren ist nicht nur, wie Du skalierst, sondern ob alle notwendigen Bedingungen vorhanden sind, insbesondere wiederholbaren Prozesse, um loszulegen.

Skalieren durch Growth Hacking bedeutet nicht nur, alles schneller und größer zu machen, es ist ein Mindset, es sind Prozesse des Experimentierens über den gesamten Trichter, und ein breites Skillset, das auf dem Product Market Fit fundiert ist und Wachstum in Form von Umsatz und User-Zahlen maximiert. Im Growth Hacking werden Kreativität, Daten und Technologie kombiniert. Wenn es Dir gelingt, diese Komponenten tief in Deine Unternehmens-DNA einzubinden, kann Dein Unternehmen wie ein Einhorn am Markt agieren und im Galopp ein fantastisches Wachstum hinlegen.

Das wünsche Ich Dir von Herzen und hoffe, dass ich Dich auf diesem Weg, wenn auch nur ein wenig, unterstützen konnte.

KAPITEL 5:

WIE DU MIT INBOUND MARKETING MEHR WACHSTUM ERZIELST

Von Vladislav Melnik

Traditionelles Marketing hat ein Problem.
Heute sind Deine Kunden ziemlich gut darin geworden, nervige Werbung auszublenden. Stichwort: Bannerblindheit. Außerdem recherchieren sie heute online, bevor sie eine Kaufentscheidung treffen.

Der digitale Wandel hat dafür gesorgt, dass wir heute einen mächtigen und gut informierten Kunden haben. Er hat die Tools und die Informationsbeschaffung sogar so perfektioniert, dass *er* die Zügel in der Hand hält.

Das kenn wir doch alle: Heute schauen wir kein Fernsehen mehr, wir schauen Netflix. Wir hören kein Radio mehr, wir hören Spotify. Warum benutzen wir für die Vermarktung dann noch traditionelle Methoden, wenn unsere Kunden ihnen gar keine Aufmerksamkeit mehr schenken?

Deshalb muss eine neue Marketingmethode her. Eine, die sich Dein Kunde wünscht. Eine, die sogar noch Mehrwert liefert. Eine Methode, die *gut* für ihn ist und die er *lieben* wird. Hallo Inbound Marketing! ;)

Aber was ist das genau?

Was ist Inbound Marketing?

Um Inbound Marketing zu erklären, schauen wir uns zuerst Outbound Marketing an. Outbound Marketing ist das traditionelle Marketing, mit dem wir alle aufgewachsen sind: Fernsehwerbung, Postwurfsendungen, Printanzeigen, Telefonmarketing, Radiowerbung, Plakatwände, usw. Aber es ist auch in der Online-Welt zuhause: Bannerwerbung, Massenmails, Spam und noch viel mehr.

Outbound Marketing ist Push Marketing.
Es basiert auf Störungen.

Es geht dabei immer darum, ein Medium mit einem großen Publikum zu finden und diese immer wieder mit *nervigen* Anzeigen zu *unterbrechen*. Dabei ist die Hoffnung, dass mit guter Planung, guter Marktforschung und einer perfekten Platzierung, ein kleiner Prozentsatz der Unterbrechung zuhört und zum Kunden wird.

Wenn Du ein großes Publikum findest oder eine gute Conversion Rate erzielst, kann es ein gutes Investment sein. Zumindest war es einmal so. Es ist zwar immer noch möglich, damit Aufmerksamkeit zu erzielen, aber es wird immer weniger effektiv und kostspieliger.

Inbound Marketing dagegen ist erlaubnisbasiertes Marketing.
Es ist Pull Marketing.

Es geht also zuerst darum, die *Erlaubnis* zu erhalten, über ein bestimmtes Medium mit deiner Zielgruppe bzw. Deinem Publikum kommunizieren zu dürfen. Außerdem geht es darum, die Fragen zu beantworten, die sich Dein potenzieller Kunde stellt. Inbound Marketing zielt nämlich darauf ab, dass Dein Unternehmen *gefunden* wird. Und dass Deine Kunden *zu Dir* kommen, anstatt mit verschiedenen Marketingaktivitäten um ihre Aufmerksamkeit zu kämpfen.

Um überhaupt gefunden zu werden, arbeitet Inbound Marketing im Kern mit hochwertigen Inhalten, die ein Problem deiner Zielgruppe lösen. Indem Du Content erstellst, der speziell für deinen perfekten Kunden zugeschnitten ist, ziehst Du diesen eben auch an.

Du kaufst Dir also keine Aufmerksamkeit. Du verdienst sie Dir. Das ist am Anfang natürlich aufwändiger, langfristig aber günstiger und effizienter.

Schauen wir uns das mal genauer an.

Was sind die Vorteile von Inbound Marketing?

1. Mehr Wachstum

Mit Inbound Marketing bekommst Du mehr Besucher, mehr Kontakte und mehr Kunden, weil Content etwas von der harten Akquisearbeit abnimmt. Content arbeitet *für* dich.

Indem Du Inhalte erstellst, die perfekt auf die Kundenreise zugeschnitten sind, *findet* Deine Zielgruppe dich in ihrer Recherche. Dadurch erhöhst Du die Sichtbarkeit deines Unternehmens. Und wenn ihnen gefällt, was sie sehen, dann teilen sie deinen Content, was wiederum für noch mehr Reichweite sorgt.

Durch das Verschenken von kostenlosen Inhalten baust Du ganz nach dem Gesetz der Reziprozität (wie Du mir, so ich Dir) Vertrauen auf. Wenn Du dich dann noch ernsthaft um Dein Publikum kümmerst und es wertschätzt (indem Du z.B. jedes Kommentar beantwortest), baust Du mit der Zeit eine Community auf, die Deine Markenbekanntheit noch weiter trägt.

Das Schöne am Inbound Marketing ist auch, dass es ein Dialog und keine eindimensionale Kommunikation ist. Du und Deine Kunden sprechen *miteinander*. Du motivierst sie, Deine Inhalte zu teilen, zu kommentieren und Dir Feedback zu geben. Dadurch lernst Du Dein Publikum immer besser kennen und kannst mehr auf deren Bedürfnisse eingehen.

Wenn Du regelmäßig erstklassigen Content veröffentlichst, wird Dein Unternehmen mit der Zeit als Autorität und Thought Leader wahrgenommen. Du giltst dann als „Go to"-Ressource in deiner Branche. Wenn das soweit ist, hast Du gewonnen. Denn dann schenken Dir Deine Interessenten und Kunden *freiwillig* ihre Aufmerksamkeit.

2. Schnelleres Wachstum

Auch wächst Dein Unternehmen schneller, weil viele verschiedene Wege in deinen Content Hub (der Ort, wo Dein Inhalt ruht) führen. So sammelst Du mit der Zeit viele Links und Erwähnungen aus der Blogosphäre, Social Media und der Suchmaschine.

Dementsprechend führt mehr Content auch zu mehr Kunden. Es ist sogar so, je öfter Du qualitativ hochwertige Inhalte veröffentlichst, desto besser sind die Chancen neue Kunden zu gewinnen.

Außerdem ist Inbound Marketing schnelllebig: Jemand hat ein Problem, sucht nach einer Lösung, findet Deine Webseite, konsumiert deinen Content, bekommt alle nötigen Informationen, die er zum Kauf braucht, baut dabei ein Vertrauensverhältnis auf und kauft *sofort* Deine Lösung. Natürlich läuft das nicht immer so ab. Manche Produkte und Dienstleistungen brauchen wesentlich mehr Bedenkzeit. Aber es kann so ablaufen.

Mit Outbound Marketing kannst Du zwar schnell eine Menge potenzielle Kunden in kurzer Zeit gewinnen. Aber wie wertvoll sind diese Leads? Ist jeder Dein perfekter Kunden? Ist jeder profitabel? Durch Deine Marke, deinen Content und deinen Dialog filterst Du mit Inbound Marketing automatisch die falschen Kunden heraus und bekommst nur die, die zu Deinem Unternehmen passen. Dadurch hast Du kaum Streuverluste.

Vor allem aber ist Inbound Marketing kostengünstiger. Auch der ROI ist belegbar: Du kannst nämlich fast alles messen. Daher weißt Du genau, was funktioniert und was nicht. Und dadurch hast Du am Ende des Tages mehr Gewinn, den Du wieder reinvestieren kannst, um noch schneller zu wachsen.

3. Nachhaltigeres Wachstum

Ich bin nicht der Typ, der gerne etwas aufsetzt, damit es kurze Zeit später wieder verpufft. Deshalb bin ich auch kein großer Fan von Outbound Marketing. Ich mache gerne etwas, dass am besten für die Ewigkeit bestehen bleibt.

Das ist auch einer der größten Vorteile am Inbound Marketing: Du erschaffst mit Deinem Content-Archiv einen wahren Vermögenswert. Die regelmäßigen Besucher, die Rankings in der Suchmaschine, die ganzen eingehenden Links und vor allem Deine E-Mail-Abonnenten haben einen hohen Wert, den Du theoretisch getrennt von Deinem Unternehmen verkaufen könntest.

Nehmen wir mal die Kaltakquise als Beispiel. Dort hast Du 1:1-Beziehungen. Das ist schwer skalierbar, weil Deine Zeit begrenzt ist. Beim Inbound Marketing dagegen hast Du 1:n-Beziehungen, weil Du dich quasi mithilfe deines Contents multiplizierst. Dementsprechend baust Du mit Content und E-Mail-Marketing Beziehungen auf, die zu einem großen Teil automatisch ablaufen.

Dadurch wird Dein Inbound-Marketing-System zu einer richtigen Sales-Maschine. Es ist ein System, dass 24/7 für dich arbeitet. Es ist immer ein schönes Gefühl, morgens in das Dashboard von Chimpify (die ersten All-in-One Marketing-Plattform für kleine Unternehmen) reinzuschauen und zu checken, wie viele Besucher, Kontakte und Kunden wir gestern bekommen haben.

Inbound Marketing zwingt dich auch, dich näher mit Deinem Thema zu beschäftigen und es von vielen verschiedenen Perspektiven zu betrachten. Dadurch wirst Du oder Dein Content-Team immer besser. Auch lernst Du Deine Zielgruppe immer besser zu verstehen.

Es ist zwar nicht leicht, so ein System aufzubauen und es zum Laufen zu bekommen. Aber wenn es läuft, dann hat man ordentlich Momentum und es wird langfristig einfacher, es am Laufen zu halten.

Wichtig ist, dass Du Inbound Marketing nicht als Kosten ansiehst. Es ist ein Investment. Du erhältst also nicht nur temporär Vorteile, sondern dauerhaft. Dein Content Hub wird immer größer, je mehr Content Du da reinsteckst.

So. Überzeugt? Dann schauen wir uns den Prozess mal im Detail an.

Wie funktioniert Inbound Marketing?

Inbound Marketing ist kein Prozess, sondern ein Flywheel. Ein Flywheel (Schwungrad) ist ein Rad auf einer Achse, dass sehr energieeffizient ist. Die Menge an Energie, die es speichern kann, hängt davon ab, wie schnell es sich dreht und wie viel Reibung erzeugt wird.

Ich muss dabei immer an die dicken Drehscheiben aus Beton auf dem Spielplatz denken. Die waren als Kind echt schwer zum Drehen zu bringen. Aber wenn sie sich einmal gedreht haben, musste man aufpassen, dass man von der Schwungkraft nicht mitgenommen wurde. Das Ding hörte sich auch nur sehr langsam auf zu drehen. Du musstest es nur ein ganz kleines bisschen anstupsen und die Scheibe drehte sich eine gefühlte Ewigkeit weiter. Ihre Schwungkraft arbeitete für sich selbst. Das ist Momentum.

Und ganz genau so funktioniert auch Inbound Marketing:

Phase 1: Anziehen

Wir starten mit einem potenziellen Kunden. Das ist ein Mensch, der ein Problem oder ein Wunsch hat. Vielleicht nimmt er das bereits wahr. Vielleicht aber auch noch nicht. Da Du im Inbound Marketing gefunden werden möchtest, möchtest Du diesen Menschen jetzt *anziehen*.

Dafür arbeitest Du mit folgenden Bausteinen:

- **Content** - Content ist das Herzstück im Inbound Marketing. Ohne könntest Du keine potenziellen Kunden anziehen. Deshalb solltest Du einen soliden Content Hub (Blog. Podcast, Video-Kanal oder Membership) erstellen und diesen mit ganz vielen nützlichen Inhalten füllen. Dein Hub sollte *Mehrwert* liefern und gerne auch ein bisschen *Entertainment* bieten.
- **Suchmaschine** - Diesen Content (und natürlich auch Deine Seiten und Landing Pages) optimierst Du für die Suchmaschine, damit Du auch dort gefunden wirst. Wenn Du dich auf wirklich hochwertige Inhalte fokussierst, die sich viral verbreiten, und darauf achtest, mit der Zeit Inbound Links von relevanten sowie starken Webseiten zu bekommen, tust Du schon eine ganze Menge für die Suchmaschinenoptimierung.
- **Social Media** - Natürlich solltest Du deinen Content via Social Media verbreiten, damit Deine potenziellen Kunden hier darüber stolpern. Immerhin hängen sie heutzutage genau dort ab. Das machst Du, indem Du mit deiner Page, Deinem privaten Profil und auch in relevanten Gruppen postest. Außerdem solltest Du Deine Präsenz regelmäßig pflegen, indem Du auf Kommentare reagierst sowie Inhalte von Deinem Unternehmen und anderen teilst. Es kann auch nicht schaden, wenn Du in relevanten Gruppen aktiv bist, dort hilfst und Dir somit eine Reputation aufbaust.
- **Influencer** - Es ist strategisch klug, wenn Du langsam eine Beziehung zu Menschen mit Einfluss in deiner Branche aufbaust. Das können Personen, Unternehmen, Organisationen, Blogs, Magazine

oder Portale sein. Das ist der schnellste Weg, um an Deine Zielgruppe heranzukommen. Denn sie haben bereits das Publikum, das Du erreichen möchtest. Wichtig ist aber, dass Du zuerst helfen solltest, ehe Du um einen Gastbeitrag oder Gastauftritt bittest (wo Du ebenfalls hochwertigen Content lieferst).

- **Paid Ads** - Gerne kannst Du deinen Content (nicht Dein Produkt oder Deine Dienstleistung) mit kostenpflichtigen Anzeigen (Facebook, Twitter, AdWords etc.) bewerben. Dadurch kannst Du Deine Reichweite noch schneller erhöhen. Das ist gerade am Anfang nützlich, da die Anfangszeit sehr zäh sein kann.

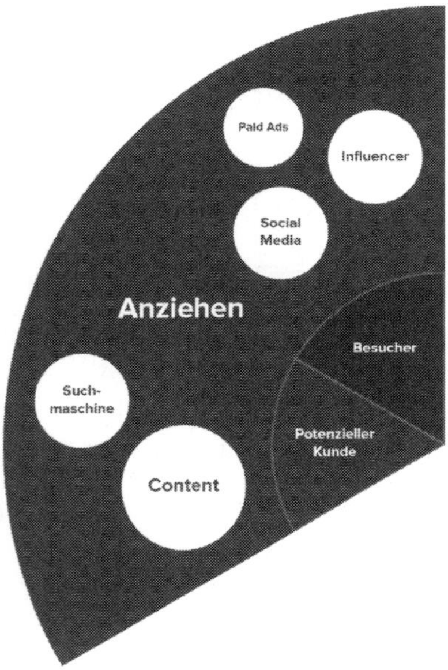

Inbound Marketing Flywheel - Phase 1: Anziehen

Am Ende dieser Phase hast Du einen Besucher bekommen. Du hast nach dem Gesetz der Reziprozität zuerst gegeben, anstatt zu nehmen. Dadurch hat er ein kleines Vertrauensverhältnis zu Deinem Unternehmen aufgebaut, ohne das Du dafür etwas tun musstest (außer den Content zu erstellen und zu vermarkten).

Phase 2: Verbinden

Einige Unternehmen, die Content Marketing betreiben, hören hier auf und hoffen, dass der Besucher irgendwie zum Kunden wird. Nur hoffen reicht aber leider nicht aus. Deshalb solltest Du proaktiv handeln und die Erlaubnis einholen, deinen potenziellen Kunden kontaktieren zu dürfen, um langsam eine Beziehung zu ihm aufzubauen.

Dafür arbeitest Du mit folgenden Bausteinen:

- **CTA** - Deinem Besucher sollte immer sofort klar sein, was er als Nächstes zu tun hat. Ein Call-to-Action (CTA) ist deshalb eine direkte Aufforderung, eine Handlung auszuführen (z.B. „Melde dich für unseren kostenlosen Newsletter an"). Ein CTA kann aus einem Text, einem Button oder einer Box bestehen. Entweder leitet dieser zu einer Opt-in Landing Page weiter, oder die Eingabeformulare befinden sich direkt in der Box.
- **Landing Page (Opt-in)** - Eine Landing Page ist eine eigenständige Seite, die sich auf ein Ziel fokussiert und möglichst keine Ablenkung davon bietet. Sie lässt Dir Raum, um deinen Besucher zu überzeugen, eine Handlung auszuführen. Wie der Name es bereits vermuten lässt, geht es hier darum, ein E-Mail-Abonnement abzuschließen. Du beschreibst also genau, was die Vorteile sind, was der Inhalt ist und was andere darüber sagen. Bei kleineren Entscheidungen (z.B. kostenlosen Updates von einem Blog) kannst Du die Eingabefelder direkt in der Box platzieren. Bei Leadmagneten bzw. Freebies (z.B. einem kostenlosen E-Book), bietet es sich an, eine eigenständige Landing Page zu erstellen, um noch mehr Anmeldungen zu bekommen.
- **E-Mail** - E-Mail ist der perfekte Kanal, um Beziehungen aufzubauen. Deshalb liefert er auch die besten Ergebnisse. Mit manuellen Kampagnen (wo Du z.B. regelmäßig neuen Content verschickst) und automatisierten E-Mails (wo Du z.B. ein Thema Schritt-für-Schritt erklärst) unterrichtest Du deinen potenziellen Kunden, damit er die richtige Kaufentscheidung treffen kann. Im Grunde lieferst Du hier vorab einfach unglaublich viel Mehrwert. Sobald die Beziehung gefestigt ist (das kann Tage, Wochen,

Monate oder Jahre dauern), kannst Du auf Deine Lösung hinweisen. Leite dafür in einer weiteren E-Mail auf eine Click-Through Landing Page weiter, wo Du Deine Lösung anbietest.

- **Landing Page (Click-Through)** - Eine Click-Through Landing Page ist ebenfalls eine eigenständige Seite, die aber nicht das E-Mail-Abonnement, sondern den Verkauf deines Produkts oder deiner Dienstleistung im Fokus hat. Du beschreibst hier auch, was die Vorteile und Bestandteile sind, und was andere darüber sagen (eben alles, was eine gute Landing Page haben sollte), nur viel detaillierter. Es ist immerhin eine größere Entscheidung. Diese Landing Page wiederum hat einen Button, der zum Checkout-Prozess bzw. Anmeldung weiterleitet. Die meisten Unternehmen sollten pro Produkt bzw. Dienstleistung eine Landing Page einsetzen. Bei Startups ist es oft die Startseite und die dazugehörigen Unterseiten.

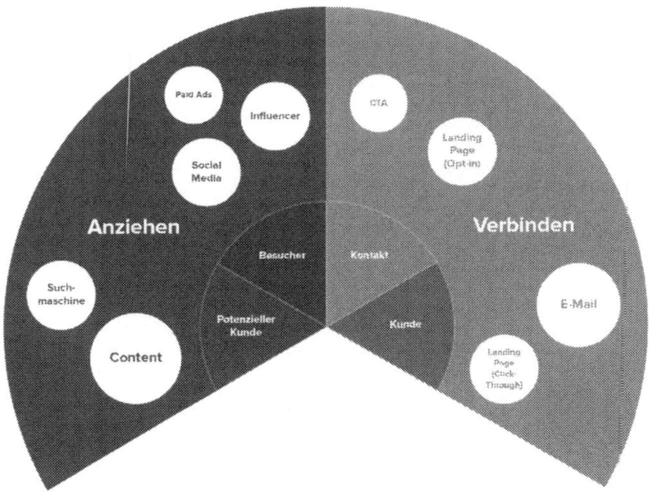

Inbound Marketing Flywheel - Phase 2: Verbinden

Hier angekommen, wurde Dein Besucher zum Kontakt. Du hast also das Privileg erhalten, ihn kontaktieren zu dürfen, dann, wann *Du* willst. Außerdem hast Du überwiegend automatisiert eine Beziehung aufgebaut und erst danach auf Deine Lösung Aufmerksam gemacht. Dein Kontakt wurde zum Kunden.

Phase 3: Begeistern

Nachdem Du deinen Kunden bekommen hast, ist noch nicht Schluss! Du möchtest ihn weiterhin *begleiten* und *begeistern*, damit er seinen Freunden und Kollegen davon erzählt.

Dafür arbeitest Du mit folgenden Bausteinen:

- **Analytics** - Das Schöne am Inbound Marketing ist, dass Du so gut wie alles messen kannst. So weißt Du genau, was funktioniert, und was nicht. Du siehst also, wo das Flywheel noch unrund läuft und wo Du optimieren solltest. Deshalb solltest Du regelmäßig ein Inbound Marketing Audit durchführen und Deine gesamte Customer Experience verbessern (z.B. passenderer Content, gezieltere Vermarktung, ansprechendere CTAs, fesselndere E-Mails, bessere Landing Pages usw.).
- **Feedback** - Direktes Feedback deiner Besucher, Kontakte und Kunden ist der beste Weg, um Deine Zielgruppe besser kennenzulernen. Erstelle deshalb regelmäßig Umfragen mit relevanten Fragen (z.B. „Welcher Zielgruppe gehörst Du an?", „Was für Probleme hast Du?", „Was für Wünsche hast Du?"). Das sind auch perfekte Daten, um Deine Buyer Persona zu erstellen bzw. aufzufrischen. Benutze außerdem Webseiten-Umfragen (z.B. „Warum hast Du nicht gekauft?"), die Dein Besucher direkt beantworten kann, um Deine Seiten und Landing Pages zu optimieren. Nutze generell jede Chance, wenn Du mit Kunden telefonierst oder sprichst, um Feedback einzuholen.
- **Monitoring** - Ein unerwartetes Kommentar in sozialen Netzwerken und Blogs kann Deine Zielgruppe begeistern. Monitore daher deinen Markennamen, aber auch relevante Keywords. Höre den Gesprächen zu und lerne daraus. Gehe aber noch einen Schritt weiter, reagiere darauf und werde so Teil der Unterhaltung.
- **Offline** - Menschen möchten mit Menschen zu tun haben. Deshalb werden echte Beziehungen immer noch offline aufgebaut. Veranstaltungen, wo gelacht, Hände geschüttelt, Musik gehört, Essen gegessen und „den Größeren" zugehört wird, bleiben einer der besten Wege um zu connecten. Hast Du außerdem mal daran

gedacht, Merchandise (z.B. Sticker, T-Shirts, Hoodies, Lebkuchenherzen mit Deinem Logo) zu verschicken oder Deine Kunden zu besuchen? Deine Fans werden das lieben.

- **Love** - Wir alle wollen den Produzenten kennen. Führe deshalb einen Dialog mit Deinem Publikum. Das ist bodenständig und hebt dich aus der Masse heraus. Beantworte alle Kommentare (z.B. in Deinem Blog, in Gastbeiträgen, auf Social Media etc.). Stelle offene Fragen (z.B. mit einer automatisierten E-Mail) und beantworte diese manuell. Hole auch Menschen aus Deinem Publikum auf die Bühne (z.B. mit einem Soundfile, dass Du in Deine Podcast-Episode einspielst) und beantworte ihre Fragen. Zeige einfach, dass Du sie wertschätzt und das sie ein Teil davon sind.

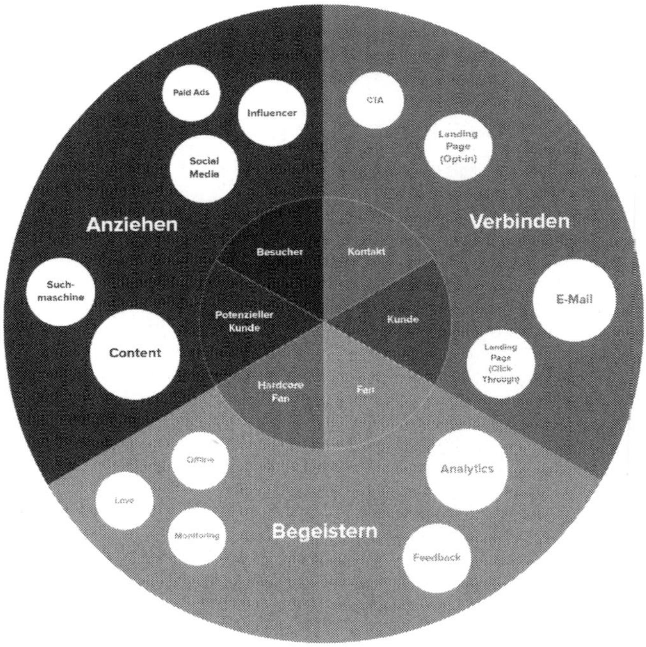

Inbound Marketing Flywheel - Phase 3: Begeistern

Du hast also nach dem Verkauf nicht aufgehört, sondern holst Dir regelmäßig quantitatives sowie qualitatives Feedback und verbesserst Dein Flywheel. Außerdem demonstrierst Du, dass Du Dein Publikum wertschätzt.

Dadurch wird aus Deinem Kunden ein Fan oder vielleicht sogar ein Hardcore Fan. Dieser hilft Dir dann, Deine Bekanntheit voranzutreiben. Und der Kreislauf beginnt von vorne.

8 Schritte, um mit Inbound Marketing zu starten

Hier angekommen sollte Dir klar sein, wie Inbound Marketing funktioniert und ob es das Richtige für dich ist. Bist Du jetzt motiviert und möchtest direkt damit starten? Dann gehe einfach folgende Schritte entlang:

Schritt 1: Wähle ein klares Ziel

Bevor Du die Ärmel hochkrempelst und mit der eigentlichen Arbeit beginnst, solltest Du Dir Gedanken machen, was Du eigentlich erreichen möchtest. In der Regel sind das mehr Kontakte, mehr Kunden und mehr Umsatz. Muss es aber nicht. Du kannst mit Inbound Marketing auch viele andere Ziele erreichen:

- Höhere Profitabilität
- Mehr Markenbekanntheit
- Stärkere Kundenbindung
- Mehr Wiederholungskäufe
- Mehr Empfehlungen
- Mehr freie Zeit durch Automatisierung
- Eine starke Community
- Eine Thought-Leadership-Position

Dementsprechend hat Dein Ziel Auswirkung auf Dein komplettes Marketing. Es sind zwar nur Nuancen, aber dennoch ändert sich je nach Ziel eine ganze Menge. Wenn Du mehr Umsatz machen willst, gehst Du den klassischen Weg. Aber hast Du z. B. Community Building im Fokus, erstellst Du andere Überschriften, anderen Content, andere Texte und andere Calls-to-Action. Der Prozess ist gleich, aber Deine komplette Message ist anders.

To-do: Wähle ein Ziel und richte Dein komplettes Marketing darauf aus.

Schritt 2: Erstelle eine Buyer Persona

Kennst Du das? Du befindest dich auf einer Webseite und denkst Dir: „Hey, das ist wie für mich gemacht!“ In der Regel kannte da das Unternehmen seine Buyer Persona ziemlich gut.

Eine Buyer Persona ist eine erfundene Person, die auf Marktforschung und auf echten Daten beruht. Es ist quasi Dein perfekter Kunde. Aber es ist eigentlich noch mehr. Carl Gustav Jung würde auch Folgendes dazu sagen:

Es ist der Archetyp deiner Zielgruppe.

Dieser Archetyp besteht in der Regel aus folgenden Elementen:

- **Background** (Wie heißt er? Wie sieht er aus? Wo wohnt er? etc.)
- **Warum** (Was ist der Grund, warum er kauft? Was für Probleme möchte er gelöst bekommen?)
- **Vorteile** (Was sind die Vorteile, die Dein Kunde erwartet? Welche sind ihm wichtig?)
- **Einwände** (Was hält ihn davon ab zu kaufen? Gibt es Vorurteile?)
- **Customer Journey** (Wie sieht die Reise deines Kunden aus?)
- **Eigenschaften** (Welche Features sind ihm besonders wichtig?)

Wähle abschließend ein Bild, dass Deine Persona perfekt repräsentiert.

Unter folgender URL findest Du immer unsere aktuelle Buyer Personas für Chimpify als Inspiration: www.chimpify.de/unsere-buyer-persona

To-do: Führe 10 Interviews mit Interessenten und Kunden. Erkenne Muster. Erschaffe anhand dessen eine oder mehrere Buyer Personas.

Schritt 3: Erstelle deinen Basis-Content

Egal ob Du bereits Content im Einsatz hast oder nicht. Mache an dieser Stelle einen kleinen Content Audit und schaue, wie der aktuelle Stand ist.

Wenn Du kein Inhalte im Einsatz hast, solltest Du deinen ersten Basis-Content erstellen. Das können drei bis fünf Beiträge sein. Diese sollen einem neuen Besucher einen guten Eindruck darüber geben, was er in Zukunft noch erwarten kann. Es soll die Frage beantworten:

Lohnt es sich, Deinem Unternehmen zu folgen?

Außerdem ist es hier wichtig, dass Du dich auf *ein* Content-Medium fokussiert. Jedes Medium ist unterschiedlich. Du kannst nicht jedes gleichzeitig meistern. Selbst wenn Du bereits gut Texten kannst, ist das Erstellen von viralen Inhalten eine etwas andere Angelegenheit, wo man sich intensiv einarbeiten muss.

Plane also zuerst deinen Content. Dafür solltest Du Dir einen einfachen Redaktionsplan in z.B. Excel, Google Docs oder Trello erstellen. Dabei reichen folgende vier Spalten erstmal aus:

DATUM	KATEGORIE	ÜBERSCHRIFT	AUTOR

Einfacher Redaktionsplan

Plane hier ruhig in die Zukunft. Aber übertreibe nicht. Unsere Welt ist heute einfach zu schnelllebig. Plane daher drei bis sechs Monate im Voraus. Überlege Dir im Zuge dessen auch einen Veröffentlichungsrhythmus. Einmal die Woche ist hier ein guter Richtwert für den Start.

Achte danach bei der Content-Erstellung darauf, dass er folgende Kriterien erfüllt:

- **Emotional** - Deine Inhalte sollten immer emotional sein, wenn sie sich viral verbreiten sollen. Studien belegen immer wieder, dass emotionale Inhalte sich besser verbreiten. Selbst wenn Dein Thema z.B. trockene Buchführung ist, kannst Du es mit Geschichten, Metaphern, einem lockeren Stil und schönen Bildern aufpeppen. Und schon ist das ein ganz anderer Schnack!
- **Positiv** - Auch wenn wir denken, dass sich negative Inhalte besser verbreiten - denke da nur an die Nachrichten - stimmt es nicht. Studien belegen hier auch immer wieder, dass positive Inhalte noch viraler sind. Wenn Du ein bisschen erfahrener bist, kannst Du mit negativen Überschriften und einer negativen Positionierung herumexperimentieren.
- **Praktisch** - Ich liebe diesen Punkt! Praktische Inhalte sind wirklich leicht zu erstellen und verbreiten sich viraler, je detaillierter und einfacher sie sind. Schaue Dir dafür einfach mal mein Kapitel an. Einige gehen noch mehr ins Extrem und benutzen Screenshots mit Pfeilen, damit es auch wirklich jeder nachmachen kann. Funktioniert immer gut sowas.

Alles machbar, oder?

To-do: Überlege Dir einen Veröffentlichungsrhythmus. Plane deinen Content mindestens drei Monate im Voraus. Erstelle dann drei bis fünf Basis-Inhalte.

Schritt 4: Vermarkte deinen Content

Wie jedes gute Produkt und jede gute Dienstleistung, muss auch Dein Content vermarktet werden. Du darfst dich an dieser Stelle eben *nicht* zurücklehnen und *hoffen*, dass Du gefunden wirst.

Vor allem am Anfang musst Du die harte Arbeit auf dich nehmen. Später hilft Dir dann Dein Publikum dabei, Deine Inhalte zu verbreiten. Aber selbst dann solltest Du immer noch proaktiv werden.

Um deinen Content zu vermarkten, kannst Du jetzt folgende Schritte entlang gehen:

- **Eigenes Publikum** - In der Regel hast Du schon ein eigenes Publikum. Selbst, wenn Dir das noch nicht so klar ist. Du hast doch sicherlich eine Kundenliste, ein paar Follower auf Social Media und generell ein paar Kontakte in deiner Branche, oder? Denen kannst Du immer von Deinem neuen Content berichten.
- **Influencer** - Mache Dir eine Liste mit den Einflussnehmern in deiner Branche. Influencer sind Menschen, die bereits das Publikum haben, das Du erreichen möchtest. Wie bereits erwähnt, sind das z.B. Blogger, Magazine oder Promis. Jeder, der ein großes Following hat. Baue langsam eine Beziehung zu ihnen auf und bitte danach um das Teilen deines Contents oder um einen Gastbeitrag.
- **Kommentare** - Kommentiere auf anderen Blogs und Magazinen, um langsam ein Grundrauschen zu erzeugen. Das ist zwar nicht sonderlich effektiv, aber bringt den Stein langsam ins Rollen. Und Du baust gleichzeitig eine Beziehung zu dem Influencer auf. Denke außerdem immer daran: Kommentare sind auch Content. Also liefere Mehrwert!
- **Gastbeiträge** - Nachdem Du eine Beziehung zu Deinem Influencer aufgebaut hast, kannst Du ihn um einen Gastbeitrag bitten. Das kann z.B. ein Gastbeitrag in einem Blog oder ein Beitrag in einem Print-Magazin sein. Generell werden Gastbeiträge noch unterschätzt. Eine gute Gastbeitragsstrategie kann einen großen Teil des

Erfolgs ausmachen. Gastbeiträge unterlegen einfach einem Win-Win-Win-Prinzip. Jeder profitiert davon.

- **Paid Ads** - Es macht immer Sinn, deinen Content (und nicht Deine Produkte oder Dienstleistungen) via Paid Advertising wie z.B. Facebook-Anzeigen zu bewerben. Vor allem, wenn Du schnelle Ergebnisse sehen möchtest. Hier kannst Du den einfachen Weg gehen und Deine Facebook Post mit einem kleinen Budget bewerben.
- **Sonstiges** - Abschließend kannst Du gerne kreativ werden und Dir besondere Marketing Stunts ausdenken, um deinen Content zu verbreiten. Blogparaden sind hier ein Weg. Das Startup "Mint" hat z.B. auch mit Badges gearbeitet und damit außerordentliche Erfolge erzielt.

Damit Du langfristig mehr Traffic über Social Media bekommst, macht es an dieser Stelle auch Sinn, sich mit dem Aufbau deiner Social-Media-Kanäle zu beschäftigen. Wähle hier zuerst nur Netzwerke aus, die relevant für Deine Zielgruppe sind. Befolge danach dafür diese einfache Regel:

Teile 70% fremde und nur 30% eigene Inhalte.

Das ist zwar eine sehr vereinfachte Social-Media-Strategie, reicht für den Anfang aber völlig aus. Teile also fleißig fremden Content aus deiner Branche. Dadurch wird Dein Unternehmen mit der Zeit zu *der* Quelle für Dein Thema. Zwar klingt das auch wieder nach Arbeit, aber wenn Du täglich den wichtigsten Blogs und Magazinen in deiner Branche via RSS Reader folgst und daraus die besten Beiträge auswählst, ist das zeitlich wirklich überschaubar.

To-do: Vermarkte Deine Inhalte immer zuerst an Dein eigenes Publikum. Hinterlasse täglich mindestens drei Kommentare. Wähle fünf Influencer aus und baue langsam eine Beziehung zu ihnen auf. Bitte danach um einen Gastbeitrag. Bewerbe gerne auch alle Deine Beiträge mit Facebook-Anzeigen in Höhe von 10€.

Bei der Content-Vermarktung haben wir uns gerade sehr auf Social Media und Gastbeiträge konzentriert. Der Grund hierfür ist, dass es „lebendige" Kanäle sind. Dort kannst Du relativ schnell Ergebnisse sehen. SEO ist dagegen ein langfristiges Spiel. Dennoch ist es sinnvoll, wenn Du bei der Erstellung oder kurz danach deinen Content für die Suchmaschine optimierst.

Hier fokussierst Du dich bei einem Beitrag zuerst immer nur auf *ein* Keyword. Der Trend geht zwar in die genau entgegengesetzte Richtung, aber für den Start solltest Du es einfach halten.

Generell ist es wichtig, dass Du einen thematischen Schwerpunkt hast. Wähle also immer zuerst das Thema und suche *danach* die passenden Keywords. Nicht umgekehrt! Wenn's dafür kein passendes Keyword, aber dennoch Interesse am Markt gibt, dann ist es halt so.

Im Zweifel heißt es nämlich: Immer für den Menschen!

Deine gesamten Keywords kannst Du in zwei große Kategorien einteilen: Short Head und Long Tail Keywords. Short Head Keywords sind kurze Keywords, die viel Suchvolumen, aber dementsprechend auch viel Konkurrenz haben (z. B. „inbound marketing"). Long Tail Keywords dagegen haben weniger Suchvolumen und daher auch weniger Konkurrenz (z. B. „was ist inbound marketing?"). Strategisch solltest Du dich hier *zuerst* auf die Long Tail Keywords fokussieren, damit Du erste Ergebnisse erzielst. Danach kannst Du langsam immer mehr in Richtung Short Head Keywords gehen.

Wenn Du deinen Beitrag für ein Fokus-Keyword optimieren möchtest, achte darauf, dass es in folgenden Elementen vorkommt:

- **Title Tag** - Ist das Keyword im HTML-Title?
- **H1-Überschrift** - Ist das Keyword in der H1-Überschrift?
- **URL** - Ist das Keyword in der URL?

- **H2- und H3-Überschriften** - Es hilft, wenn das Keyword in den Zwischenüberschriften vorkommt.
- **Im eigentlichen Text** - Ist das Keyword zwei bis drei mal im eigentlichen Text?
- **Fett oder kursiv** - Es kann helfen, wenn das Keyword als fett oder kursiv dargestellt wird.
- **Bild, Alt-Attribut und Dateiname** - Hast Du ein Bild verwendet? Hat das Bild das Keyword im Alt-Attribut? Es könnte auch helfen, wenn es das Keyword im Dateinamen hat. Das Beitragsbild ist perfekt dafür.
- **Meta Description** - Ist zwar kein Rankingfaktor, aber es kann die Klickrate erhöhen, da das Keyword in den Suchergebnissen fett markiert wird.

Das waren jetzt nur die OnPage-Faktoren. Die Faktoren des Beitrags. Diese machen aber nur einen kleinen Stück vom Kuchen aus. Es gibt über 200 weitere Faktoren, die das Ranking beeinflussen. Allem voran die guten alten Inbound Links. Ich könnte jetzt tiefer auf das Thema OffPage-Optimierung eingehen, aber am Anfang lohnt es sich noch nicht, sich darauf zu fokussieren. Richte dich hierfür einfach an folgenden Rat:

Der beste Weg, um Inbound Links zu bekommen,
sind hochwertige Inhalte.

Klingt einfach, ist es im Prinzip auch. Erstelle einfach wirklich affengeile Inhalte. Mit der Zeit werden sie automatisch Inbound Links bekommen und immer höher in den Suchergebnisseiten ranken.

> **To-do:** Betreibe für jeden Beitrag Keyword-Recherche. Wähle ein Fokus-Keyword aus. Optimiere deinen Content dann anhand der OnPage-Faktoren.

Schritt 6: Konvertiere deinen Besucher mit CTAs

Mittlerweile hast Du deinen Content erstellt und ihn vermarktet. Du hast eine Menge Arbeit geleistet und hast einen Besucher bekommen. Aber Du bist noch nicht durch. Noch nicht! ;)

Es geht nämlich immer darum, deinen Besucher zu irgendeiner *Conversion* zu bringen. Wenn Dein Besucher sich umschaut und nichts Spannendes findet, ist er schnell wieder weg. Vielleicht sogar für immer. Deshalb solltest Du Dir die Erlaubnis einholen, deinen Interessenten kontaktieren zu dürfen. Du brauchst seine Kontaktdaten. Dafür benutzt Du CTAs.

Calls-to-Action (CTAs) sind direkte Handlungsaufforderungen für deinen Besucher. Entweder ist es ein einfacher Banner, der auf eine Landingpage verlinkt:

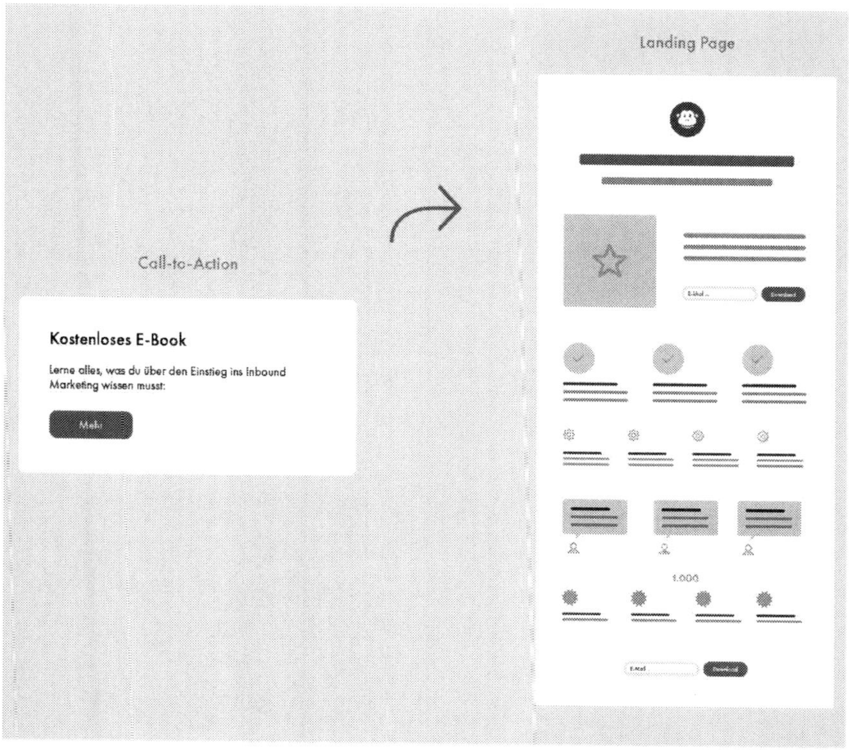

CTA verlinkt auf Landing Page

Auf dieser Landing Page werden dann die Vorteile im Detail besprochen und es gibt ein Formular, um seine Kontaktdaten zu hinterlassen. Alternativ ist ein Formular direkt in dem CTA integriert, um sich den Klick zu sparen:

Im Grunde sind CTAs einfache Boxen und Buttons, die deinen Besucher auf die Handlung Aufmerksam machen, damit er seine Kontaktdaten hinterlässt. Frage hier grundsätzlich so wenig Felder wie möglich ab. Mindestens aber die E-Mail-Adresse.

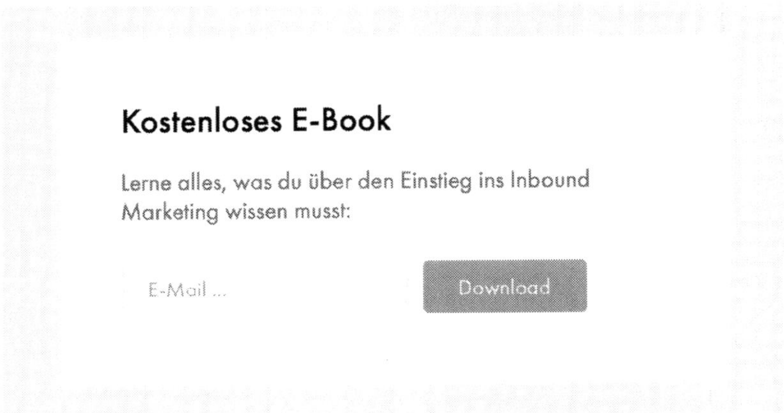

CTA-Box inklusive Eingabefeld

Als Gegenleistung solltest Du zuerst immer kostenlose Updates anbieten. Aber kostenlose Updates sind nicht so schmackhaft. Es gibt hier aber noch bessere Leadmagneten: Wie wäre es, wenn Du ein E-Book oder ein E-Mail-Kurs anbietest? Hier passiert nämlich schon der erste "Verkauf". Biete hier also etwas ebenso Wertvolles als Gegenleistung an.

Diesen CTA platzierst Du dann an vielen verschiedenen Stellen in deiner Webseite: auf der Startseite, unter jedem Beitrag, in der Sidebar ganz oben und gerne auch im "Über uns"-Bereich. Noch effektiver wird es, wenn Du eine eigenständige Landing Page für deinen Leadmagneten erstellst und diese in der Navigation verlinkst.

To-do: Erstelle einen CTA und platziere ihn überall auf deiner Webseite.

Schritt 7: Erstelle deinen ersten E-Mail-Funnel

Nachdem Dein Besucher seine Kontaktdaten hinterlassen hat, wurde er zum Kontakt bzw. Lead. Er ist nun ein potenzieller Kunde, den Du *erreichen* kannst.

Gerne kannst Du ihn direkt nach der Anmeldung auf Dein Angebot Aufmerksam machen. Aber in der Regel ist das noch etwas zu früh. Oft ist Dein Lead einfach noch nicht so weit. Es besteht noch kein starkes Vertrauensverhältnis, er kennt Dein Unternehmen noch nicht. Deshalb solltest Du weiterhin kostenlosen Mehrwert in Form von Inhalten liefern, um eine Beziehung aufzubauen.

Auch kommt es hier auf das Produkt an. Bei einem E-Book für 49€ schlage ich schnell mal zu. Wenn ich mir eine Inbound-Marketing-Plattform für 99€/ Monat holen möchte, überlege ich schon einige Wochen. Wenn ich mir aber eine Maschine für 1 Mio. € anschaffen möchte, kann ruhig ein Jahr vergehen.

Wenn Du hier Content via E-Mail lieferst, bist Du immer da.
Solange, bis Dein Interessent bereit ist.

Dementsprechend ist ein E-Mail-Funnel im Inbound Marketing ein einfacher Verkaufstrichter, der deinen Interessenten bei seiner Reise *begleitet* und ihm die nötigen Informationen liefert, die er gerade braucht.

Wenn Du regelmäßig Content lieferst, baust Du Vertrauen sowie Glaubwürdigkeit auf und demonstrierst Expertise. Alles wichtige Punkte, die deinen Verkaufsprozess unterstützen.

Es gibt viele Tools, um komplizierte E-Mail-Funnels aufzubauen. Die Idee hier ist aber, so schnell wie möglich etwas aufzusetzen und ständig zu verbessern. Erstelle daher eine einfache E-Mail-Sequenz, die über drei bis zehn Inhalte geht und liefere diese ein bis vier Tage versetzt aus. Beantworte in diesen Inhalten die häufigsten Fragen und Probleme. Auch kannst Du ein direktes Angebot in diese Sequenz einbauen. Hier mal ein Beispiel, wie so etwas aussehen könnte:

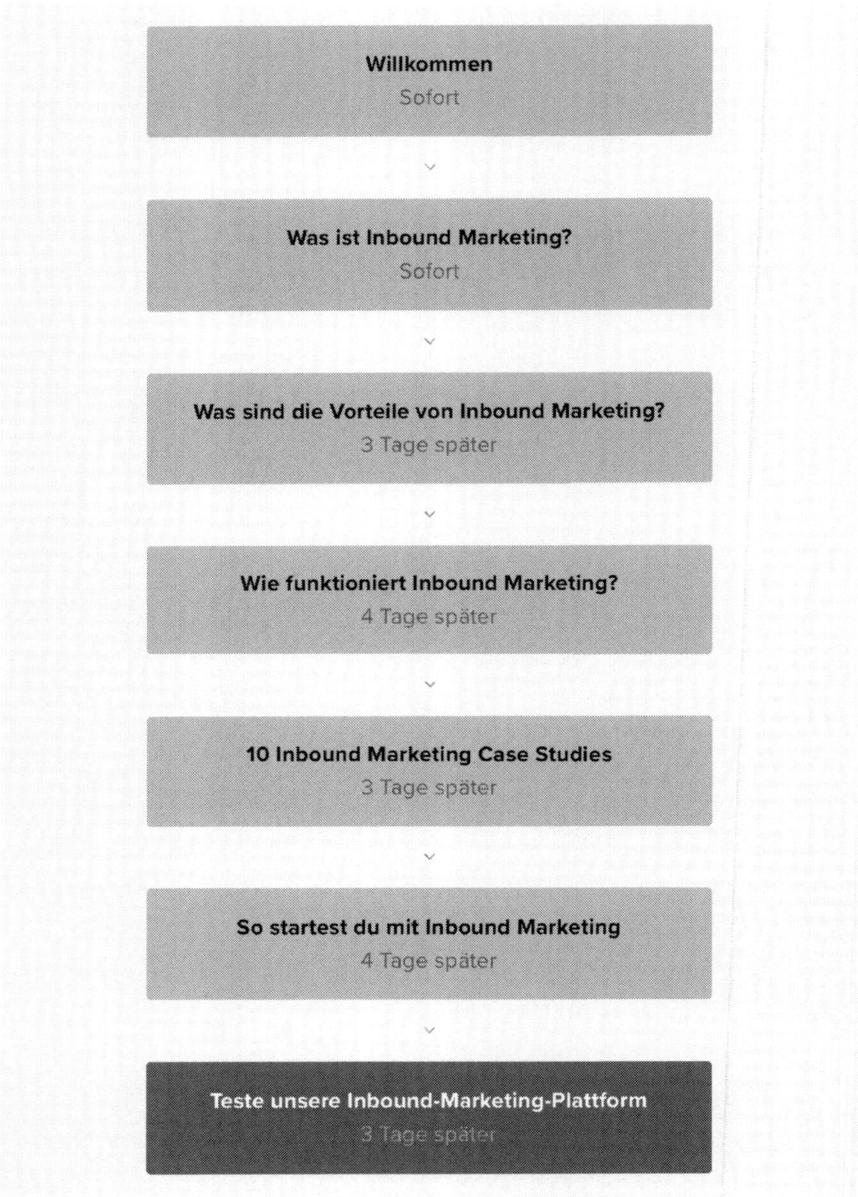

Einfache E-Mail-Sequenz

Wenn Dein Lead soweit ist und Du auf Dein Angebot Aufmerksam gemacht hast, leitest Du ihn auf eine Landing Page.

Wie bereits erwähnt, ist eine Landing Page eine einfache Seite, die möglichst ablenkungsfrei gestaltet ist. Daher hat sie z.B. möglichst keine Navigation oder ausgehende Links. Sie hat nichts, was von der eigentlichen Handlung ablenkt.

Außerdem hat sie alle möglichen Elemente, die auch beim klassischen Verkaufsgespräch zum Einsatz kommen:

Dabei ist es egal, ob Dein Ziel die Kontaktdaten oder das Verkaufen ist. In diesem Schritt geht es aber um das Verkaufen deines Produktes oder deiner Dienstleistungen.

To-do: Erstelle deinen ersten automatisierten E-Mail-Funnel mit drei bis zehn Inhalten. Erstelle danach pro Angebot eine Landing Page.

Schritt 8: Analysiere Deine Ergebnisse und optimiere

Nachdem Du das alles gemacht hast, machst Du eine kurze Verschnaufpause und schaust auf Deine Kennzahlen. Es gibt hier eine Menge wichtige, auf die Du schauen kannst. Schaue aber auf folgende Bereiche:

- **Engagement** - Zu aller erst solltest Du einen Blick auf deinen Content werfen. Wie gut ist er angekommen? Neben den eindeutigen Besuchern sind vor allem die Shares und Kommentare ein gutes Indiz. Das sind Richtwerte, ob Dein Content *wirklich* gut ist.
- **Conversions** - Du solltest immer Ziele hinterlegen und diese im Auge behalten. Für den Anfang rate ich Dir, die Leads und Verkäufe zu tracken. Technisch machst Du das z. B. mit Google Analytics oder Chimpify.
- **Conversion Rate** - Diese Kennzahl beschreibt einfach, wie viele deiner Besucher eine Conversion ausgeführt haben. Hier gibt es z.B. die Conversion Rate von Besucher zu Leads. Diese liegt im Durchschnitt bei 1-3%. Aber auch die Besucher, die auf deiner Landing Page mit dem Angebot landen und Deine Lösung kaufen, haben eine eigene Conversion Rate.

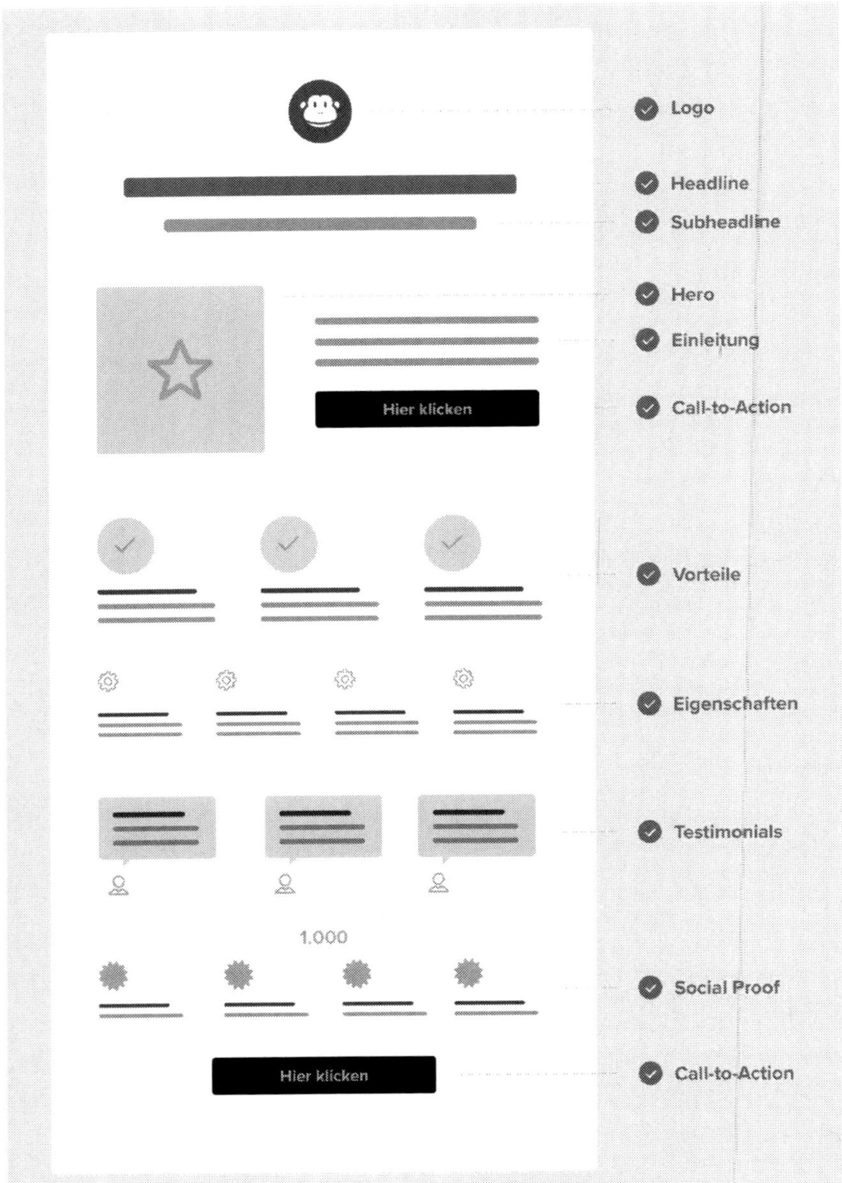

Wichtige Elemente einer Landingpage

Diese Kennzahlen solltest Du wöchentlich tracken, mit anderen vergleichen und schauen, was Du noch optimieren kannst. In der Regel kannst Du immer etwas besser machen.

Nachdem Du endlich deinen Verkauf abgeschlossen hast, solltest Du einen weiteren Schritt gehen. Du solltest deinen Kunden begeistern. Erst danach entfacht Inbound Marketing sein volles Potenzial. Lerne deshalb Dein Publikum mit Umfragen immer besser kennen und mache im Endeffekt immer besseres Marketing.

Fazit

Traditionelles Marketing nervt. Hat es schon immer.

Zum Glück hat sich das Kaufverhalten verändert. Dank des digitalen Wandels ist heute Dein Kunde informierter und vernetzter als je zuvor. Heute hat *er* die Macht. Heute möchte er kaufen, wenn *er* bereit ist.

Deshalb wird das klassische Marketing immer weniger effizient. Du musst also nicht mehr wie ein Marktschreier nerven, sondern dich einfach darauf fokussieren, von Deinem Kunden *gefunden* zu werden.

Pull, nicht Push.

Um überhaupt gefunden zu werden, solltest Du hochwertigen Content erstellen und ihn vermarkten. Danach baust Du langsam eine Beziehung zu Deinem Interessenten auf, begleitest ihn bei seiner Reise und weist ihn abschließend auf Deine Produkte und Dienstleistungen hin.

Ich verstehe, wenn Du sagst, dass das alles aufwendig klingt. Ist es auch. Es ist eine kleine Herausforderung. Auch musst Du etwas Geduld mitbringen - erst ab ca. sechs Monaten wirst Du erste Ergebnisse sehen.

Inbound Marketing ist eben ein Marathon, kein Sprint.

Aber hast Du überhaupt noch eine andere Wahl? Du musst Marketing machen, wenn Du wachsen möchtest. Und dann lieber Inbound anstatt Outbound.

KAPITEL 6:

SO EINFACH KANN KUNDENAKQUISE SEIN

Wie Du Kunden von Dir überzeugst und für Dich gewinnst

Von Andreas Achatz

Es war im Jahr 2007, als ich meine Webdesign-Agentur gründete: Revolutionäre Webseiten, die der Kunde dank einem Content Management System (CMS) selbst verwalten konnte. Doch die Kunden kamen per Zufall.

Als eines Tages gar keine Kunden mehr kamen, brachte mich das ganz schön zum Grübeln. Ich modifizierte meine Website und suchte in Job-Portalen nach neuen Aufträgen. Meldete sich dann ein potenzieller Kunde über diese Job-Portale, sendete ich ihm sogleich mein Angebot zu. Es kam jedoch nichts dabei heraus!

Ich ging auf Seminare und schaute mir diverse Online-Kurse an. All die Online-Kurse über Facebook-Werbung, Landingpage-Aufbau mit auswendigen Funnels und Webinar-Systemen brachten mir im Endeffekt nur einen Einblick in die Materie. Die Zeit und das Geld hätte ich mir sparen können. Keine dieser Methoden funktionierte.

Doch ich gab nicht auf und stolperte über die Website growthhackers.com, die ein Thema behandelte, das ich bis dahin noch nicht kannte: Growth Hacking! Die dort beschriebenen Strategien und Tipps waren einfach und schnell umzusetzen.

Die erste Strategie war ein Blogeintrag der bei Google in den Top 5 mit dem Suchbegriff "Joomla Update" zu finden war. Unter dem Beitrag platzierte ich ein Anfrageformular, für den Fall, dass man das Update nicht selbst durchführen will.

Als zweite Strategie hatte ich eine kleine Landingpage, auf welcher ich kostenlos Webseiten analysierte. Der Besucher musste nur seine URL eingeben und ich meldete mich mit einer Auswertung seiner Webseite.

Im Rahmen der dritten Strategie verlinkte ich in meiner E-Mail-Signatur auf die Webdesign-Analyse. Jeder, der meine E-Mail bekam, sah diese Signatur am Ende der Email.

All diese Strategien funktionierten fabelhaft. Ich war in der Lage regelmäßig neue Kunden zu gewinnen Im Folgenden möchte ich nun meine gesammelten Erfahrungen mit Dir teilen.

Überzeuge potenzielle Kunden und gewinne sie für Dich

Du kannst Kunden vor allem dann von Dir überzeugen, wenn sie Dich als Experten schätzen. Aufgrund dessen werden sie auch bereit sein, höhere Preise zu bezahlen und Dich mit deiner Erfahrung als Fachmann wahrnehmen.

Solange Du für viele Branchen wie Hotels, Zahnärzte, Steuerberater, E-Commerce-Händler und noch viele andere Unternehmen arbeitest, bist Du mit deinen Mitbewerbern vergleichbar. Konzentriere dich auf Deine Positionierung und versuche Dich weiter zu spezialisieren.

Persona + Positionierung = Wunschkunden

Kennst Du das Problem Deiner Zielgruppe? Denn Deine Kunden wollen eine Lösung für ihr Problem und weniger das Produkt, das Du versuchst zu verkaufen.

Deine Kunden buchen Dich, wenn sie wissen, dass Deine Lösung für sie ideal ist. Dein Angebot sollte auf Deinen Kunden die gleiche Wirkung haben, wie eine Tafel Schokolade für Kinder – unwiderstehlich!

Die Vorteile liegen auf der Hand: Du sprichst nur noch gezielt die Kunden an, die Du auch haben willst. Du bist viel effektiver und entwickelst einzigartige Lösungen für diese Zielgruppe.

Wie positionierst Du Dich auf Deinem Gebiet?

Wenn Du weißt, wer Deine potenzielle Zielgruppe ist, dann durchforste im nächsten Schritt das Internet nach ihren Problemen, Lösungen, Besonderheiten und nach allem, was wichtig für Deine Lösung ist. Rezensionen auf Amazon (positiv / negativ) sowie das W-Fragen-Tool und die Google Suche selbst sind optimale Werkzeuge, um tiefer zu graben. Deine Zielgruppe kann eine bestimmte Berufsgruppe sein, Unternehmensformen, Menschen mit bestimmten Eigenschaften, Eigentümer von bestimmten Dingen oder auch eine bestimmte Einkommensgruppe.

Solltest Du Mitbewerber kennen, dann schaue Dich auch bei ihnen um. Was bieten sie an und was kannst Du besser machen?

Wenn Du Bestandskunden hast und sie zu Deiner Zielgruppe zählen, dann sprich sie an. Frage sie, welche Probleme sie haben, welche Lösungen sie bereits umsetzen und was es für sie bedeutet, wenn diese Probleme gelöst sind.

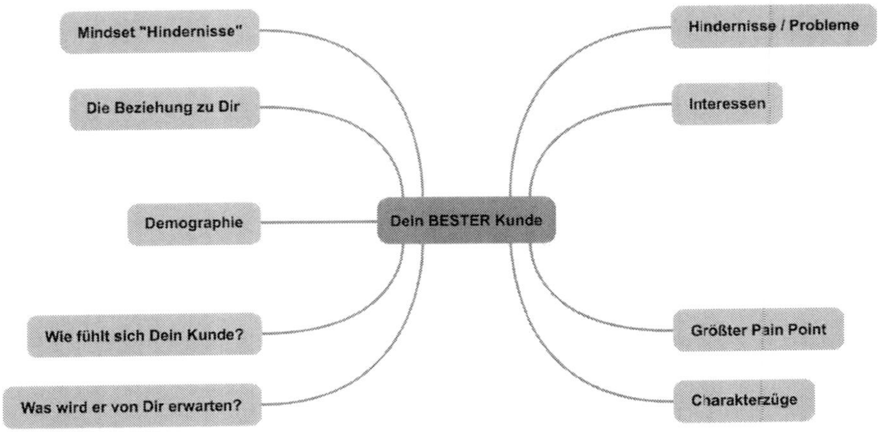

Mindset „Hindernisse“: Welche Hindernisse stehen der Persona im Weg, um das Problem zu lösen?

Die Beziehung zu Dir: Hier listest Du alle Möglichkeiten auf, wie Dein Kunde auf Dich aufmerksam geworden ist. Das kann Deine Facebook-Gruppe sein, Deine Webseite, ein Blog-Beitrag etc.

Demographie: Alter, Geschlecht, Familienstand, Einkommen, Beruf und alle demographischen Daten Deiner Persona.

Wie fühlt sich Dein Kunde: Verwirrt (weil jeder eine andere Lösung hat), verärgert, genervt,...

Was wird er von Dir erwarten: Welche Lösung will er von Dir. Nicht die Lösung, die Du hast, sondern das, was er von Dir erwarten wird.

Probleme: Welches Problem bereitet der Persona schlaflose Nächte? Das ist das Problem, das er unbedingt lösen will.

Interessen: Welche Medien konsumiert Deine Persona? Welche Events besucht er? Welche Produkte kauft er? Sei bitte bei diesem Punkt sehr genau.

Größter Pain Point: Warum muss Deine Persona dieses Problem unbedingt lösen? Was könnte passieren, wenn sie keine Lösung findet?

Charakterzüge: Skeptisch, cholerisch, selbstzweifelnd, sensibel, fröhlich. Es gibt aber natürlich noch viele weitere.

Hast Du nun alle Daten gesammelt und weißt ganz genau, wie die Persona tickt, welche Probleme diese hat und welche Lösungen perfekt für sie wären, dann ist es an der Zeit, Deine Positionierung in Worte zu fassen.

Verbinde Dich emotional mit Deiner Persona, um genau nachvollziehen zu können, wie er sich fühlt, und kenne ihn besser als er es selbst tut.

Mein Tipp: Bist Du Dir noch etwas unsicher, dann positioniere Dich etwas breiter. Es kommt der Tag, an dem Du Deine Positionierung zuspitzt.

Ein Beispiel: Für eine Positionierung, die breiter ist, wären alle lokalen Ladengeschäfte in Innenstädten, die Produkte verkaufen. Zugespitzt könnte diese Positionierung für alle lokalen Antiquitätenhändler in Innenstädten sein.

Die einfache Formel der Positionierung

Ich helfe [ZIELGRUPPE] dabei, [LÖSUNG], sogar/auch wenn sie [PROBLEM/SCHMERZ]

Vielleicht wird Dir die Formel durch das folgende Beispiel klarer: Stell Dir vor, Du musst Dir einen Zahn ziehen lassen und suchst einen Zahnarzt, der Dich behandelt. Du findest in den Suchergebnissen Einträge mit der Positionierung:

„Ich ziehe meinen Patienten schnell den Zahn".

Besser:

*„Ich ziehe meinen Patienten schnell den Zahn,
ohne dass sie Schmerzen verspüren".*

Wo gehst Du nun hin? Du fühlst Dich verstanden und es wird Dir sogar eine schmerzfreie Behandlung versprochen. Die Einstiegshürde ist also sehr gering und geradezu verlockend.

Deine erste Aufgabe ist es also, eine Positionierung zu erarbeiten. Mit Hilfe der Formel

*„Ich helfe [ZIELGRUPPE] dabei, [LÖSUNG], sogar/,
auch wenn sie [PROBLEM/SCHMERZ]".*

Wichtig: Kommuniziere Diese Positionierung unbedingt in Deinen sozialen Profilen, Printmedien sowie überall dort, wo es Dir sinnvoll erscheint.

So machst Du Kunden auf Dich aufmerksam

Statt verkaufen zu müssen, vergleichbar zu sein und sich über jeden kleinen Auftrag zu freuen, gehst Du schlauer vor. Du lässt den Kunden die Entscheidung treffen. Die folgenden drei Strategien beruhen auf meinen Erfahrungen und können auch für Dich funktionieren.

Strategie 1: Per Kaltakquise zum Kundengespräch

Du brauchst die Website der Gelben Seiten, ein Telefon und eine Webseite mit Referenzen oder eine Landingpage. Such Dir gezielt Kontakte aus, die Deiner zuvor erstellten Persona entsprechen. Rufe sie an und biete ihnen einen kostenlosen Service an. Übe vorher mit Freunden, um sicherer und souveräner am Telefon aufzutreten. Mache Dir eine Excel-Liste, mit den Menschen, die Du anrufen willst, und lasse auch Felder frei für Datum, Rückruf, Begründung und Termin.

Mit diesem Telefon-Skript hatte ich von zehn Anrufen in meiner Zielgruppe (lokale Ladengeschäfte) fünf Interessenten und zwei bis drei Angebotsabschlüsse. Im Meeting mit dem Kunden wurde innerhalb von 45–60 Minuten das Angebot angefragt. Diese Strategie ist also für Anfänger bestens geeignet. Passe das Skript bitte auf Deine Bedürfnisse an.

Der Rapport-Aufbau:

Du: *„Guten Tag [NAME]. Mein Name ist [DEIN NAME] von der Firma [FIRMENNAME]. Haben Sie kurz Zeit?"*

Kunde: *„Nein, ich habe keine Zeit. Was wollen Sie?" oder „Ja, worum geht es denn?"*

Du: *„Wir sind eine [DEINE STADT] Firma und zeigen [ZIELGRUPPE], wie sie kostenlos [LÖSUNG]. Wir arbeiten hier mit [BEKANNTE FIRMA/VEREIN] (z.B. Stadtmarketing) zusammen."*

Kunde: *„Okay..."*

Die Frage:

Du: *„Ich habe nur eine kleine Frage an Sie. Wir zeigen allen [ZIELGRUPPE] in [STADT], wie man [LÖSUNG] und [ERGEBNIS] erreicht. Ist das für Sie wichtig?"*

Kunde: *„Ja das ist mir wichtig" oder „Nein das brauche ich nicht".*

Das verlockende Angebot:

Du: *„Wir bieten hier ein persönliches Gespräch in unseren Räumen an, wo wir Ihnen kostenlos und unverbindlich zeigen, wie Sie [LÖSUNG] erreichen. Sie müssen hierfür nichts unterschreiben oder gar bezahlen."*

Kunde: *„Ja gerne! Ich komme. Wann?" oder „Nein, haben wir schon".*

Verabschieden:

Du: *„Super, ich freue mich auf unser Gespräch, [NAME]. Ich sende Ihnen nochmals alles an Ihre [E-MAIL-ADRESSE] zu."*
Ich erkläre Dir, warum genau diese Reihenfolge wichtig ist:

Der Rapport-Aufbau (1) dient dazu, einen Zugang zu finden. Du stellst Dich vor und fragst um Erlaubnis. Du stellst vor, was Du machst und welchen Nutzen das weitere Gespräch für den Gesprächspartner hat. Dein Gegenüber sagt nun in den meisten Fällen „OK“ oder verlangt weitere Informationen.

Die Frage (2) solltest Du mit vollster Überzeugung übermitteln. Wenn Dein Gesprächspartner hier merkt, Du bist Dir unsicher, dann wird er misstrauisch. Er sagt nun „Ja“ oder „Nein“. Bei einem „Nein“ kannst Du nochmal nachhaken, aber in den meisten Fällen ist dieser nicht interessiert.

Bei einem „Ja“ stellst Du ihm sogleich Deine verlockende Angebotsfrage (3). Wenn Du bis hier gekommen bist, wird Dein Ansprechpartner auch mit hoher Wahrscheinlichkeit zu einem Termin bereit sein.

Bei einem „Ja“ geht es weiter. Verabschiede Dich (4) mit einem Termin und sende ihm alles weitere per E-Mail zu.

Wenn Du eine negative und genervte Haltung Deines Gesprächspartners bemerkst, dann erwähne einfach kurz, dass Du erkennst, dass Dir DEIN THEMA nicht für ihn relevant erscheint und Du ihn nicht stören wolltest. Entschuldige Dich höflich, wünsche einen schönen Tag und verabschiede Dich.

Wenn Deine ersten Anrufe nicht funktionieren, gib nicht auf. Nimm es als Ansporn, den ersten Kundentermin zu bekommen. Wenn Du schließlich den Termin bei Dir im Office hast, dann zeige ihm die Lösung zu seinem Problem. Gib Dir Mühe und zeige ihm, dass es sich lohnt, bei Dir Kunde zu werden.

Kleiner Tipp: Frage Deinen neuen Kunden doch mal: *„Warum sollten wir Ihnen ein Angebot machen?“*, nachdem er Dich gefragt hat, ob Du ihm ein Angebot sendest. Das wirkt wahre Wunder!

Strategie 2: In drei Fragen zum Kundentermin

Du benötigst für diese Strategie: Ein Facebook-Profil, welches Deine Expertise widerspiegelt und ein Telefon. Ebenfalls solltest Du Deine Menschen, die Deiner Persona entsprechen, unter Deinen Facebook-Freunden oder als Follower deiner Facebook-Seite haben.

Du schreibst als nächstes einen Facebook-Beitrag und motivierst Deine Zielgruppe zu kommentieren oder mit dem Beitrag zu interagieren. Du schreibst anschließend Deinen Interessenten per Facebook-Messenger an und stellst ihnen drei Fragen.

Diese Methode funktioniert nach einer Marketing-Formel:

Zielgruppe - Problem – Angebot – Lösung - Aktion

Erstelle einen Facebook-Beitrag mit Emojis, der auffällt. Du sprichst zuerst Deine Zielgruppe an mit: *„Hey, Webdesigner"* oder *„Bist Du Webdesigner?"*. Oder, wie in diesem Beispiel, alle, die eine Facebook-Gruppe haben. So ziehst Du die Aufmerksamkeit auf Dich.

Der nächste Schritt ist dann das Problem, das Du kennen musst. Also was ist das dringendste Problem Deiner Zielgruppe, welches Du lösen kannst? *„Keine Kunden"*, *„mehr Reichweite"*, *„keine Mitarbeiter"* usw.

könnten der Knackpunkt sein. Wenn Du nicht weißt, was das Problem ist, dann forsche nach.

Der nächste Schritt ist nun das Angebot inklusive Lösung. In unserem Beispiel ist es *„Willst Du wissen, wie Du Kunden-Anfragen gewinnst?"*. Welche Lösung ist für Deine Zielgruppe unwiderstehlich? Also los – wieder die Zielgruppe fragen und die drei Antworten herausfinden.

Und dann schreibe, was er tun soll. Das ist enorm wichtig. Wenn Du nicht schreibst, welche Aktion man ausführen muss, bekommst Du sehr viel weniger Anfragen. Schreibe also am besten in Blockbuchstaben „KOMMENTIERE!".

Hast Du jetzt Deinen Beitrag veröffentlicht, wartest Du ab. Falls sich nichts tut, versuche es am nächsten Tag noch einmal. Eine weitere Voraussetzung dazu sind natürlich die richtigen Menschen in Deiner Gruppe, Deinem Profil oder Deiner Seite.

Wenn sich jemand bei Dir meldet, dann like den Kommentar und antworte sofort. Meistens kommt so etwas wie *„Will ich wissen"*, *„Infos bitte"* oder ein einfaches *„ja"*. Wie bereits gesagt, antworte gleich darauf und schreibe, dass Du Dich bei ihm gleich mit einer Lösung meldest. Das macht weitere Facebook-Benutzer, die den Kommentar lesen, sofort neugierig. Schreibe nun Deinen Interessenten per Facebook-Chat an. Stelle ihm einfach die Segmentierungs-, Ziel- und Terminfrage.

Da wir jetzt Interesse aufgebaut haben, ist es nun ganz einfach, einen Termin zu bekommen. Der Interessent möchte die Lösung erfahren. Zuerst musst Du Deinen Interessenten höflich begrüßen.

Die Segmentierungsfrage wird gestellt, um zu wissen, ob derjenige auch in Deiner Zielgruppe ist. Du willst sicherstellen, dass Du dem Menschen auch wirklich helfen kannst. Also frag einfach nach: *„Hast Du eine Facebook-Gruppe?"* oder *„Bist Du Steuerberater?"*. Wenn dann die Antwort *„Ja"* lautet, kannst Du ihm weiterhelfen.

Die Zielfrage stellst Du ganz einfach: *„Hast Du Problem X?“* oder *„Was ist aktuell Dein größtes Problem und wie lange besteht dieses schon?* Nachdem er geantwortet und erzählt hatte, welches Probleme er hat und wie lange dieses bereits besteht, gehst Du weiter und fragst ihn, ob er denn das Problem lösen will.

Dann fragst Du ihn nach einem Termin: *„Super, dann sollten wir am besten miteinander telefonieren, um Problem X zu lösen. Wann passt es Dir besser (zwei Termine nennen)?“* Das war die ganze Strategie, um einen Termin bei einem potenziellen Kunden zu gewinnen.

Strategie 3: So kann Dir eine Facebook-Gruppe bei der Kundenakquise helfen

Du brauchst eine Facebook-Gruppe. Optional: Ein Telefon sowie Deine Webseite oder eine Landingpage. Die dritte Strategie basiert auf der zweiten Strategie. In Strategie #2 hast Du erfahren, wie Du leichter Kundentermine vereinbaren kannst. Nutze dieses Wissen einfach, um Menschen in Deine Gruppe zu leiten.

Hier lädst Du Deine Zielgruppe ein, um Deine Gruppe zu füllen. Wenn Deine Zielgruppe beigetreten ist, hast Du eine geschlossene Umgebung. Das Beste daran ist, dass sie Dir bereits voraus sagen, welches Problem Du lösen sollst.

Erstelle eine geschlossene Facebook-Gruppe und stelle die folgenden drei Fragen:

- Die erste Frage ist immer die Segmentierungsfrage. Danach weißt Du immer, ob die Anfrage überhaupt relevant ist. *„Bist Du [Zielgruppe]?“* sollte Deine erste gestellte Frage sein.
- Die zweite Frage ist die Problemfrage. Du kannst also mit *„Was ist Dein größtes Problem?“* erfahren, warum Dein neues Mitglied überhaupt in Deine Gruppe will.

- Stelle die dritte Frage: *„Was ist Dein Ziel in den nächsten 90 Tagen?"* und Du weißt genau, was er vorhat.

Im weiteren Verlauf gehst Du wie bei Strategie 2 vor.

Setze Dir Ziele für Deine Kundenakquise

Das sind die wertvollsten Infos, die Du bekommen kannst, um einen Termin zu bekommen. Wie geht es jetzt weiter? Was sind Deine nächsten Schritte, um Deine Ziele zu erreichen?

Mache Dir am besten einen Plan. Setze Dir ein großes Ziel und fokussiere Dich darauf. Was willst Du in drei Monaten erreicht haben? Ein Ziel wäre z.B. 20 Kunden zu gewinnen mit je einem Auftrag von 5.000 €.

Du brichst dieses große 3-Monatsziel auf einzelne Monate sowie Wochen herunter und planst alles täglich durch:

- Was musst Du heute machen, damit Du das Wochenziel erreichst?
- Was musst Du in der einzelnen Woche schaffen, um das Monatsziel zu erreichen?
- Was musst Du monatlich schaffen, um das 3-Monatsziel zu erreichen?

Denk daran: *„Ein Ziel ist ein Plan mit Datum"*.

KAPITEL 7:

KUNDEN GEWINNEN MIT INSTAGRAM

Dank Beziehungs-Marketing und lebendigen Kanälen

Von Dennis Tröger

Viele Unternehmen würden gerne die sozialen Medien zur Kundenakquise (und Mitarbeitergewinnung nutzen). Leider herrschen gegenüber diesen Kanäle massive Vorurteile in Deutschland. Diese Vorurteile führen zu geringen Budgets, schlechter Planung und damit zu schlechten Ergebnissen - eine selbsterfüllende Prophezeiung. Mir ging es ähnlich: Noch Anfang 2018 wollte ich Instagram löschen. Doch danke eines Anrufs aus der Schweiz durfte ich erkennen, was mein Fehler war. Meine Aktivitäten haben mich zum Autor eines eigenen Buches im C.H. Beck-Verlag gemacht.

Mein Wissen des letzten Jahres teile ich jetzt in Workshops und Artikeln wie diesen. Mein Artikel bezieht sich auf Instagram, doch das Know-How dahinter ist universell. Wie viel kostet Dich ein schlechter Social Media Kanal? Mehr als Du denkst, also lass uns das verhindern!

Heute lösche ich Instagram

"Heute lösche ich Instagram!", waren meine Worte an meinen Mitbewohner in der Bürogemeinschaft, "Das klappt sowieso nicht für mich!". An diesem Punkt stand ich Februar 2018. Ich hatte viel Zeit und auch Geld in Social Media investiert. Nichts schien zu helfen. Miese Interaktionsraten und keine Aufträge - wie sollte ich das noch länger rechtfertigen?

Heute? Bin ich begeisterter Social-Media- und Instagram-Enthusiast, sogar ein Verlag kam auf mich zu; eine absolute Seltenheit, wie mir viele Autoren heute berichten.

Was war in der Zwischenzeit passiert?

Instagram - Nur Katzenvideos und Foodporn?

Was Foodporn ist? Nun, Essen, das auf so geschmackvolle Art und Weise fotografiert ist, dass einen sofort Appetit überkommt. Instagram ist voll davon. Es gibt auch Katzen mit eigenen Profilen, wie @wilfredwarrior, die vermutlich zu den hässlichsten Katzen der Welt gehört und damit 1 Millionen Menschen erreichen kann.

Ja, auf den ersten Blick wirkt die Instagram-Welt bizarr: oberflächlich, schnelllebig und damit irgendwie genau so, wie wir Deutschen es so gar nicht mögen. In Deutschland bestehen an vielen Stellen massive Vorurteile gegen Social Media: Kostet nur. Nur eine Spielerei. Bringt nix.

Gleichzeitig herrscht die typische deutsche Bipolarität: Man traut Social Media zu, die Präsidentenwahl zu manipulieren und Gelbwesten zu mobilisieren, aber die Effekte für das eigene Unternehmen nutzen? - "Das ist nix für uns!".

Die Folge dieser Vorurteile: **Keine Budgets. Keine Strategie.**

Am Ende wird das Projekt Social Media einer Werbeagentur gegeben. Die macht es dann seelenlos, weil sie das Unternehmen nie so gut kennen wird wie die eigenen Mitarbeiter oder am besten der Chef. Die Folge? Keine Ergebnisse. Miese Laune. Vorurteil bestätigt.

Der Anruf aus der Schweiz

Was mich zum Umdenken bewegt hat, war ein Anruf aus der Schweiz. Anfang 2017 war ich stark im Messenger Marketing positioniert und habe diverse "How-to"-Videos auf YouTube veröffentlicht.

Anders als bei Instagram stiegen dort meine Follower-Zahlen und Zugriffe. Mich rief also ein Schweizer an und sagte mir in seinem netten Dialekt: "Dennis, ich verfolge Dich seit einem Jahr; Du bringst Inhalte, die mir wirklich weiterhelfen!"

Wir telefonierten noch eine Weile und er erzählte mir sogar, dass er mit meinem Wissen aus dem Video bereits Geld verdient hat. Er hatte mit dem Wissen aus meinem Kanal einem Kunden einen sogenannten Chatbot verkauft. Klar, so etwas bindet.

"Inhalte, die ihm wirklich weiterhelfen", wiederholte ich im Kopf. Ein Blick in mein Instagram- (und Facebook-) Profil im Abgleich mit dem youtube-Chanel gaben mir Aufschluss: Im Gegensatz zu youtube stellte ich mich selbst in den Vordergrund und nicht die Interessen meine Follower.

An diesem Tag änderte ich meine Strategie: Ich teilte auf auch Instagram und Facebook Tipps, gab mein Wissen zum digitalen Marketing preis und erzählte über Hindernisse im Alltag und wie andere sie überwinden können.

Geben. Geben. Geben.

"Ein gutes Social Media Profil ist wie ein guter Song: Ich hab' das Gefühl, es geht um mich."

Ich will ehrlich sein: Manchmal möchte ich das Smartphone mit voller Wucht an die Wand werfen und Instagram noch immer löschen. Auf Instagram wird viel gefaked: Follower und Likes gekauft, falsche Tatsachen dargestellt und irgendwie scheint das Triviale gegen das Sinnvolle oft zu gewinnen.

Wie deprimierend es doch manchmal ist, wenn ich einen (meiner Meinung nach), top Post veröffentliche und die Reaktionen sind nicht so hoch, wie ich erhofft habe...

Ein Blick nach links "Wieso bekommt dieser nichtssagende Post viel mehr Likes?" – eine dumme Frage, denn es geht nicht um Masse, trotzdem treibt sie mich um.

Social Media ist ein Marathon, kein Sprint.

Diese Ruhe zu bewahren, der Mission zu folgen und am Ball zu bleiben – daran scheitern die meisten. Viele Unternehmen werden an dieser Mauer nie vorbeikommen.

Manchmal ist Instagram ein wenig wie Auto-Therapie. Ich nehme mein Handy und spreche meine Gedanken rein – ganz ohne Hintergedanken. Wenn ich schlecht geschlafen habe, ein Projekt schlechter läuft als erwartet oder ich mich einfach freue.

Das kommt an. Menschen wollen Menschen sehen.

„Ist das nicht trivial und langweilig?" – Ja, irgendwie schon. So wie die vielen Liebeslieder: Sie alle singen über die Höhen und Tiefen der Liebe. Solche Songs kommen an, weil sie dem Zuhörer vermitteln „Ich verstehe, wie Du Dich fühlst".

Menschen wollen Menschen folgen, keinen Produkten.

Was ist der Zweck deines Instagram-Kanals?

Bevor Du auf Instagram Erfolge feiern kannst, muss Dir klar werden, welche Ziele Du damit verfolgst. Am Ende möchtest Du mit dem Kanal ja ein unternehmerisches Ziel erreichen.

- Möchtest Du dich als Experte positionieren?
- Willst Du Kunden gewinnen und direkt verkaufen?
- Willst Du als Influencer Geld durch Werbepostings verdienen?

Diese Frage solltest Du Dir zu Beginn stellen, denn daraus leitet sich ab, welche Inhalte Du liefern wirst. Auch eine Mischung der Ziele ist denkbar. Entscheidend ist nur, dass Du es vorher für dich festlegst.

Denn ohne zu wissen, warum Du den Kanal betreibst, ist es unmöglich, den nächsten Schritt zu gehen.

Mit Instagram Kunden gewinnen

Was kannst Du jetzt konkret tun, um mehr Menschen zu erreiche und Kunden zu gewinnen? Hier eine einfache Anleitung:

1. Finde heraus, was die größten Schwierigkeiten Deiner potentiellen Zielgruppe sind. Was beschäftigt sie im Alltag?
2. Erstelle Inhalte, die diese Probleme aufgreifen und biete Lösungen. Das müssen nicht immer die eigenen Produkte sein.
3. Interagiere mit den Followern und erhalte so einen Einblick in die Psyche Deiner Käufer. Die beste Markforschung, die Du kriegen kannst.

Ganz knapp zusammengefasst kann man sagen: In Deiner Social Media Geschichte sollte Dein Kunde der Held sein – nicht Dein Unternehmen.

Eines noch: Ich werde oft gefragt, wie viele Follower man braucht. Die Antwort: „Kommt drauf an!". Entscheidend ist nur: Kein Unternehmen braucht 10.000 Follower, von denen 9.990 nur Karteileichen sind.

Die Customer Journey in Social Media

Viele Unternehmen versuchen über Social Media direkt ihre Produkte an ihre Kunden zu verkaufen und damit sich selbst als Held der Geschichte dazustellen. Stattdessen täten sie jedoch gut daran, sich im Social Media auf die Bedürfnisse ihrer Kunden zu fokussieren. So können sie die Customer Journey selbst in die Hand nehmen und beeinflussen.

Eine Customer Journey bezeichnet den Weg eines Kunden: vom ersten Kennenlernen des Produkts bzw. Unternehmens über den Kauf bis zur Nachbetreuung und vielleicht weiteren Kauf.

Instagram und andere Social Media-Kanäle ermöglichen es Dir, noch vor der eigentlichen Kaufabsicht eine Beziehung zum Kunden aufzubauen.

Nehmen wir an, Du verkaufst eine Steuersoftware für mittelständische Unternehmen. Dein Instagram-Kanal könnte jetzt auf diese Zielgruppe abzielen oder aber, was viel smarter wäre, auf Selbstständige und Kleinunternehmen – davon gibt es nämlich viel mehr.

Deine Postings drehen sich jetzt um Probleme, die Selbstständige und Kleinunternehmen haben. Vielleicht denkst Du jetzt „Aber die sind doch gar nicht meine Zielgruppe?“ – das ist richtig! Doch Du baust Vertrauen zu diesen Unternehmen auf und das kann mehrere Vorteile haben:

- Unternehmer kennen Unternehmer und werden Dich weiterempfehlen.
- Deine Marke wird im Markt bei viel mehr Menschen präsent sein.
- Wenn eines der Unternehmen wächst, dann wird Deine Steuersoftware bereits präsent sein. Das ist ein Wettbewerbsvorteil gegenüber der Konkurrenz.

In diesem Fall sorgst Du für eine erhöhte Sichtbarkeit Deiner Marke. Dabei handelt es sich natürlich um eine langfristige Strategie, doch die zahlt sich aus. In dieser Pre-Sales-Phase ist es wichtig, dass Du relevanten

Content für Deine Follower lieferst. Ich gebe Dir jetzt ein paar Tipps an die Hand, wie Dir das gelingen kann.

Was soll ich überhaupt posten? Erst einmal aufräumen

Ok, die Entscheidung, Instagram als Kanal ernst zu nehmen, war gefallen. Ich blickte auf meinen Instagram-Feed und bemerkte, dass es einige ansprechende Bilder, ein paar Zitate und ein paar Fotos über mein Essen gab. Zwischendrin fanden sich auch 24 Bilder mit dem Inhalt meines Adventskalenders 2016.

Kurzum: Mein Instagram-Kanal war eine Katastrophe.

Ich stellte mir an der Stelle die Frage: „Würde ich mir folgen?". Eine rhetorische Frage, wie ich schnell konstatierte. Der erste Schritt war also erst einmal, alle Bilder zu löschen, um einen neuen Start anzugehen.

Denn alle meine Follower aufgeben wollte ich nicht – auch, wenn das später und heute noch zu Schwierigkeiten führt; dazu aber später mehr.

Das große Löschen begann. Bereits an dem Punkt fiel mir auf, dass meine Inhalte oberflächlich, nichtssagend und unstrukturiert, aber manchmal optisch schön anzusehen waren. Egal, weg damit!

Eine Tasse Kaffee, zwei Folgen Bojack Horseman auf Netflix und 821 Bilder später war es dann soweit. Mein Profil befand sich geradezu in einem jungfräulichen Zustand wieder. Jetzt waren 1.200 Follower und 20 Bilder übrig.

Ich habe 450 Follower gelöscht

1.200 Follower – ja, das sah zunächst nach einer guten Basis aus. Fakt ist aber, das sich in den sieben Jahren meiner Mitgliedschaft diverse Runden #Follow4Follow und #like4like mitgemacht hatte.

Ohne auf die Details einzugehen: Diese 1.200 Follower waren zu ca. 40% Karteileichen und somit eigentlich nichts wert.

Einen weiteren Kaffee, zwei weitere Folgen Bojack Horsemann und ca. 450 Kontakte später war es dann soweit: Ich hatte meinen Kanal von allen offensichtlich Fake-Followern befreit.

Jetzt fragst Du Dich vielleicht: Wieso machst Du Dir die Mühe?

Nun, der Instagram-Algorithmus wertet Beiträge nach Relevanz. Die Relevanz berechnet sich aus vielen Faktoren – kurzgefasst: Wenn sich von Deinen Followern viele Deine Bilder ansehen, dann gilt es als relevanter (ja, es ist komplexer).

Je mehr irrelevante Follower Du hast, desto wahrscheinlicher ist es, dass relevante Follower Deinen Content nicht sehen.

Das Ergebnis: Wenig Likes, wenig Kommentare und damit noch weniger Relevanz. Zwei Monate später nahm mir Instagram übrigens noch ein wenig meiner Arbeit ab und löschte mir 300 Follower über Nacht. Vermutlich Teil eines Spam-Netzwerkers – wer weiß. Mit echten Followern passiert so etwas nicht.

Für wen mache ich das eigentlich? Was wollen meine Follower?

Aufgeräumt, check. Jetzt war es an der Zeit, Inhalte zu erstellen, die für meine Follower relevant sein könnten. Für relevanten Content ist es wichtig zu wissen, wo die Aufmerksamkeit Deiner Follower liegt. Doch wo sollte ich anfangen?

Dafür brauchte ich erst einmal ein paar Anhaltspunkte, was meine Follower interessieren könnte. Um erste Ideen zu sammeln, nutze ich einen alten Trick: Amazon als Inspirationsquelle.

Wenn Du jemals Ideen für ein Buch oder einen Blogbeitrag brauchst, dann ist Amazon eine riesen Hilfe. Das Ganze läuft so ab:

1. Rufe Amazon auf.
2. Suche nach für Deine Zielgruppe relevanten Suchbegriffen.
3. Notiere Dir alle Buchtitel und klicke in die Bücher hinein.
4. Lies Dir die Kommentare aufmerksam durch. Dort findest Du meistens Hinweise, was den Lesern gefehlt hat.
5. Mach Dir eine Liste interessanter Bücher und Content-Ideen.

Du solltest jetzt einen guten Einblick in die Psyche Deiner Kunden erhalten haben. Die beste Idee ist es jetzt, diese Content-Ideen auf einem großen Blatt Papier, einer Tabelle oder in einer sogenannten Mindmap zu sortieren. Damit erhältst Du einen ersten Überblick darüber, welche Themenbereiche besonders interessant sind.

Persönlich, aber nicht privat

Also spreche ich über dieses Problem, das viele in der Selbstständigkeit irgendwie plagt. Ich versuche, persönliche, aber keine privaten Details anzusprechen. Damit erreicht man viele, denn jeder kann etwas dazu sagen.

Ich selbst kenne diese Diskussion aus meinem eigenen Leben und ich bemerke, dass nur wenig offen darüber gesprochen wird. Indem ich das Thema anspreche, biete ich in meinem Kanal eine Plattform dafür. Du musst nicht so emotionalen Content liefern, mir liegt es halt.

Manche sind gut darin, Informationen auf unterhaltsame Weise rüberzubringen. Mir selbst gelingt es noch nicht so recht, meine lockere Art auf Instagram zu präsentieren. Es braucht Zeit, sich vor hunderten Menschen natürlich zu bewegen und zu präsentieren.

Die verschiedenen Kanal-Typen

Auf Instagram gibt es unzählige Strategien, um einen Kanal zu betreiben – auch Mischformen. Ich liste Dir hier mal einige auf:

- **Transformation**: Ein solcher Kanal inspiriert und teilt Wissen, um den Follower bei konkreten Problemen zu helfen. Diese Kanäle befriedigen das Bedürfnis, dass wir uns als Menschen weiterentwickeln möchten.
- **Unterhaltung**: Diese Kanäle befriedigen unseren Wunsch nach Unterhaltung – Witze, Katzenvideos, Tanzvideos – eben alles, was uns Menschen Kurzweile verschafft. Diese Kanäle haben oft sehr viele Follower, da sie einfach zu konsumieren sind.
- **Kunst**: Dazu gehören Kanäle mit Fotos, Bildern, Musik – was Kunst eben ausmacht.
- **Reisen**: Diese Kanäle befriedigen unser Fernweh und zeigen uns entlegene Orte.
- **Sport**: Definitiv ein Thema, das auf Instagram sehr weit verbreitet ist.
- **Persönliche Blogs**: Es gibt Menschen, die mit ihrer offenen Sicht auf die Welt andere begeistern. Diesen Menschen wird gefolgt, weil sie mutig ihren Alltag teilen oder aufgrund ihrer Einstellung hohe Resonanz erzeugen.

Für viele Unternehmen empfehle ich den Typ Transformation. Oftmals, weil es am einfachsten zur Unternehmensphilosophie passt. Einzelunternehmer können das Ganze auch mit einem persönlichen Blog kombinieren. Viele Business Coaches und Berater gehen so vor – mich eingeschlossen.

Transformation ist deshalb ein Thema, weil es unseren Überlebenswillen anspricht. Überleben gelingt uns dann, wenn wir uns anpassen. Überleben heißt in diesem Kontext glücklich, gesund, stark und sicher zu sein.

Hier eine kleine Auswahl, wobei Deine Produkte dem Menschen bei seinem „modernen Überleben“ helfen können:

- Ressourcen wie Geld und Zeit zu sparen.

- Teil eines Netzwerks zu werden.
- Einen bestimmten Status zu erlangen.
- Ressourcen anzuhäufen.
- Einen Sinn in unserem Handeln zu erkennen.
- Den Wunsch erfüllen, etwas Gutes zu tun.

Sobald Du weißt, welches Bedürfnis Du befriedigst, kannst Du deinen Content danach ausrichten. Dann trägt nicht nur Dein Produkt zur Bedürfnisbefriedigung bei, sondern auch Dein Social Media-Kanal.

Die meisten Instagram-Kanäle sind schlecht. Der Grund dafür liegt wie schon beschrieben daran, dass dort Unternehmen und Menschen versuchen, sich selbst darzustellen. Was dabei aus den Augen verloren wird, ist der, der den Content konsumieren soll: der Nutzer.

Eine lebendige Community auf Instagram bedeutet mehr Interaktionen und tiefere Einblicke in die Psyche Deiner Follower. Das ist ein gewaltiger Wettbewerbsvorteil für Dich und kann Dir bei der Entwicklung neuer Produkte helfen.

Der Weg zu einer lebendigen Community geht über eine Keimzelle

Community-Building, skalierbares Beziehungsmanagement... wie auch immer man das Kind nennt: Am Ende geht es um Menschen. Wie alles im Leben, braucht man einen guten Start für eine lebendige Community auf Instagram.

Ohne Community keine Interaktionen.
Ohne Interaktionen keine Relevanz.
Ohne Relevanz keine neuen Follower.

Tja, da hätten wir es, das Henne-Ei-Problem. Was tun, wenn Du noch gar keine Follower hast, wie willst Du dann Interaktionen erzeugen?

Im Studium – ich bin von Hause aus Molekularbiologe – haben wir regelmäßig Bakterienkolonien auf Agar-Plattenangesiedelt. Diese Agar-Platten, das was Du in Petrischalen in Filmen immer siehst, enthalten ein Nährmedium, worauf die Bakterien wachsen können.

Man setzt die Bakterien darauf ab, man nennt das „Animpfen", und sieht ihnen dann bei der passenden Temperatur beim Wachsen förmlich zu.

Tja, die Krux ist nur: Das Nährmedium muss zum Bakterium passen. Tut es das nicht, sterben die Bakterien und der Versuch ist nichts gewonnen.

Die Beziehung zwischen Instagram-Kanal und Followern ist verblüffend ähnlich: Du musst wissen, für wen Dein Kanal gemacht ist, damit er für Deine Follower interessant ist.

Um die Ecke denken

Deine Petrischale ist Dein Instagram-Feed und Deine Story. Damit Deine Follower bei Dir „wachsen", musst Du die Petrischale mit dem richtigen Nährmedium ausstatten.Ich hatte vor kurzem ein Gespräch mit einem Kunden; er hilft Online-Shops dabei, mehr Umsatz durch Facebook-Werbeanzeigen zu machen – und das sehr erfolgreich.

Er erzählte mir, dass er gerne bei Instagram anfangen will, aber keinen Plan hätte, was er dort posten soll. Ich erklärte ihm, dass er zwei Möglichkeiten hat:

1. Er postet nur für Shop-Besitzer.
2. Er postet für Shop-Besitzer UND Menschen, die einen Shop haben wollen.

Nur Shop-Besitzer anzusprechen könnte für ihn funktionieren. Doch damit wird er nur einen Bruchteil der möglichen Follower erreichen. Die zweite Option ermöglicht es ihm, für jeden interessant zu sein, der über einen Online-Shop nachdenkt.

Du musst nicht immer versuchen, Deine Zielgruppe direkt zu erreichen. Du kannst auch mal über Bande spielen. Löse Dich ein bisschen davon, dass Du nur für den perfekten Zielkunden Instagram betreibst.

Manchmal kann es so viel leichter sein. Vielleicht kannst Du die Zielgruppen aber nicht so leicht mischen? Studenten und Führungskräfte beispielsweise? Wenn Du Dich fragst, wie Du Deine perfekte Zielgruppe auf Instagram findest, dann lies jetzt weiter. Denn die Sanduhr-Strategie wird Dir dabei helfen.

Deine Zielgruppe auf Instagram finden – Die Sanduhr-Strategie

Wie findest Du die passenden Follower für Dich? Das ist eine der Fragen, die mir am häufigsten gestellt wird. Das Stichwort lautet Positionierung – Wer bist Du und für wen sind Deine Produkte hilfreich?

Eine gute Positionierung entscheidet über Deinen Erfolg auf Instagram. Deshalb stelle ich Dir heute die Sanduhr-Strategie vor: Mit dieser wird es Dir gelingen, die Menschen zu finden, die am besten zu Dir passen. In Zukunft wirst Du Dir über Positionierung keinen Kopf mehr machen müssen. Stattdessen wirst Du die Menschen magisch anziehen, zu denen Du am besten passt.

Das Tolle an der Strategie ist: Du musst Dir nicht erst in ewiglangen Strategie-Sessions den Kopf zermartern, sondern kannst heute direkt loslegen!

Deine perfekte Zielgruppe

Eigentlich geht es um Bedürfnisse. Also um Bedarfsgruppen.

Wenn Du die Bedürfnisse Deiner Zielgruppe kennst und die „Insta-Petrischale" darauf vorbereitest, dann siedeln sich die richtigen Follower an.

Vor kurzem wurde ich von Rene auf einem Event gefragt: „Dennis, wie kann ich meine Zielgruppe finden?“ Rene ist für die Kaltakquise zuständig – wofür ich tiefsten Respekt hege! Denn Kaltakquise ist wirklich eine Kunst, dafür wäre ich nicht geeignet. Jetzt ist Rene an dem Punkt, dass er sich Selbstständig machen will. Sein Ziel ist es, Menschen zu helfen, die Angst vor Menschen zu überwinden. Das traue ich ihm sofort zu, denn bei der Kaltakquise darf man keine Angst vor Menschen haben.

Als wir sprachen, war er sich unsicher, wie er die richtige Zielgruppe finden soll:

- Schüler, die Angst haben, vor der Klasse zu sprechen?
- Arbeitnehmer, die Angst haben, eine Gehaltsverhandlung zu führen?
- Singles, die Angst haben, das andere Geschlecht anzusprechen?

Was würdest Du sagen: Welche Zielgruppe ist die beste? So etwas lässt sich vorher nur schwer festlegen – deshalb testen wir es!

Ich empfahl Rene also, zunächst nacheinander Inhalte für jede Zielgruppe zu machen. Mal Schüler, mal die Eltern, mal Arbeitnehmer und mal Singles. Mit der Zeit würde er sehen, welche Inhalte am besten ankommen und vor allem bei wem.

Im zweiten Schritt würde er sich dann auf diese eine Zielgruppe spezialisieren. Z.B. Singles und in dieser „Szene“ so richtig bekannt werden. Mit der Zeit würde er die Probleme dieser Zielgruppe perfekt kennen und damit in Zukunft noch besseren Content liefern können. Noch besser Content bedeutet noch glücklicherer Follower!

Nachdem er den Markt für Singles durchdrungen hat, beginnt Phase 3: Er wird wieder breiter und stellt sich insgesamt als Experte für Selbstsicherheit dar. Dann wird er von Events gebucht, in Firmen und an Schulen eingeladen und gibt Workshops für Singles, um neue Partner zu finden.

Die Sanduhr-Strategie nimmt den langwierigen Teil der theoretischen Positionierung heraus und gibt Dir ein praktisches Mittel in die Hand.

Das Animpfen der Community

Ich habe Dir jetzt erklärt, wie Du die Petrischale vorbereitest. Im nächsten Artikel erfährst Du eine zu 100 % funktionierende Methode, wie Du Deine Community zum Wachsen bringst – die ersten "Bakterien" ansiedelst, obwohl Dich noch niemand kennt.

Ich verspreche Dir: Eine lebendige Community wird Dein Leben verändern – und Dein Business. Denn sie wird Dich empfehlen, Dir vertrauen, Dich um Rat bitten und bei Dir kaufen. Die Welt verändert sich für uns Unternehmer, wenn wir 100 oder 1.000 echte und loyale Kunden (Follower) haben.

Postings mit Emotionen und mit Prägnanz

Ein guter Post auf Instagram hat zwei Eigenschaften:

1. Er ist emotional.
2. Er ist wie Popcorn.

Vielen Unternehmen fällt es leicht, sachliche Postings zu machen oder solche, die absolut weichgespült sind. Oftmals ist es die Angst vor einem Shitstorm, die dazu antreibt. Außerdem sind sie von Pressemitteilungen gewohnt, sachlich zu schreiben.

Doch eine zu sachliche Sprache verhindert den Erfolg auf Instagram.

Mit Emotionen meine ich nicht nur, dass über Emotionen gesprochen wird, sondern ein guter Post sollte Emotionen in mir auslösen. Vielleicht bringt er mich zum Lachen, macht mich nachdenklich oder sogar wütend?

In den sozialen Medien müssen Deine Nutzer die Möglichkeit haben, die Informationen einfach und schnell zu verarbeiten –Popcorn eben. Die meisten nutzen Instagram und Co. als Ablenkung oder als kurze Inspiration. Auf der Toilette, an der Haltestelle oder fünf Minuten im Büro: Social Media ist (meistens) zur Unterhaltung da.

Deswegen müssen Deine Inhalte kurzweilig sein. Wenn Du jetzt glaubst, dass Dein Thema zu komplex ist: Brich es eben runter.

Du magst Dir vielleicht mehr Tiefe wünschen. Aber Deine Wünsche sind auf Instagram zweitrangig. Finde heraus, mit welchen Inhalten Deine Follower am meisten interagieren.

Content ist King. Interaktion ist Queen.

Vereinfacht gesagt, belohnt der Instagram-Algorithmus diejenigen Inhalte, die gut bei den Nutzern ankommen. Das macht auch Sinn: Jede Sekunde, die Milliarden Menschen mehr auf der Plattform verbringen, sind pures Geld für Mark Zuckerberg.

Deshalb ist es so wichtig, dass Du relevante Inhalte mit emotionalen Komponenten erstellst. Denn das sorgt für Interaktionen – also Likes, Shares und Kommentare. Diese Interaktionen machen den Kanal auch erst lebendig.

Es ist wichtig, dass Du auf möglichst alle Kommentare deiner Community reagierst. ommentare sind eine große Wertschätzung deiner Follower gegenüber deinen Inhalten und ein Beweis dafür, dass Du Deine Leser berührt hast.

Meine Follower schreiben teils mehrere Zeilen lange Kommentare zu meinen Beiträgen. Das regt zu Diskussionen an und wird vom Algorithmus noch mehr belohnt.

Vertrauen als Grundlage für den Verkauf

Deshalb ist es wichtig, dass Dein Hauptziel Mehrwert und Interaktionen sind. Teile Dein Wissen und Deine Erfahrungen nach dem Prinzip „Geben.

Geben. Geben". Durch Dein Know-How profitieren Deine Follower. Das schafft Vertrauen.Das Vertrauen deiner Follower ist langfristig das, was Deine Follower zu Kunden oder sogenannten Markenbotschaftern macht. Das sind Menschen, die sich aktiv und freiwillig für Deine Marken einsetzen und sie empfehlen.

Viele Unternehmen möchten möglichst schnell auf Instagram verkaufen. Doch auf dem Weg vom ersten Kennenlernen über den Verkauf zur Nachbetreuung spielt der Verkauf eben nur eine Rolle von vielen. Soziale Medien ermöglichen es Dir, eine Beziehung zu deinen Wunschkunden aufzubauen, noch bevor dieser weiß, dass er Dein Produkt braucht.

Dieser Vertrauensvorschuss ist es am Ende auch, der Dein Vorteil gegenüber der Konkurrenz ist.

Wettbewerbsvorteile durch eine starke Community

Eine lebendige Community kann für Dein Unternehmen ein unschätzbarer Vorteil sein. Denn durch den engen Austausch mit deiner Community wirst Du gegenüber der Konkurrenz immer einen Schritt voraus ein.

Der Austausch und der tiefe Einblick in den Alltag deiner Follower wird es Dir ermöglichen, noch bessere Produkte zu gestalten, Upsales zu konzipieren und von Empfehlungen durch Deine Follower zu profitieren.

Fazit: Es geht nicht um dich

Egal, welches Ziel Du auf Instagram verfolgst: Entscheidend ist, dass an höchster Stelle Deine Follower stehen. Die Inhalte müssen für Deine Zielgruppe relevant sein und ihrer Lebensrealität entsprechen. Erst das führt zu Interaktionen und damit zu einer lebendigen Community, die dich langfristig deinen unternehmerischen Zielen näherbringt.

Du willst mit Instagram so richtig durchstarten?

Dann tritt meinem kostenlosen Instagram Crashkurs 2019 bei. In 7 x 7 Minuten Videos erhältst Du kurz, knapp und kompakt einen Überblick über das aufstrebende Medium. Jetzt ist die Chance, dieses Medium für Dein Unternehmen gewinnbringend zu nutzen. Solltest Du damals die Chance auf Facebook verpasst haben, ist jetzt der richtige Moment:

https://dennistroeger.com/crashkurs

KAPITEL 8:

DAS GEHEIMNIS ERFOLGREICHER SALES FUNNELS

Wie Du automatisiert Leads generierst und Deine Umsatzziele erreichst

Von Björn Tantau

Alle sprechen von Sales Funnels, aber nur wenige setzen dieses mächtige Instrument auch wirklich sinnvoll ein. Das Problem besteht nicht darin, immer mal wieder Umsatz zu machen, es geht darum, einen Prozess zu entwickeln, der diese Umsätze automatisiert - und genau hier kommt der Sales Funnel ins Spiel.

Bildlich gesprochen handelt es sich um einen Trichter. Die meisten Trichter haben den Zweck, dass man oben etwas hinzufügt, damit am unteren Ende eine komprimierte Form herauskommt. Ganz simpel: Wer seinem Motor neues Öl spendieren, davon aber nichts verschütten will, nimmt einen Trichter. Durch die Form kann oben viel Öl hinzugefügt werden, unten kommt eine zielgerichtete Menge an.

Ähnlich beim Sales Funnel, zu Deutsch „Verkaufstrichter“: Auch hier wird oben viel hinzugefügt und unten kommt zumindest sichtbar weniger an. Einziger Unterschied ist, dass bei einem Sales Funnel tatsächlich nicht alles wieder unten rauskommen soll. Vielmehr geht es darum, die Menge des Hinzugefügten zu qualifizieren, damit am Ende nur das Beste übrig bleibt.

Um beim Beispiel für das Motorenöl zu bleiben: Es wäre so, als würde sich das Öl qualitativ verbessern, während es den Trichter hinunter fließt. Oder: Der qualitativ minderwertige Teil des Öls würde bei diesem Vorgang automatisch entfernt. Geht natürlich leider nicht, doch beim Sales Funnel passiert genau das mit Neukundenkontakten. Eine ganze Menge davon kommt oben in den Trichter rein und wird dann auf dem Weg nach unten zum Ziel qualifiziert. Auf diese Weise bleiben nur die Kontakte übrig, die auch wirklich hochwertig sind und bei denen die Chancen, dass ausihnen tatsächlich Kunden werden, so hoch wie möglich sind.

Damit das funktioniert, müssen ein paar Vorgaben erfüllt sein. Das bezieht sich vor allem auf den Sales Funnel selbst, denn vollkommen eigenständig wird er nicht funktionieren. Ein Sales Funnel lässt sich schematisch leicht darstellen, besteht aber aus unterschiedlichen Stufen. Diese Stufen sind für die einzelnen Qualifizierungsmaßnahmen verantwortlich und genau aus diesem Grund ist es so wichtig, sich diese Schichten genau anzugucken.

Der optimale Aufbau eines Sales Funnels

Ganz oben geht es immer um den Traffic. Was das für Traffic ist und woher der kommt, ist von der Zielgruppe abhängig. Die strategische Arbeit für einen wirklich guten Sales Funnel beginnt also schon vorher: Wer ist die passende Zielgruppe und wo lässt sich diese Zielgruppe am besten erreichen? Dabei sollte klar sein, dass es nicht darum geht, die eigenen Wünsche in den Vordergrund zu stellen. Wichtiger ist die Überlegung, was genau die Zielgruppe will. Wichtig: Die Konzeptionierung eines Sales Funnel muss immer von Ziel her erfolgen, also in umgekehrter Reihenfolge - doch dazu später mehr.

Simples Beispiel: Wenn es um den Verkauf von Notebooks via Internet geht, sollte der Traffic dort akquiriert werden, wo sich auch tatsächlich Menschen aufhalten, die ein Notebook kaufen möchten. Das kann via Native Advertising[1] bei einschlägigen Online Portalen geschehen oder auch über sinnvoll targetierte Facebook Werbung oder an anderen Orten. Letztlich spielt es keine Rolle, wo genau der Traffic herkommt, solange er die richtige Zielgruppe transportiert. Im Gegenzug wäre es unsinnig, für eine solche Kampagne Personen anzusprechen, dich sich statt für Notebooks für Desktop Rechner oder Server interessieren.

Mit den richtigen Besuchern, die durch den Traffic auf eine Landing Page geführt werden, kommen dann auch die Leads. Hier wartet oft das größte Problem auf Unternehmer, Selbstständige und Coaches, denn an dieser Stelle muss es natürlich ein Angebot geben, das erstens attraktiv und zweitens im Idealfall gratis ist. Bitte beachten: Es geht nicht darum, Menschen für sich zu gewinnen, die kein Geld bezahlen wollen. Es geht darum, genau die Menschen zu finden, die aus der passenden Zielgruppe stammen und sich für das Angebot interessieren, denn nur diese Personen tragen sich auch tatsächlich mit ihrer E-Mail Adresse ein und nehmen das Angebot wahr.

Das funktioniert übrigens nicht nur mit klassischem E-Mail Marketing. Auch Messenger Marketing via Facebook Messenger oder WhatsApp ist für

1 Native Advertising ist eine Form der Werbeanzeige, bei der werbliche Inhalte im gleichen Stil wie redaktionelle Beiträge des veröffentlichenden Mediums aufbereitet werden.

diese Vorgehensweise mittlerweile sehr gut geeignet. Auch eine Facebook Gruppe kann ein solcher Lead Magnet[2] sein, wenn es dort einen passenden Download gibt, den man eben nur bekommt, wenn man auch wirklich Mitglied der Gruppe ist. Wichtig ist, dass die richtigen Personen aus der passenden Zielgruppe in ein System kommen, in dem sie im weiteren Verlauf zusätzliche Informationen erhalten.

Das ist auch als „Lead Nurturing“ bekannt. Es geht darum, die potenziellen Neukunden mittels Ausschlussverfahren zu qualifizieren. Je länger sich jemand im Sales Funnel befindet, desto mehr Informationen bekommt die Person. Bleiben wir also einfachheitshalber beim E-Mail Marketing: Der potenzielle Neukundenkontakt ist im Sales Funnel und bekommt nun in regelmäßigen Abständen E-Mails, die thematisch mit dem Lead Magnet zusammenhängen. Das ist wichtig, weil es sonst am Ende des Funnels niemals zu einem Verkauf kommen kann - sofern das das Ziel ist. Das Ziel kann auch die Vereinbarung eines Telefonats sein, ein Treffen oder etwas anderes.

Mit dem zusätzlichen Content, den die Person im Funnel bekommt, wächst das Vertrauen und die Chancen steigen, dass es am Ende des Funnels zum erwarteten Ergebnis kommt. Das Geheimnis ist die thematische Relevanz, verbunden mit viel Mehrwert. Es geht also nicht einfach nur darum, weitere E-Mails zu verschicken. Es geht darum, genau solche E-Mails zu verschicken, die auch einen weiteren Nutzen stiften. Das können weitere Checklisten, eBooks oder auch kleine Lernvideos sein. Je besser dieser Teil des Sales Funnels ausgearbeitet wird, desto besser wird er am Ende funktionieren. Deswegen wird auch gern von einer „Sequenz“ gesprochen, durch die sich ein Lead im Sales Funnel bewegen muss und genau während dieser Sequenz wird die so wichtige Qualifizierung durchgeführt.

Längst nicht jeder potenzielle Neukundenkontakt schafft es bis zum Ende, viele Leads springen während der Sequenz ab - aus den unterschiedlichsten Gründen: Manche sind mit dem gratis Content zufrieden, anderen missfällt dagegen die Menge der Informationen innerhalb der Sequenz. Was auch immer der Grund

2 Weiter unten wird der Lead Magnet im Detail erklärt.

ist und auch wenn für das Einsammeln der neuen Leads bezahlt wurde: Es ist gut, wenn sich die „falschen" Leads im Laufe der Sequenz verabschieden, es ist sogar zwingend notwendig. Die Qualifizierungsmaßnahme in der Sequenz sorgt dafür, dass am Ende wirklich nur die potenziellen Neukunden noch im Sales Funnel sind, die sich tatsächlich für das zu erwartende Produkt interessieren - andernfalls hätten sie ja den vorherigen Content nicht konsumiert.

Elemente des Sales Funnels im Detail

Der Lead Magnet (Opt-in)

Wenn der richtige Traffic als Quelle für den Sales Funnel ausgewählt wurde, dann ist der Eintrag für den Lead Magnet der erste Schritt. Welches Format für den Lead Magnet genutzt wird, hängt ebenfalls oft von der Zielgruppe ab. Wer zum Beispiel viel unterwegs ist und nicht immer Videos ansehen kann, ist mit einem Podcast besser bedient, denn der lässt sich auch während Autofahrten konsumieren. Gleiches gilt für lange Texte oder nicht formatierte eBooks: Wenn die Mehrheit der Personen aus der Zielgruppe aus welchen Gründen auch immer nicht in der Lage ist, den Inhalt zu konsumieren, dann muss eine Anpassung stattfinden.

Andernfalls wird schon an dieser Stelle ein schwerwiegender Fehler gemacht, der Folgen haben kann. Denn wenn der Traffic zwar stimmt und auch, wenn die richtigen Personen auf den Lead Magnet und somit auf den Sales Funnel aufmerksam werden, sich aber nicht dafür registrieren können (oder wollen), dann ist der Lead verloren. Schlimmer noch, wenn dahinter eine bezahlte Kampagne steckt, mit der die Leads generiert werden sollen, wird wertvolles Werbebudget verbrannt.

Die Erfahrung hat gezeigt, dass kompakte und eher kurze, dafür aber inhaltlich komprimierte Formate die besten Erfolgschancen haben. Checklisten bieten sich beispielsweise perfekt an. Sie sind schnell konsumierbar und bieten aufgrund ihres Aufbaus einen hilfreichen und vor allem nützlichen Einstieg in ein Thema. Auf diese Weise wird die Hemmschwelle von Anfang an niedrig gehalten, denn zu Beginn geht es immer erst darum, themenrelevante Leads in den Funnel zu bekommen - je mehr, desto besser. Erinnern wir uns: Die Qualifizierung der Leads findet erst später statt, deswegen ist es sehr sinnvoll, gleich zu Beginn mit möglichst vielen Leads zu starten, denn sonst kann es auch schnell passieren, dass niemand mehr am Ende des Sales Funnels ankommt.

Der Versand des Lead Magnets

Im zweiten Schritt muss der Lead Magnet nun an den potenziellen Neukunden verschickt werden. Beim E-Mail Marketing erfolgt das in der Regel über die zweite E-Mail, die neue Leads zugeschickt bekommen. In der ersten E-Mail muss der neue Empfänger zunächst die eigene E-Mail Adresse bestätigen, so sieht es das in Deutschland gesetzlich vorgeschriebene Double Opt-in Verfahren vor. Nicht in allen Teilen der Welt ist diese Vorgehensweise zwingend notwendig, aber das „DOI"-Verfahren bietet einen zuverlässigen Schutz vor Abmahnungen. Außerdem kann man sich sicher sein, dass die jeweiligen Inhaber der E-Mail Adressen auch tatsächlich diejenigen sind, die sich für den Lead Magnet angemeldet haben.

Im Idealfall wird dem neuen Kundenkontakt auch noch eine spezielle Seite auf der eigenen Website gezeigt. Diese Seite wird oft als „Danke"-Seite bezeichnet und beinhaltet Informationen über den weiteren Verlauf. Auf dieser Seite ist es auch möglich, den Download des Lead Magnet anzubieten. Möglich, aber nicht empfehlenswert, denn theoretisch kann sich jemand den Lead Magnet downloaden, wenn nur die Internetadresse der Website bekannt ist, wo sich der Download zum Lead Magnet befindet. In diesem Fall kommt die Person dann nicht in den Funnel, hat aber trotzdem den Lead Magnet bekommen.

Auf der „Danke"-Seite kann es Instruktionen dazu geben, was im weiteren Verlauf zu erwarten ist. Gern werden auf diesen Seiten auch die Macher der Angebote vorgestellt und es gibt weiterführende Infos und Tipps. Letztlich trägt auch die „Danke"-Seite einen Teil dazu bei, dass weiteres Vertrauen aufgebaut werden kann. Durch eine gewisse Transparenz wird zudem schneller ersichtlich, dass es sich um ein seriöses Angebot handelt.

Ebenfalls oder alternativ auf der „Danke"-Seite auftauchen kann ein „One Time Offer". Dabei handelt es sich um ein einzigartiges Angebot, das meist eine stark rabattierte Version eines Produkts ist. eBooks werden hier beispielsweise gern und oft zu einem sehr niedrigen Preis angeboten. Hintergrund dieses „One Time Offers" ist dabei aber nicht die Absicht zur Gewinnerzielung, vielmehr geht in den meisten Fällen darum, mögliche Werbekosten zu neutralisieren. Ein eBook, dass statt 49,90 Euro nur 9,90 Euro kostet, ist ein Schnäppchen. Wer ein solches Angebot sieht, lässt es sich meist nicht entgehen. Voraussetzung ist natürlich, dass das „One Time Offer" thematisch zum Lead Magnet und zum Sales Funnel insgesamt passt.

Mit dem „One Time Offer" lassen sich aber nicht nur mögliche Werbekosten egalisieren, es ist auch eine hervorragende Möglichkeit, die potenziellen Neukundenkontakte zusätzlich zu qualifizieren. Es ist eine Sache, ob jemand bereit ist, sich ein paar E-Mails mit nützlichem Content anzuschauen. Ganz anders sieht es aber aus, wenn jemand schon bereit ist, für Inhalte zu bezahlen - auch wenn es nur ein kleiner Preis ist. Dieses „Micro-Committment" ist psychologisch wichtig und wenn an dieser frühen Stelle schon für Content bezahlt wird, dann ist das eine wichtige Qualifizierung für den weiteren Verlauf im eigenen Sales Funnel. Die Wahrscheinlichkeit, dass jemand später auch das Hauptprodukt kauft, ist dann nämlich deutlich höher.

Die Sequenz

Wie schon erwähnt: Die Sequenz ist unabhängig vom Format und es kann sich um eine Serie von E-Mails handeln - muss es aber nicht! Möglich sind auch mehrere Nachrichten via Facebook Messenger oder WhatsApp. Auch eine Facebook Gruppe kann als Sequenzgeber dienen. Wichtig ist letztlich, dass sich eine Vertrauensbasis aufbauen kann. Hier werden oft Fehler gemacht: Der potenzielle Neukunde hat mit dem Macher des Sales Funnel eventuell noch gar keine Erfahrungen. Wenn nun stumpfe „Kauf mich!"-Nachrichten verschickt werden, kann es schnell passieren, dass alle vorherigen Bemühungen zunichte gemacht werden.

Mehrwert ist oberstes Gebot! Natürlich nicht so viel, dass das abschließende Angebot obsolet wird, aber doch schon in einem sinnvollen Rahmen. Die Sequenz muss deutlich machen, dass ihr Absender jemand ist, der sich sehr gut auskennt, nur so lässt sich eine starke Vertrauensbasis aufbauen. Gleichzeitig muss der Empfänger bei der Stange gehalten werden, damit auch alle weiteren Nachrichten der Sequenz konsumiert werden. In den einzelnen E-Mails einer Sequenz kann schon auf das Angebot eingegangen werden, Teaser sind erlaubt. Was nicht erlaubt ist: Eine oder sogar mehrere E-Mails verschicken, in denen offensiv verkauft wird. Diese Vorgehensweise verschreckt die Empfänger und sorgt eher dafür, dass der Empfang weiterer Nachrichten blockiert wird.

Ebenfalls wichtig: Immer wieder die Probleme ansprechen, die in einem konkreten Bereich am häufigsten auftreten. Ein Sales Funnel, der für ein Produkt zur Gewichtsreduktion erstellt wurde, muss also immer wieder auf die Probleme eingehen, die mit diesem Thema zusammenhängen. Beispiel: Der „Jojo-Effekt". Genau dieser Effekt sollte genannt werden, denn viele Menschen, die Gewicht verlieren wollen, haben schon Diäten hinter sich, die nichts gebracht haben. Im Gegenteil. Der „Jojo-Effekt" sorgt immer wieder dafür, dass diese Menschen nach einer Diät mehr wiegen als vorher. So ein Problem ist gleichzeitig mit Emotionen verknüpft und das lässt sich im Sales Funnel nutzen, um die potenziellen Neukunden enger an sich zu binden. Die wiederkehrende Darstellung des Problems mit der Aussicht auf die Bekanntgabe der Lösung ist hier der Schlüssel. Wer das Problem sehr ausführlich geschildert bekommen hat und sich darin wiederfindet, wird am Ende auch die Lösung - also das Produkt - konsumieren.

Angst allein funktioniert aber natürlich nicht, weswegen es ohne nützliche und hilfreiche Inhalte nicht geht. Auch Menschen, die sich in dem genannten Problem wiederfinden, werden am Ende des Sales Funnels nicht kaufen, wenn sie zu ungeschickt behandelt wurden und sich durch die Sequenz schlecht fühlen. Hier ist Fingerspitzengefühl gefragt, weswegen die Sequenz zwar schon auf die Lösung hinweisen darf, aber nicht mit übertriebenen Darstellungen über die Stränge schlagen soll. Vertrauen ist wie gesagt einer der wichtigsten Faktoren. Wer den Urheber des Sales Funnels noch nicht kennt, muss dieses Vertrauen zu diesem Urheber erst aufbauen.

Aus diesem Grund empfiehlt es sich, keine zu kurze Sequenz zu verwenden. Zu lang sollte sich auch nicht sein, denn dann besteht die Gefahr, dass es nervt. Auch sollten die Abstände zwischen den einzelnen Schritten der Sequenz nicht zu lang sein, denn dann kann es passieren, dass der ganze Sales Funnel in Vergessenheit gerät. Im Idealfall wird die Sendefrequenz der Sequenz auf der „Danke"-Seite oder schon früher angekündigt. Diese Transparenz sorgt ebenfalls für Vertrauen und schafft Vorteile, weil von Anfang an genau bekannt ist, was zu erwarten ist.

Ziel der Sequenz ist die Überleitung zum Verkaufsevent. Im besten Fall ist also vorher bekannt, was genau das Verkaufsevent ist und wie es gestaltet sein soll, damit der komplette Sales Funnel vom Ziel zum Start rückwärts geplant werden kann. Nur so lässt sich erreichen, dass die Sequenz nicht nur zum Verkaufsevent passt, sondern exakt darauf hinarbeitet. Sales Funnels müssen also via „Reverse Engineering" aufgebaut werden, das ganze System droht ansonsten nicht schlüssig zu sein, was zu massiven Abbrüchen führen kann.

Das Verkaufsevent

Im Idealfall hat die Sequenz dafür gesorgt, dass das Verkaufsevent von den im Sales Funnel verbleibenden Leads positiv aufgenommen wird. Das ist wichtig, weil sonst auch hier ganz am Schluss noch unangenehme Überraschungen warten können. Wenn die Sequenz zum Beispiel nicht wirklich ganz konkret thematisch mit dem Verkaufsevent zu tun hat, dann wird der Sales Funnel nicht funktionieren. Gleichzeitig sollte aber auch klar sein: Selbst wenn alles passt, muss es nicht zwingend in jedem Fall zu einem Verkauf kommen. Wenn beispielsweise der Preis nicht stimmt, dann gibt es nicht für alle Leads, die am Ende das Verkaufsevent erreichen, auch wirklich Verkäufe.

Es gibt immer auch Personen, die tatsächlich nur die kostenlosen Inhalte abgreifen wollen und niemals etwas kaufen werden. Daran ist auch nicht zu rütteln und ganz egal, welche Strategien genutzt und ausgeführt werden - es gibt diesen bestimmten Prozentsatz. Nicht nur aus diesem Grund ist es wichtig, schon beim Traffic genau darauf zu achten, wer in den Sales

Funnel kommt. Mit dem bereits erwähnten „One Time Offer" lassen sich die „Nicht-Käufer" zudem auf eine verträgliche Anzahl minimieren.

Wenn der Sales Funnel gut aufgebaut ist, die Sequenz die Leads vernünftig bei der Stange gehalten hat und wenn das Verkaufsevent optimal passt, dann sind die Erfolgsaussichten groß. Wichtig für diesen Erfolg ist aber die Art und Weise, wie das Verkaufsevent durchgeführt wird. Möglich ist zum Beispiel die direkte Verlinkung auf einer Landing Page, wo dann verkauft werden soll. Nachteil ist hier, dass auf dieser Seite kein aktiver Einfluss auf die potenziellen Käufer genommen werden kann. Wenn sich jemand nicht sicher ist, ob das Produkt oder die Dienstleistung wirklich geeignet ist, dann gibt es keine Möglichkeit, direkt auf diese Person einzuwirken.

Das wiederum geht zum Beispiel bei einem Webinar, denn im Rahmen eines Webinars können Zweifel ausgeräumt werden, indem am Ende eine FAQ-Runde durchgeführt wird. Gleiches gilt für ein Beratungs- oder Strategiegespräch. Diese Variante empfiehlt sich auch bei hochpreisigen Angeboten, die normalerweise erklärungsbedürftiger als ein günstiges eBook sind. Grundsätzlich sind die Möglichkeiten aber so gut wie unbegrenzt. Alles, was sich digital oder auch offline verkaufen lässt, kann bei einem Verkaufsevent angeboten werden. Wenn die Sequenz zielstrebig auf dieses Event hingearbeitet hat und es keinen unvorhersehbaren Fehler oder Probleme gibt, dann stehen die Chancen gut.

Fazit

Wie schon erwähnt: Jeder Sales Funnel sollte rückwärts geplant und aufgebaut werden. Das bedeutet, dass am Anfang der Planung das Produkt steht, das im Verkaufsevent angeboten werden soll. Erst wenn dieses Produkt auch wirklich fertig ist, kann der Sales Funnel funktionieren. Zwar ist es möglich, einen Sales Funnel auch ohne ein fertiges Produkt zu starten. Auch dann muss er aber fertig geplant sein und zudem ist es dann wichtig, das Produkt in der Zeit fertigzustellen, in der die ersten Leads durch den Sales Funnel wandern.

Aus diesem Grund ist ein Sales Funnel auch nicht das richtige Konstrukt, um zum Beispiel den zu erwartenden Erfolg potenzieller Produkte oder Dienstleistungen zu testen. Das funktioniert deutlich besser mit einem „Fake Shop", denn dort kann gezielt auf ein noch in der Planung befindliches Produkt hingewiesen werden. Ist die Nachfrage hoch, sollte das Produkt tatsächlich erstellt werden. Wenn man aber feststellt, dass sich keine oder nur sehr wenige potenzielle Kunden für das Produkt interessieren, dann sollte von der tatsächlichen Fertigstellung Abstand genommen werden.

Besonders wichtig bei der Planung des Sales Funnels ist die exakte Identifizierung der Probleme, die für die potenziellen Leads am schwierigsten zu meistern sind. In diesem Zusammenhang wird auch von „Painpoints", also von „Schmerzpunkten" gesprochen. Je größer das Problem ist, für das eine adäquate Lösung gesucht wird, desto besser wird der Sales Funnel funktionieren - wenn diese adäquate Lösung auch geliefert wird. Eine Methode, die zum Beispiel die Werbekosten für Advertiser bei Facebook zuverlässig und garantiert um 50 Prozent senkt, ist eine solche Lösung und auf diese Lösung werden nur Personen ansprechen, die das Problem mit den zu hohen Werbekosten auch tatsächlich haben.

Deswegen ist es so wichtig, dass am Eingang des Funnels der richtige Traffic ankommt. Dieser Traffic kann von einer Werbeanzeige kommen, doch es gibt auch andere Methoden. So ist jeder Blogpost dazu geeignet, seine Besucher in den Sales Funnel zu befördern. Damit das klappt, sollten sich auch solche Artikel ganz konkret mit einem spezifischen Problem befassen und dafür sorgen, dass Besucher am Ende des Artikels über einen klaren und deutlichen „Call To Action" im Sales Funnel landen. Leider wird hier oft sehr viel Potenzial verschenkt, weil es vielen Publishern wichtiger ist, in Social Media Reichweite und Engagement zu generieren. Dagegen spricht oft nichts, doch für einen Sales Funnel ist das fast immer kontraproduktiv.

Apropos: Auch wenn alles richtig läuft und perfekt eingestellt ist, wird nicht jeder potenzielle Lead im Sales Funnel automatisch zum neuen Kunden. Es ist rein statistisch einfach unwahrscheinlich, dass das passiert

- doch es gibt wirksame Mechanismen, um diese Leads zu einem späteren Zeitpunkt doch noch zu zahlenden Kunden zu machen. Mit cleveren Retargeting-Kampagnen, zum Beispiel auf Facebook, werden Personen, die sich im Sales Funnel befanden und beim Verkaufsevent nicht zugeschlagen haben, erneut angesprochen. Das klappt mit dem Facebook Pixel, der für alle Werbetreibenden auf Facebook verfügbar ist.

Der Facebook Pixel ist ein simpler Codeschnipsel, der am besten auf der kompletten Website integriert wird. Durch diese Integration können Personen, die auf einer Website waren, bei Facebook „wiedergefunden" werden. Das klappt natürlich nur, wenn diese User auch tatsächlich auf Facebook angemeldet und aktiv sind. Wenn sie es aber sind, dann landen sie in einer „Custom Audience". Diese speziellen Zielgruppen erlauben das Retargeting (das „Wiederfinden") von Personen direkt auf Facebook. Hat jemand also das Verkaufsevent gesehen, dort aber nicht gekauft, dann kann dieser User über das Retargeting bei Facebook erneut auf das Produkt oder die Dienstleistung vom Verkaufsevent hingewiesen werden. So steigt die Chance, dass es doch noch zu einem Sale kommt, stark an - denn wer ein Angebot schon gesehen hat, gehört nicht mehr zu einer komplett „kalten" Zielgruppe.

Manche User sind auch vom Verkaufsevent einfach noch nicht 100-prozentig überzeugt und es fehlt noch „der letzte Schubser". Genau das kann mit einer Retargeting-Kampagne erreicht werden. Online Shops nutzen solche Kampagnen zum Beispiel gern, um Warenkorbabbrüche nachträglich zu Käufen umzuwandeln. Jemand, der in einem Online Shop war und dort zwar seinen Warenkorb gefüllt, letztlich dann aber, aus welchen Gründen auch immer, doch nicht gekauft hat, kann so beispielsweise mit einem Rabatt auf seinen nächsten Kauf über eine Retargeting-Kampagne noch dazu gebracht werden, Geld im Online Shop auszugeben. Genau solche Vorgehensweisen machen einen Sales Funnel noch effizienter, als er es ohnehin schon ist.

Mit der richtigen Strategie und einer an dieser Strategie ausgerichteten Vorgehensweise kann jeder Sales Funnel zur automatisierten Verkaufsmaschine werden. Je nach Ziel können Produkte oder Dienstleistungen verkauft werden und in Kombination mit cleveren Werbemaßnahmen gibt es so gut wie keine Grenzen. Solange der Sales Funnel klug vom Ende bis zum Start durchdacht und entsprechend umgesetzt wird, sind die Chancen für dauerhafte Sales zu kalkulierbaren Kosten sehr hoch - denn schließlich muss so ein Sales Funnel nur einmalig errichtet werden und läuft dann automatisch.

KAPITEL 9:

DIE EINZIG WAHRE VERÄNDERUNGSFORMEL

Mithilfe von vier Buchstaben endlich ins Handeln kommen!

Von Dennis Fischer

Vor drei Jahren war ich mit einem befreundeten erfolgreichen Unternehmer beim Mittagessen. Er machte zu diesem Zeitpunkt sechsstellige Umsätze im Monat und ging am Monatsende mit einem guten Gewinn nach Hause.

Ich fragte ihn also nach seinen Lieblings-Business-Ratgebern, die man als erfolgreicher Unternehmer unbedingt gelesen haben sollte. Dabei stellte sich heraus, dass er schon seit zwei Jahren kein Buch mehr in den Händen gehalten hatte und auch davor lieber Romane als Sachbücher las.

Mein Weltbild geriet aus den Fugen! Wie konnte man ohne Business-Ratgeber ein so erfolgreiches Unternehmen aufbauen? Ich hatte bis dahin knapp 400 Business-Ratgeber in meinem Leben gelesen und dachte, alleine durch das Lesen werde ich erfolgreich. Zu diesem Zeitpunkt musste ich mir aber eingestehen, dass das Lesen oftmals eine Flucht vor der eigentlichen Umsetzung war. Anstelle das siebte Buch über erfolgreiche Immobilien-Investments zu lesen, hätte ich mich lieber nach einer Immobilie umschauen und meine erste Hypothek aufnehmen sollen. Ich begann also der Frage nachzugehen: **„Wie kommt man vom Lesen ins Handeln?"**

Dazu habe ich viele spannende Menschen interviewt, eine Coaching-Ausbildung absolviert und jede Menge Artikel und Videos zu diesem Thema konsumiert. Am meisten geholfen hat mir aber ein Wort mit drei Buchstaben: **TUN**! Ich habe selbst begonnen, mehr umzusetzen. Habe ein eigenes Unternehmen gegründet, bin einen Marathon gelaufen und habe eine Weltreise mit meiner Freundin gemacht, von der ich schon lange geträumt hatte. Wie ich dahin gekommen bin und welche Formel mir dabei geholfen hat, endlich ins Handeln zu kommen, erfährst Du auf den folgenden Seiten.

Tsundoku – Prokrastinieren auf Japanisch

Nicht erst seit meiner Reise nach Japan im Jahr 2018 liebe ich dieses Land und seine Kultur. Die Menschen sind unglaublich höflich, pflichtbewusst und fleißig. Das zeigt sich auch in ihrer Sprache. So haben sie ein eigenes Wort für den Fall, dass Bücher gekauft und dann gestapelt werden, ohne sie zu lesen. Es heißt „Tsundoku", wobei „Tsumu" auf Deutsch so viel wie „stapeln" heißt und „Dokusho" auf Deutsch „Bücher lesen" bedeutet. Es ist also ein Stapel, der später gelesen werden soll. In der Realität wird dieser Stapel jedoch von Monat zu Monat höher. Und zwar nicht nur bei Japanern, sondern auch bei meinen Bloglesern. In einer Umfrage haben sie angegeben, dass teilweise noch original verschweißte Bücher auf diesem Stapel seit 2 Jahren darauf warten, gelesen zu werden. Kennst Du dieses Problem auch?

Die Lösung für meine Leser ist dann meistens, drei Bücher mit in den Urlaub zu nehmen und innerhalb von zwei Wochen alle drei zu verschlingen. Abgesehen davon, dass sie am Ende des Urlaubs die Inhalte der ersten beiden Bücher dann meistens schon wieder vergessen haben, holt sie zu Hause direkt wieder ihr Alltag ein. Somit haben sie zwar etwas Wissen aufgebaut, kommen aber nicht ins Handeln. So weit ich weiß, ist aber noch niemand erfolgreich einen Marathon gelaufen, weil er Bücher gelesen, sondern weil er dafür trainiert hat.

Wie liest Du Deine Bücher? Wie willst Du dieses Buch lesen? Machst Du Dir Notizen und leitest konkrete To-dos aus dem Buch ab oder konsumierst Du es einfach, wie eine Vorabendserie? Mein Ziel ist es, dass Du es am Ende dieses Kapitels kaum erwarten kannst, endlich durchzustarten und Deinem Traum einen großen Schritt näherzukommen. Genau dafür habe ich in den letzten Jahren die Veränderungsformel aus meiner Coaching-Ausbildung angewandt und weiterentwickelt. Ich habe sie schon bei unzähligen Coachings erfolgreich eingesetzt und meinen Klienten geholfen, einen großen Schritt in Richtung ihres Ziels zu gehen.

Sie sieht folgendermaßen aus:

$$U \times V \times S > K$$

Was genau die Buchstaben bedeuten und welche Tools sich jeweils dahinter verbergen, verrate ich Dir im folgenden Abschnitt.

Die Veränderungsformel

U = Unzufriedenheit

Als ich mich vor drei Jahren dazu entschlossen habe, in die Selbständigkeit zu gehen, war einer der Gründe dafür die Unzufriedenheit im Angestelltendasein. Ich hatte nach dem Studium zunächst in verschiedenen Startups gearbeitet und dabei enorm viele Freiheiten gehabt.

Als ich anschließend zu einem mittelständischen Unternehmen wechselte, gab es auf einmal viele Vorschriften, Regeln und Prozesse einzuhalten. Meine Unzufriedenheit wuchs jeden Monat weiter und ich wusste, ich würde mich selbständig machen. Also habe ich meinen Job gekündigt, ohne zu diesem

Zeitpunkt auch nur ein leise Ahnung davon zu haben, mit welcher Dienstleistung oder welchem Produkt ich meine Selbständigkeit starten würde.

Warum erzähle ich Dir diese Geschichte? Weil der erste wichtige Schritt, um ins Handeln zu kommen, Deine Unzufriedenheit über etwas ist. Wenn Dir Deine Wohnung eigentlich gefällt und die Größe für Dich ausreichend ist, warum solltest Du Dich dann auf die Suche nach einer neuen machen? Solange Du keine Unzufriedenheit verspürst, wirst Du nicht ins Handeln kommen!

Da mein damaliges Gehalt sehr gut war, überlegte ich natürlich, ob ich nicht zunächst nebenberuflich etwas gründen sollte. Ich meldete mich also für ein Entrepreneurship-Programm an, in der Hoffnung, dort Ideen und Mitgründer zu finden. Das führte aber vor allem dazu, dass aus meiner 50-Stunden-Woche eine 70-Stunden-Woche wurde und ich zunehmend gestresster und unzufriedener wurde. Ich habe gemerkt, dass dies der falsche Weg war. Wenn ich etwas mache, dann mit ganzem Herzen. Außerdem erinnerte ich mich an Arnold Schwarzenegger, der mal gesagt hatte, dass es für ihn nie einen „Plan B“ gab. Das erzeugte bei ihm zusätzlichen Druck und dadurch musste Plan A gelingen.

Nicht umsonst wird vielen Eroberern nachgesagt, dass sie hinter sich ihre Schiffe verbrannten, um ihren Mannschaften keine Möglichkeit zur Flucht zu geben. So gab es nur einen Weg: Nach vorne! Ich habe also gekündigt ohne einen wirklichen Plan, wie es weitergeht.

Hinterfrage Dich in deiner aktuellen Situation. Kann es sein, dass Du noch nicht begonnen hast zu handeln, weil es Dir zu gut geht? Bist Du eigentlich doch nicht so unzufrieden, wie Du Dir immer einredest? Das soll auf keinen Fall eine Aufforderung sein, Deine Unzufriedenheit zu steigern. Aber es öffnet Dir vielleicht die Augen, warum Du noch nicht ins Handeln gekommen bist. Lass uns zunächst die anderen Parameter der Formel betrachten. Vielleicht sind sie ja so stark gewichtet, dass Du gar keine große Unzufriedenheit brauchst, um loszulegen.

V = Vision

Nach hunderten von Business-Ratgebern, die ich gelesen habe, werde ich immer wieder gefragt: „Was ist Dein wichtigstes Learning aus allen Büchern?". Das ist natürlich nicht in einem Satz zu beantworten, aber wenn ich mich wirklich auf einen Punkt festlegen müsste, wäre es das Thema „Vision und Ziele im Leben".

„Wer den Hafen nicht kennt, in den er segeln will, für den ist kein Wind der richtige!"
- Seneca

Es ist egal, ob Du deinen Umsatz steigern, Dein Selbstmanagement verbessern oder Deine Präsentation-Skills verfeinern möchtest. Wenn Du kein Ziel hast, ist es völlig egal, was Du tust. Du wirst zwar vermutlich irgendwo ankommen, aber nicht dort, wo Du hin willst.

Ich unterscheide dabei folgendermaßen zwischen der Vision und den Zielen. Lass uns bei der Metapher des Segelns bleiben. Angenommen, Du willst einmal im Segelboot die Welt umrunden, dann ist das Deine große Vision. Die einzelnen Ziele sind dann die verschiedenen Häfen, die Du auf der Reise mit Deinem Boot ansteuerst. Es geht also darum, Deine Ziele zu definieren und Dir darüber Klarheit zu verschaffen, wohin Du eigentlich möchtest. Dabei ist das „wohin" entscheidend. Es geht nicht darum, vor etwas wegzulaufen, sondern zu etwas hingezogen zu werden.

Stelle Dir vor, Du gehst in ein Reisebüro und die nette Reisebüromitarbeiterin fragt Dich: „Wohin möchten Sie denn?" Du antwortest ihr „Das ist mir ganz egal. Aber ich will nicht nach Frankreich. Suchen sie mir irgendetwas heraus, aber es darf nicht Frankreich sein!"

Bei dieser verneinenden Aussage wird es etwas schwer für die nette Dame Dir einen passenden Urlaub zusammenzustellen. Du solltest Dir also lieber überlegen, was Deine Ziele sind und nicht, was Deine „Nicht-Ziele" sind.

Eine gute Übung hierzu ist der Visionsbrief. Nimm Dir einen schönen Rotwein oder ein kühles Bier und setze Dich in Ruhe vor deinen Laptop oder ein schönes Briefpapier. Jetzt stellst Du Dir vor, es ist der heutige Tag in fünf Jahren. Du bist also fünf Jahre weiter und blickst zurück auf die vergangenen fünf Jahre. Du schreibst auf, was alles in diesem Zeitraum passiert ist und wo Du gerade stehst. Du beschreibst genau, wo Du wohnst mit wem Du Zeit verbringst und, was Du beruflich machst. Wenn Du möchtest, schreibe auch gerne zwei bis drei verschiedene Briefe.

Deine Vision kann dabei ruhig größer sein, als Du es Dir jemals erträumen würdest. Habe keine Angst Dir ein überwältigendes Bild vor Deinem geistigen Auge auszumalen. Wir überschätzen, was wir in einer Woche schaffen können, aber wir unterschätzen, was wir in 5 Jahren schaffen können.

Mit groß meine ich „richtig groß". Stelle Dir Deine Vision als einen riesigen leuchtenden Stern im Weltall vor. Es werden in den nächsten 5 Jahren immer wieder Wolken kommen, die sich Dir in den Weg stellen und versuchen, die Sicht auf deinen Stern zu verdecken. Nur, wenn er größer ist als diese Wolken, kannst Du ihn auch in schwierigen Zeiten noch erkennen und verlierst Deine Vision nicht aus den Augen. Lasse deiner Fantasie also freien Lauf!

S = Schritte

Auch wenn Du jetzt Deine Unzufriedenheit erkannt und Deine Vision formuliert hast, heißt es noch lange nicht, dass Du wirklich ins Handeln kommst.

Bei diversen Meetups treffe ich regelmäßig Träumer, die mir erzählen, wie unzufrieden sie in ihrem aktuellen Job sind und dass sie große Pläne haben für ein eigenes Startup. Das Interessante daran ist, dass es immer wieder die gleichen Personen sind, die mir seit Jahren erzählen, dass sie kurz davor sind, den Absprung zu wagen. Warum aber bekommen sie es nicht hin?

Weil sie keine konkreten Schritte definiert haben, die sie unternehmen wollen. Es ist viel leichter, sich immer mit der großen Vision zu beschäftigen, als diese dann in kleine machbare Teilschritte herunterzubrechen. So weißt Du allerdings nie, wo Du am besten anfangen sollst und die Vision wird immer mehr zum Gipfel eines unerreichbar hohen Berges. Wie kann man dieser Aufschieberitis am besten begegnen? Mit kleinen Schritten!

Genau darum geht es bei dem Buchstaben „S" der Veränderungsformel. Um diesen Punkt genauer zu erläutern, reisen wir noch einmal gemeinsam nach Japan und schauen uns das sogenannte „Kaizen-Prinzip" genauer an. „Kai" steht im Japanischen für „Veränderung" und „Zen" für „zum Besseren". Dieser Begriff beschreibt also die kontinuierliche Optimierung von Tätigkeiten, Abläufen, Verfahren oder Produkten.

Es geht also nicht darum, mit einem riesigen Sprung ans Ziel zu gelangen, sondern sich konstant in kleinen Schritten dorthin zu bewegen. Auf dem Weg lernen wir mit jedem Schritt hinzu und werden ständig besser. Genau diese Minischritte können maßgeblich dazu beitragen, überhaupt erst anzufangen und sich auf den Weg zu machen. Gerade zum Beginn des Jahres kommen viele Klienten zu mir und fragen mich voller Stolz, was ich von ihren Vorsätzen halte. Sie erzählen mir dann zum Beispiel, dass sie ab sofort täglich 20 Liegestütze machen, dreimal pro Woche joggen gehen und ein Buch im Monat lesen.

Ich höre es mir dann immer an, streiche ihnen alles durch auf ihrer Liste und lasse sie mit einer Liegestütze pro Tag beginnen. Ausnahmslos alle schauen mich dann entgeistert an und fühlen sich nicht ernst genommen. Aber das Gegenteil ist der Fall. Wenn ich sie nicht ernst nehmen würde, würde ich sie sehenden Auges in ihr Verderben laufen lassen.

Ich habe noch keinen einzigen Klienten gesehen, der von heute auf morgen 5 neue Gewohnheiten in sein Leben integrieren konnte. Alex, einer meiner besten Klienten, hat es immerhin sechs Wochen durchgehalten und dann völlig genervt alles wieder aufgegeben. Das kannst Du vermeiden, indem Du mit einem Minischritt beginnst. Natürlich ist eine Liegestütze am Tag nicht viel. Spätestens am dritten Tag beginnst Du also, freiwillig mehr zu machen. Nach zwei Wochen bist Du vielleicht sogar schon bei deinen 20 angekommen, je nach Trainingszustand. Genau das ist aber „Kaizen" im wahrsten Sinne. Fokussierung auf eine Aufgabe und die schrittweise kontinuierliche Verbesserung derselben.

Nach zwei bis drei Monaten kannst Du dann vielleicht das Joggen mit aufnehmen und auch da zu Beginn zunächst einmal pro Woche laufen gehen. Die Steigerung erfolgt dann von ganz alleine.

Bei einigen Coachings konnte ich beobachten, dass trotz der Berücksichtigung aller dieser Tipps manche Teilnehmer nach kurzer Zeit wieder aufgehört haben. Damit Dir das nicht passiert, möchte ich Dir an dieser Stelle einen Bonus-Tipp geben: Stelle Dir die Frage „Was wäre wenn ...?"

Und zwar nicht erst, wenn es so weit ist, sondern bevor Du beginnst. Überlege Dir bereits jetzt, woran Du in den nächsten Wochen scheitern könntest. Ist es der unregelmäßige Tagesablauf? Sind es die Kinder? Ist es eine Dienstreise? Je ehrlicher Du Dir diese Frage beantwortest, desto höher sind Deine Erfolgswahrscheinlichkeiten. Es geht aber nicht nur darum, mögliche Hürden zu identifizieren, sondern auch entsprechende Maßnahmen vorzubereiten.Wie reagierst Du, wenn Du spontan auf Dienstreise musst? Packst Du Deine Laufsachen ein? Spiele verschiedene Szenarien durch und definiere schriftlich, wie Du auf sie reagierst.

Mit diesem Schritt schließen wir die linke Seite der Formel (UxVxS) ab. Wenn Du jetzt immer noch nicht weißt, wie klein Deine Schritte am besten sein sollen, möchte ich Dir eine einfache aber wahnsinnig spannende Übung empfehlen.

Ich kann mich heute noch genau an den Tag, das Wetter und die Stimmung erinnern, in der ich diese Übung vor mehr als drei Jahren gemacht habe. Es war ein warmer Augusttag und ich war in der Nähe von München an einem der wunderschönen Badeseen. Es war einer meiner ersten Tage als Selbständiger und so konnte ich direkt den Luxus genießen, unter der

Woche am See zu liegen, während alle meine ehemaligen Kollegen im Büro geschwitzt haben.

Sie ist schnell erklärt: Lege 10 Meter in 30 Minuten zurück!

Ja, Du hast richtig gelesen! Es geht darum zehn Meter in Minischritten zu bewältigen, sodass Du mindestens 30 Minuten benötigst. Ich möchte gar nicht allzu viel verraten, außer, dass die Übung mein Leben wirklich nachhaltig beeinflusst hat.

Du wirst merken, dass Dir die Strecke am Anfang ewig vorkommt, weil Du nur Zentimeter für Zentimeter vorwärtskommst. Am Ende wirst Du aber doch überrascht sein, wie schnell Dich diese kleinen Schritte Deinem Ziel näherbringen und Du auf einmal genau dort bist, wo Du hin wolltest.

K = Kosten

Alle drei vorher genannten Teile der Formel (Unzufriedenheit, eine klare Vision und die machbaren kleinen Schritte) müssen zusammen größer sein als die rechte Seite der Gleichung. Auf dieser befinden sich die Kosten, die der Unzufriedenheit, der Vision und den konkreten Schritten gegenüberstehen.

Die Kosten können dabei natürlich monetäre Kosten sein. Es kann sich aber auch um ganz andere Dinge handeln, die für Dich wichtig und wertvoll sind. Zwei Dinge, die häufig genannt werden, sind Zeit und Familie, bzw. Freunde.

Wenn Du Dich selbständig machst, wird es zu Beginn vermutlich mehr Zeit verschlingen als Dein Job als Angestellter. Wenn Du Deine Kunden persönlich betreuen willst und diese weit verstreut sind, wirst Du vermutlich viel reisen müssen.

Wenn Du ein super Job-Angebot aus China bekommst, Deine Freundin aber lieber in Deutschland bleiben möchte, musst Du Dir überlegen, wie hoch die Kosten für Dich sind. Ist Dir der Traum deiner Karriere und damit die linke Seite der Formel wichtiger, oder sind Dir die Kosten, Deine Beziehung dafür zu opfern, dann doch zu hoch? Notiere für Dich Deine Kosten. Was könntest Du verlieren oder müsstest es aufgeben, wenn Du deiner Vision und deinen Träumen folgst? Nimm Dir 5 Minuten Zeit und beantworte diese Frage für dich! Vielleicht hilft es Dir zu verstehen, warum Du trotz allem bislang noch nicht begonnen hast, Deine Vision Wirklichkeit werden zu lassen.

Ich möchte Dir aber an dieser Stelle ein kleines Geheimnis verraten, dass ich selbst in den letzten Jahren erfolgreich angewendet habe. Du kannst die Kosten nämlich reduzieren. Wie das geht? Mit Testballons.

Was verstehe ich darunter? Als ich mit zwei Kollegen eine Innovationsberatung gegründet habe, standen wir vor der Wahl. Wollen wir direkt eine GmbH gründen, 25.000 Euro Eigenkapital einzahlen und einen komplizierten Vertrag aufsetzen?

Oder können wir nicht erst einmal einen Testballon starten? Für ein Beratungsunternehmen benötigen wir nur unseren eigenen Laptop, ein Konzept und unsere Erfahrung. Gesagt, getan! Bevor wir eine eigene Website oder Visitenkarten hatten, haben wir begonnen, Kunden zu akquirieren. Und tatsächlich hatten wir schon den ersten Auftrag, bevor wir uns über ein eigenes Firmenkonto Gedanken gemacht hatten. Wir haben dann beschlossen, zunächst einmal in dieser Konstellation weiterzumachen. Wir wollten 10% aller unserer Umsätze zurücklegen, bis wir irgendwann 25.000 Euro angespart hätten, die für die Gründung einer GmbH in Deutschland nötig sind. Eine GmbH wäre nicht nur rechtlich deutlich sicherer für uns gewesen, sondern auch für viele Kunden ein Reputationsfaktor. GbR klingt einfach doch nicht so gut wie eine GmbH.

Mit dieser angesparten Summe wäre es auch ein „Proof-of-concept" gewesen, dass unsere Dienstleistung nachgefragt wird. Sonst hätten wir wohl kaum 250.000 Euro verdient. Das Geld hatten wir zwar relativ bald zusammen, eine GmbH haben wir aber bis heute noch nicht gegründet.

Warum? Weil wir gemerkt haben, dass das Angebot zwar super und die Nachfrage hoch ist, es jedoch mit uns als Team nicht funktioniert. Wir hatten alle drei unterschiedliche Vorstellungen vom Aufbau unseres Unternehmens. Das haben wir aber erst nach einigen Monaten gemerkt.

Da es für uns nur ein Testballon war, war es leicht, unsere Unternehmung wieder aufzulösen und getrennt weiter zu machen. Umso besser im Nachhinein betrachtet, dass wir zunächst mit einem schlanken Ansatz gestartet sind und nicht direkt eine GmbH gegründet haben.

Du überlegst, den Job zu wechseln und bist Dir nicht sicher? Prima! Dann habe ich eine weitere Testballon-Idee für dich. Wirf nicht gleich alles hin. Kannst Du Deine bestehende Stelle auf 70% reduzieren und nebenbei Deinem vermeintlichen Traumjob nachgehen? Oder kannst Du ein Sabbatical einlegen und ein mehrmonatiges Praktikum im gewünschten Bereich machen?

Ich bin zum Beispiel leidenschaftlicher Koch und habe damals am Ende meines BWL-Studiums überlegt, ob ich nicht lieber eine Kochausbildung absolvieren soll, anstatt einen Job in einem Berliner Startup anzutreten. Nach 6 harten Wochen bei 50 Grad am Herd und Schichten bis 12 Uhr nachts war meine Entscheidung gefallen. Ich koche weiterhin gerne privat, aber mein Leben und meine Freizeit waren mir persönlich dann doch zu schade für das wenige Geld und die schlechten Arbeitszeiten. Wo kannst Du Deine Kosten minimieren und Dein Risiko reduzieren und einfach mal einen Testballon starten?

So wirst Du vom Konsumenten zum Produzenten

So liest Du richtig Bücher!

Zum Abschluss des Kapitels möchte ich noch einmal auf das Thema „Lesen" zurückkommen. Bevor ich diesem Kapitel den Titel „Die einzig wahre Veränderungsformel" gegeben habe, hieß mein Arbeitstitel „Vom Lesen ALLEINE wirst Du nicht erfolgreich" und zu dieser Aussage stehe ich zu 100%.

Es geht nämlich nicht ums Lesen, sondern um das Umsetzen danach. Das Lesen wird also erst durch das anschließende Handeln zu einem wirklichen Erfolgsfaktor in Deinem Leben. Wie kannst Du ab sofort mehr aus deinen Büchern mitnehmen und ins TUN kommen?

Dazu möchte ich Dir drei Tipps mitgeben:

1. Setze Dir im ersten Schritt feste Zeiten, sowohl für das Lesen als auch für das Handeln. Viele denken nur daran, sich täglich 20 Minuten Zeit zum Lesen zu nehmen und vergessen dann völlig die Umsetzung. Nimm Dir lieber täglich 10 Minuten Zeit zum Lesen und mindestens 20 Minuten, um das Gelesene zu verarbeiten und in Dein Leben zu integrieren.
2. Beim Lesen empfehle ich Dir, immer zwei Listen parallel mitzuführen. Auf der einen notierst Du Dir alle spannenden Denkanstöße aus dem Buch. Am besten verwendest Du hierzu ein Notizbuch, sodass Du in einigen Monaten oder sogar Jahren die besten Ideen aus allen Ratgebern, die Du gelesen hast, immer wieder nachschlagen kannst. Auf der zweiten Liste notierst Du Dir konkrete To-dos. Was sind ganz konkrete Dinge, die Du aus dem Buch mitnimmst und in Deinem Leben verankern wirst?
3. Konsumiere das Buch nicht wie eine Netflix-Serie, sondern frage Dich: „What's in it for me?" Schaue Dir vor dem eigentlichen Lesen den Titel des Buches und die einzelnen Kapitelüberschriften an und notiere Dir jeweils zwei bis drei Fragen, die Dir in den Kopf kommen. Wenn Du diese beim Lesen beantwortest, wird viel mehr vom Inhalt in Deinem Kopf hängen bleiben.

Einen Bonus-Tipp zur Buchauswahl will ich Dir zum Schluss noch mitgeben. Ich habe in den letzten Jahren gelernt, dass hier bereits die meisten Personen scheitern.

Sie verwenden viel zu wenig Zeit auf die Auswahl des richtigen Buches. Sie nehmen irgendein Buch, das sie gerade empfohlen bekommen haben und wundern sich dann, warum sie nach drei Monaten immer noch auf Seite 50 sind. Überlege Dir vorher ganz genau, welche Fragen Du aktuell an das Leben und das Buch hast. Ist dieses Buch deiner Meinung nach das Richtige, um diese Fragen zu beantworten? Wer hat es Dir empfohlen? Hast Du Dir das Summary durchgelesen oder ein Youtube-Video des Autors angeschaut? Stelle sicher, dass Du das richtige Buch in der Hand hältst und brich es notfalls nach 50 Seiten ab, wenn es Dich nicht weiter bringt.

Denke immer daran:

Es geht nicht ums Lesen. Es geht ums Wachsen. – Think Growth!

Was ist der erste Schritt?

Du hast das Buch fertig gelesen? Nun geht es darum, direkt aktiv zu werden und auf keinen Fall direkt das nächste Buch zu lesen. Stelle Dir die Frage, welches der To-dos für Dich aktuell das wichtigste ist und brich es noch einmal in kleine Teilschritte herunter, wenn es Dir zu groß vorkommt.

Du solltest innerhalb von 48 Stunden nach dem Erstellen und Priorisieren der Liste mit der ersten Aufgaben beginnen, sonst verschiebst Du sie erfahrungsgemäß um einige Wochen. Egal, ob es darum geht, einen Termin zu vereinbaren, einen Anruf zu tätigen oder eine E-Mail zu schicken. Beginne direkt!

Starte JETZT!

Hast Du Lust auf einen Moment, den Du nicht wieder vergessen wirst? Dann stehe jetzt auf. Egal wo Du gerade bist und ob Dir die ganze U-Bahn dabei zuschaut. Stehe auf, zähle laut von fünf bis null herunter und mache zehn Kniebeuge. 5, 4, 3, 2, 1 und LOS! Dieser Moment wird Dich hoffentlich für immer daran erinnern, einfach loszulegen!

So geht's weiter

Hast Du die Kniebeuge gemacht oder brauchst Du Unterstützung, um endlich ins Handeln zu kommen? Keine Sorge, Du bist damit nicht alleine und ich konnte bereits etlichen Klienten dabei helfen, endlich raus aus dem Konsumieren und rein ins Produzieren zu kommen.

Schaue gerne auf meiner Seite www.52ways.de/umsetzen vorbei und hole Dir mein kostenloses PDF mit der ultimativen Checkliste, um endlich ins MACHEN zu kommen.

KAPITEL 10:

10X

Ein Mindset und ein Anspruch, um mit Content Marketing erfolgreich zu sein

Von Robert Weller

Am 6. August 1997 kamen 228 Menschen durch ein Flugzeugunglück ums Leben, weil sich die erfahrenen Piloten der Boeing 747, mit insgesamt über 13.000 Flugstunden, beim Landeanflug bei schlechter Sicht an das Protokoll gehalten hatten.

Den Piloten kann kein Vorwurf gemacht werden, sie haben nichts falsch gemacht. Das Problem lag in ihrer Ausbildung, die sie nicht auf unvorhersehbare Situationen und die dadurch notwendige Flexibilität und Eigenständigkeit vorbereitet hat. Die Piloten haben einfach nicht gelernt, sich der Situation anzupassen und zu improvisieren.

Ich erzähle diese Geschichte, weil die Situation von Marketern – abgesehen von den fatalen Folgen (es sei denn wir sprechen über Unternehmen) – vergleichbar ist.

Wir lernen von Dozenten, Vorgesetzten und anderen "Experten", wie Marketing angeblich funktioniert, und verlassen uns später voll und ganz auf ihre Erfahrung, anstatt unsere eigene zu machen. Im Ergebnis fahren wir unzählige Projekte (und Unternehmen) gegen die Wand, **weil wir nicht gelernt haben, eigenständig zu denken und auch entsprechend zu handeln.** Letztendlich liegt es an uns allein, ein neues "Marketing Mindset" zu entwickeln und unseren Marketingansatz grund auf zu überdenken.

Ein Ansatz, der mir gut gefällt, ist das 10X Prinzip. Wie der Name vermuten lässt, ist das Ziel, **unseren Erfolg – durch Content und Marketing – zu verzehnfachen.** In diesem Artikel erkläre ich, wie das geht. Ich empfehle Dir, den Artikel erstmal von vorne bis hinten zu lesen, oder zumindest langsam zu überfliegen. Dann solltest Du nochmal den Abschnitt zum Mindset lesen und es kurz sacken lassen. Danach kannst Du gezielt zu den Stellen springen, die für dich am relevantesten sind und die Tipps umsetzen.

10X – Mehr als nur ein Mindset

Die Frage, wofür "10X" steht ist eigentlich einfach zu beantworten, aber irgendwie auch nicht ... In einer entsprechenden Umfrage wurde (zurecht) Grant Cardone, Autor des Buches The 10X Rule, in den Raum geworfen, ein anderes Mal (ebenfalls zurecht) aufgrund der mathematisch anmutenden Schreibweise ein Multiplikator (Faktor 10) vermutet.

Im Grunde steht 10X für rasantes Wachstum (aber nicht unbedingt genau zehnfaches) – persönlich in Deinem beruflichen Umfeld und in Bezug auf deinen Content und Dein Marketing, aber vor allem im Kontext deines Business.

Die Idee entstand bei Google. "10X Thinking", wie sie ihre Herangehensweise an neue Lösungen nennen, zwingt sie dazu, revolutionäre statt evolutionäre Veränderungen zu bewirken.

Denk an Briefpost. Dann das Fax. Dann die E-Mail. Dann an Messenger ... Dinge verändern sich nicht immer in kleinen Schritten; gerade Technologie macht oft große Sprünge und setzt dadurch völlig neue Standards.

Disketten. CDs. USB Sticks. Clouds.
Analogkameras. Digitalkameras. Smartphones.

Apropos Digitalkamera: Weißt Du, wer die Digitalkamera erfunden hat? Das war Kodak (bzw. dessen Ingenieur Steven Sasson). Und weißt Du, welches Unternehmen aufgrund der Digitalkamera zugrunde ging? Ebenfalls Kodak. Warum? Weil das Management Angst davor hatte, einen von ihnen dominierten Markt selbst zu revolutionieren und dadurch ihr prosperierendes Geschäft zu riskieren. Also verheimlichten sie ihr neuestes Produkt. Das ist einerseits verständlich, hat sie aber andererseits am Ende doch ihre Existenz gekostet (vgl. Ken Norton[1]).

Das 10X Mindset basiert darauf, wie ein Start-up zu denken: Jeden Tag geht es ums Überleben. **Results, or die!** Entscheidend ist dabei die Akzeptanz von Fehlern und des Risikos, möglicherweise nicht erfolgreich zu sein. Scheitern ist ein wichtiger Teil von Innovation, oder um es mit Elon Musks Worten zu sagen: „If things are not failing, your are not innovating enough". Die Alternative ist die Trägheit oder gar der Stillstand, den viele Unternehmen früher oder später erleben. Und genau da kommt 10X Marketing ins Spiel!

Der 10X Marketingprozess und die Rolle von Content

Bevor ich die Frage beantworte, was 10X Marketing ist, will ich zunächst erklären, was 10X Marketer sind: Wie schon angedeutet sind 10X Marketer Menschen, die gängige Methoden (oder auch mal Arbeitsaufträge vom Chef) hinterfragen und großen Wert darauf legen selbst zu verstehen, wen sie (mit ihrem Business) eigentlich verändern und was sie bewirken wollen.

1 https://www.kennorton.com/essays/10x-not-10-percent.html

"The 10x marketer understands that the job isn't to do marketing the way the person before you did it, or the way your boss asked you to do it. Strategic marketing comes from questioning the tactics, understanding who you are seeking to change and being willing to re-imagine the story your organization tells. Don't play the game, change the game. The 10x marketer doesn't fold in the face of internal opposition."

***– Seth Godin*[2]**

Zusammen mit weiteren Kriterien von Bob Ruffolo[3] (CEO von IMPACT) und Garrett Moon[4] (CEO & Mitbegründer von CoSchedule sowie Autor des Buches 10x Marketing Formula) entsteht daraus eine sehr detaillierte Charakterisierung von 10X Marketern:

- Sie bleiben selbst im Angesicht von Apathie beharrlich. Viele "große" Ideen werden zunächst skeptisch betrachtet und stoßen auf Ablehnung. Durch Zuversicht gewinnen 10X Marketer auf lange Sicht.
- 10X Marketer besitzen Fähigkeiten, die nur schwer zu erlernen sind: Leidenschaft, Optimismus, Arbeitsmoral, ein Gefühl für Dringlichkeit und Empathie.
- Sie fühlen sich am wohlsten in einem Start-up-ähnlichen Umfeld, wo "10 Prozent besser" einfach nicht ausreichen – operativ nicht und als Ziel schon gar nicht.
- 10X Marketer arbeiten strukturiert aber nicht nach Plan. Für sie zählen Ergebnisse, nicht das Protokoll. Sie validieren daher systematisch ihre Annahmen mit Blick auf eine kritische Zielgröße (dazu später noch mehr).
- 10X Marketer sind sich bewusst, dass ihre Ideen nur so gut sind wie ihre Fähigkeit, diese auch umzusetzen.
- Sie sind bereit zu beenden, was nicht funktioniert; Ideen aufzugeben, die keinen 10X Erfolg versprechen. Sie können zwischen

---

2 https://seths.blog/2016/01/the-mythical-10x-marketer/

3 https://www.impactbnd.com/blog/what-is-a-10x-marketer

4 https://10xmarketingformula.com/your-new-manifesto-for-10x-marketing-growth-c712b475564a

vorübergehenden Tiefs, auf die ein Aufschwung folgen wird, und aussichtslosen Talfahrten unterscheiden.

- 10X Marketer wissen, dass Wachstum mit Fehlschlägen einhergeht. Die Stärke liegt im Prozess, nicht in der Perfektion. Und mal abgesehen davon: die meisten Fehler sind das Ergebnis guter Absichten!
- Trotzdem streben 10X Marketer immer danach, den mit Abstand (!) besten Content zu liefern, den das Internet zu bieten hat.

Die „10X Marketing Formula", wie sie Garrett Moon in seinem Buch beschreibt, ist ein System aus ineinandergreifenden Frameworks, durch das wir zehnfaches Wachstum (oder mehr) unabhängig von den Marketingkapazitäten erreichen können. Sie ist gleichermaßen ein Mindset und eine Methode und erstreckt sich über vier Phasen, die ich Dir im Folgenden erklären will. Das Buch von Garrett Moon stellt die Grundlage der nachfolgenden Ausarbeitung dar. Aus Gründen der Erklärung und Ergänzung werde ich allerdings etwas von der ursprünglichen Struktur abweichen und zusätzliche Beispiele aus Deutschland bzw. Europa ergänzen.

Phase 1 des 10X Marketings: Planung ist die Grundlage für erfolgreichen Content

Der erste Schritt in Richtung 10X Marketing ist eine klare Vorstellung davon, wie Dein Content aussehen könnte. Im Fokus steht bei dieser Überlegung der Kernwert, den Du deiner Zielgruppe durch Deine Produkte oder Dienstleistungen bieten kannst. Schließlich willst Du langfristig nicht nur aus der Masse hervorstechen, sondern auch kontinuierlich die Nachfrage nach Deinem Angebot steigern. Dein Ziel ist es, um diesen "Core Value" herum **Konkurrenz-freien Content zu gestalten**; also solchen, den inhaltlich, strukturell oder mediatypisch nur Du produzieren kannst – weil Du das Fachwissen (Erfahrung, Daten etc.), die handwerklichen Fähigkeiten oder schlicht die dafür nötigen Kapazitäten hast.

10X Content: Was macht ihn aus?

Geht es nach Rand Fishkin, der 10X im Jahr 2015 erstmalig mit Content in Verbindung brachte[5], wird 10X Content durch folgende Punkte charakterisiert:

- **Die User Experience ist durchweg positiv**; das betrifft das grundlegende Layout, die Struktur, die verwendeten Schriften, Visuals, das Interface etc. – eben das gesamte Content Design.
- **Die Nutzbarkeit wird kombiniert mit Nützlichkeit**, ergo einem hohen Mehrwert für den Konsumenten in Form von direkter Information (Antworten auf typische Fragen, Lösungen für konkrete Probleme), Interaktionsmöglichkeiten (!) und weiterführenden Ressourcen. Und das bei einer außerordentlich hohen – vor allem fachlichen – Qualität und Vertrauenswürdigkeit.
- **Es wird eine emotionale Reaktion getriggert**; ob Antizipation, Staunen, Überraschung, Freude oder Bewunderung…
- **Der Unterschied zu anderen "konkurrierenden" Inhalten ist offensichtlich** – in Bezug auf den Umfang und die Details sowie die daraus resultierende Amplifikation in Form von Social Media Shares und Backlinks. Laut Fishkins laufender Analyse sind das im Durchschnitt ca. 900 Links, über 2.800 rankende Keywords und über 77.000 Empfehlungen pro Content, wobei diese Werte sehr stark von Extremfällen geprägt sind[6]. Laut Noah Kagan (Gründer von Sumo) und BuzzSumo erhalten Artikel mit einem Umfang von 3.000 - 10.000 Wörtern übrigens die stärkste Amplifikation[7].

5 https://moz.com/blog/why-good-unique-content-needs-to-die-whiteboard-friday
6 https://docs.google.com/spreadsheets/d/1IDA6n59YHh7mgSaYBzx4bs8h2HAOym22n5goHKUAr5I/edit#gid=0
7 https://okdork.com/why-content-goes-viral-what-analyzing-100-millions-articles-taught-us/

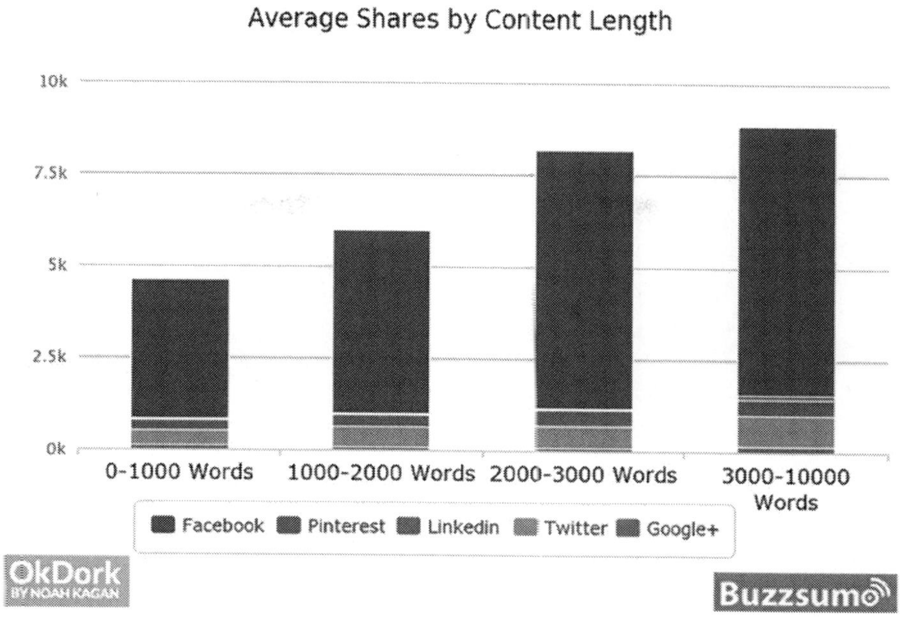

- **Die Ladezeit einer Website bzw. ihrer Inhalte ist kurz** und der Content über jeden Browser und jedes Endgerät nutzbar.
- **Es werden eigene Daten präsentiert**, denn diese sind in gewisser Weise ein Garant für Einzigartigkeit und bieten zahlreiche Möglichkeiten zur visuellen und interaktiven Präsentation. (Fishkin führt dieses Kriterium nicht in seiner Liste auf, spricht es aber im Rahmen seines Whiteboard Fridays an.[8])

8 https://youtu.be/lX9mzdU7dps

Den Anspruch an 10X Content visualisiert Fishkin darin in etwa so:

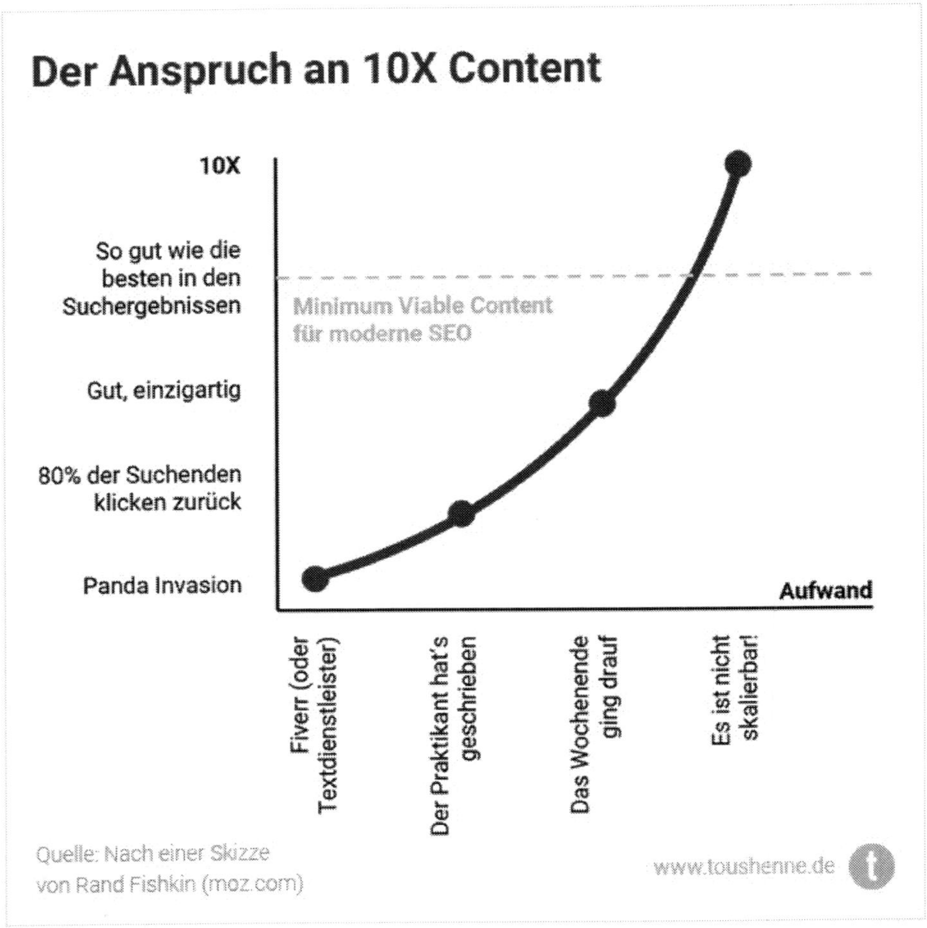

Fishkin merkt allerdings selbst an, dass nicht alle diese Kriterien erfüllt sein müssen, um Content als 10X zu klassifizieren. Eine Liste mit Beispielen (inzwischen über 117 davon) kuratiert er auf sparktoro.com[9]. Meine Favoriten daraus sind:

- The ultimate guide to how cars work[10]
- A visual introduction to machine learning[11]

9 https://sparktoro.com/blog/resources/10x-content-by-rand-fishkin/
10 https://www.howacarworks.com/
11 http://www.r2d3.us/visual-intro-to-machine-learning-part-1/

- A Five-Minute Guide to Better Typography[12]
- Transparency Introducing the New Buffer Salary Formula, Calculate-Your-Salary App and The Whole Team's New Salaries[13]

Weitere Beispiele mitsamt Erklärung, warum sie als 10X zu klassifizieren sind, listet Eric Siu, CEO von Simple Grain, in seinem Blog[14]. Deutschsprachige Beispiele zu finden war nicht leicht, aber bei Springlane bin ich schließlich mehrfach fündig geworden, unter anderem bei ihrem großen Low-Carb-Guide[15]. Beim Searchmetrics Summit 2016 gewährten sie außerdem ein paar Einblicke, wie sie ihren Traffic von 50.000 auf 500.000 Visits verzehnfacht haben.

Garrett Moon formuliert den Anspruch noch dramatischer:

> *"It should be the best damn content on the internet. To capitalize on the halo effect, you need to create content so good it makes everyone else look like they didn't even try."*

Der Halo-Effekt, den Moon anspricht, beschreibt eine sozialpsychologische Wahrnehmungsverzerrung. Sie besteht darin, bekannte Eigenschaften einer Person oder Sache (in diesem Fall unseres Contents) auf andere unbekannte – und vor allem auch unabhängige – Eigenschaften zu übertragen. Solche Beurteilungsfehler können sowohl positiv als auch negativ ausfallen und beeinflussen den Gesamteindruck aufgrund einzelner wahrgenommener Eigenschaften unverhältnismäßig. Empfinden wir beispielsweise eine Person als äußerlich attraktiv, so stufen wir sie häufig auch als intelligent und sympathisch ein. Dasselbe passiert mit Content: gefällt er uns "auf den ersten Blick", stufen wir ihn von vornherein als nützlich und wertvoll ein und fangen überhaupt erst an ihn zu konsumieren. Mehr über den Halo-Effekt und seinen Nutzen fürs Marketing findest Du übrigens in meinem Buch Content Design[16].

---

12 https://www.pierrickcalvez.com/journal/a-five-minutes-guide-to-better-typography
13 https://open.buffer.com/transparent-salaries/
14 https://growtheverywhere.com/content-marketing/21-epic-10x-content-marketing-examples-learn/
15 https://www.springlane.de/magazin/low-carb-guide/
16 https://www.amazon.de/Content-Design-Gestaltung-Conversion-beeinflussen/dp/3446442952

Neben dem "Content-Product-Fit" spielt noch ein weiterer Aspekt eine wichtige Rolle bei deinen Vorüberlegungen: der "Content-Market-Fit". Du kannst Dir das als Sweetspot zwischen dem, was Deine Kunden (nicht nur Deine "Zielgruppen") wirklich interessiert und dem, was Du ihnen diesbezüglich bieten kannst. Inhalte, die entweder die eine oder die andere Seite bedienen, willst Du aus offensichtlichen Gründen vermeiden.

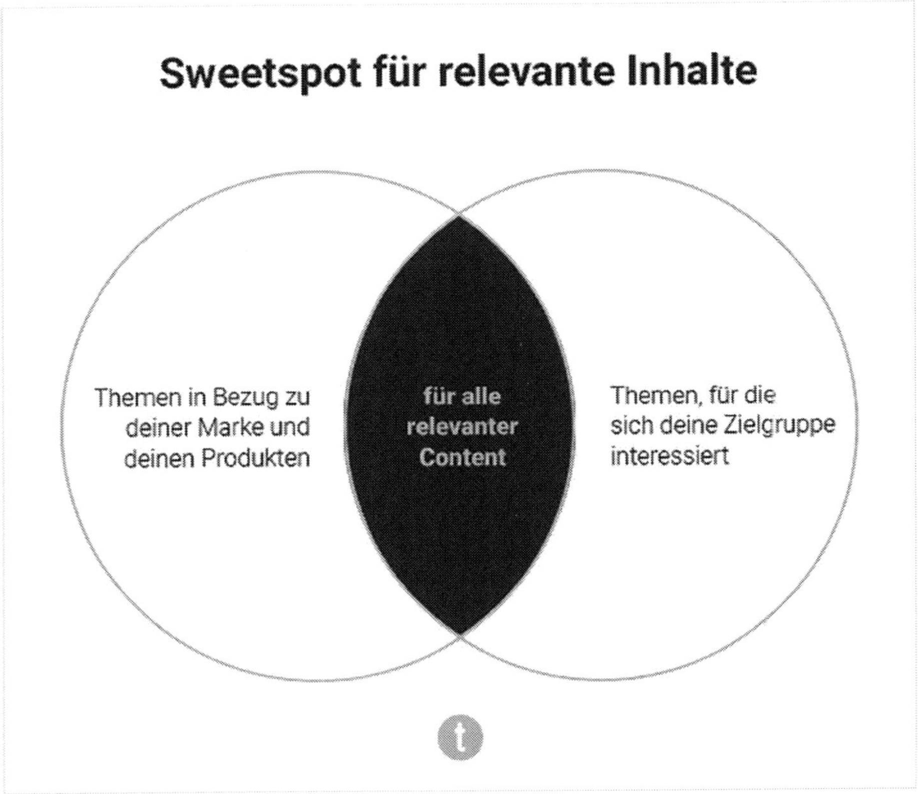

Phase 2 des 10X Marketings: Standardisierte Prozesse sorgen für eine effiziente Content Produktion

Das 10X Mindset für die Content Produktion ist simpel:

> *"Wir publizieren (idealerweise) nur einmal zu dem Thema, also muss es das Beste sein".*

Um das zu erreichen beschreibt Garrett Moon unter anderem das Konzept der 10X Workflows. Diese beschreiben grundlegende Arbeitsabläufe, denn Ideen sind nur so gut wie unsere Fähigkeit, sie auch tatsächlich umzusetzen. Optimierte Workflows helfen dabei, den Abstimmungsaufwand zu reduzieren und die Produktivität nachhaltig zu steigern.

Drei Eigenschaften charakterisieren 10X Workflows:

1. Arbeitsabläufe werden im Vorfeld abgestimmt. Die Idee hinter grundsätzlichen erteilten Freigaben ist die Zeiteinsparung durch die Reduktion der involvierten Personen und die dadurch wegfallenden Feedback- und Abstimmungsschleifen.
2. Sie sind lean . Das "Lean Startup Prinzip" von Eric Ries ist Dir wahrscheinlich schon ein Begriff, ich verweise aber gerne nochmals auf den Artikel über Lean Content Marketing[17].
3. Sie folgen "High Performance Standards". Abgestimmte Qualitätsstandards ergänzen die abgestimmten Arbeitsabläufe, damit die Qualität zugunsten der Quantität nicht verloren geht.

CoSchedules HPS enthalten beispielsweise folgende Punkte:

1. Das Thema befindet sich im Content Sweetspot (siehe oben).
2. Es wurden relevante Keywords zu Grunde gelegt, um das Potenzial aus der organischen Suche voll auszuschöpfen.
3. Das Thema wurde gründlich recherchiert und auf den Punkt gebracht. Fakten überwiegen im Vergleich zu persönlichen Meinungen (wobei diese an sich nichts Schlechtes sind).

17 https://www.toushenne.de/newsreader/content-marketing-einstieg-personalisierte-inhalte.html

4. Das Thema wird umfassend, verständlich und mit konkreten Handlungsmöglichkeiten (durch Tipps, Anleitungen, Checklisten etc.) zum Beispiel in Form von Content Upgrades[18] aufbereitet.
5. Der Content ist gut strukturiert (z.B. durch Zwischenüberschriften, Absätze, Listen etc.) und visuell aufbereitet.[19]
6. Der Content enthält eine (!) klare Handlungsaufforderung. Einfach nur Content zu produzieren ist niemals das Ziel; Wachstum ist es.

Bewerte deinen Content mithilfe der Content Scorecard

Zur Kontrolle deiner High Performance Standards bieten sich Content Scorecards an. Das Konzept stammt von Jeff Goins, Autor des Buches The Art of Work[20], und basiert auf einer Reihe von Fragen, die je nach Erfüllungsgrad mit einem Punkt bewertet werden. Du findest dafür eine entsprechende Spalte in meinem Template. Dein Ziel ist es, jedes Mal die volle Punktzahl zu erreichen.

Das hier sind übrigens die vier ursprünglichen Fragen von Goins:

1. Beginnen wir mit einem Versprechen?
2. Lösen wir dieses Versprechen am Ende ein?
3. Halten wir uns an unseren internen Styleguide?
4. Bieten wir so viel Mehrwert, dass Leser dafür bezahlen würden?

Anders als bei den Kriterien für 10X Content geht es bei diesen Standards tatsächlich darum, alle zu erfüllen. Goins konnte bei 3 aus 4 Punkten eine Read-Through-Rate von 30 Prozent messen, wohingegen die volle Punktzahl einen Wert von 80 Prozent erzielte! Mach den Test am besten selbst!

Bei mir entsteht neuer Content ungefähr so (mit dem Vorteil natürlich, dass ich selten was abstimmen muss):

1. An Ideen mangelt es mir glücklicherweise selten, sodass ich zu spezifischen Themen direkt mit der Keyword-Recherche beginnen kann.

18 https://www.toushenne.de/newsreader/leads-generieren-durch-content-upgrades.html
19 https://www.toushenne.de/newsreader/visual-content.html
20 https://www.amazon.de/Art-Work-Proven-Discovering-Meant/dp/0718022076/

Details dazu würden hier den Rahmen sprengen. Mir geht es dabei um eine Einschätzung, ob das Thema bereits von Interesse ist oder nicht und wenn ja, in welchem Kontext (navigational, informational, transaktional etc., siehe Olaf Kopps Übersicht zu Keywordarten und Suchintentionen[21]. Das absolute Suchvolumen ist wichtig, aber nicht entscheidend. Wenn Du dich zum Beispiel als Thought Leader positionieren willst, bist Du oft der erste/einzige, der über (d)ein Thema spricht. Dann liegt es aber auch maßgeblich an Dir, die Nachfrage zu steigern. Ein gutes Beispiel ist Brian Dean, der sich unter anderem durch seine "Skyscraper Technique"[22] einen Namen gemacht hat.

2. Nach der Keyword-Recherche studiere ich die zehn besten Suchergebnisse (pro Keyword) auf unterschiedlichen Plattformen; allen voran natürlich Google, aber auch YouTube oder BuzzSumo. Das mache ich am liebsten auf einem fremden Rechner oder zumindest im Incognito-Modus, um auch mal außerhalb meiner Filterblase zu recherchieren.
3. Währenddessen notiere ich Gemeinsamkeiten und Dinge, die mir fehlen; in Bezug auf den Umfang, die Struktur, die verwendeten Mediatypen (bei Bildern z.B. nur Stock oder auch Eigenkreationen?), die Tonalität, Meinungen und Kommentare, weiterführende Quellen usw. In der Regel kann ich daraus schon das ein oder andere "Must have" für meinen Content ableiten, um mich von der Konkurrenz abzuheben.
4. Danach beginnt die eigentliche Produktion mit einer groben Struktur und Einordnung meiner Notizen, die ich dann nach und nach ausarbeite. Dabei werfe ich natürlich immer wieder einen Blick auf mein eigenes Portfolio um ggf. vorhandene Inhalte wiederzuverwerten und um zu prüfen, ob ich mit meiner Idee noch im Sweetspot liege.

Bei diesem Artikel hab ich erstmalig einen zusätzlichen Schritt integriert: Auf Basis eines ersten Entwurfes, meinem "Minimum Viable Content" (kurz

21 https://www.sem-deutschland.de/blog/keywords-suchintention/
22 https://backlinko.com/skyscraper-technique

MVC), bat ich meine neugewonnenen Betaleser um Feedback. Am Ende flossen unzählige Anmerkungen in diesen Artikel ein, der Dir jetzt mitsamt der ergänzenden Materialien vorliegt.

Das Konzept der Betaleser hab ich bei Hotjar kennengelernt, die freiwillige (ausgewählte) Newsletter-Abonnenten um Feedback zu neuen Artikel gebeten haben und sie mittlerweile sogar noch intensiver in die Content-Produktion involvieren; Unter anderem in die Erstellung ihres ersten Online-Videokurses.

Eine Win-Win-Situation entsteht dadurch, dass Leser auf diese Weise exklusiven Vorabzugriff auf neue Inhalte erhalten und spätestens bei der Produktentwicklung, wie im Fall Hotjar, auch durch Sonderkonditionen profitieren können.

Bis hierher war die Produktion vor allem Theorie in Bezug auf Methoden, Prozesse und Standards. Das hat den einfachen Grund, dass die tatsächliche Umsetzung idealerweise parallel zur Publikation und Promotion geschieht.

Phase 3 des 10X Marketings: Publikation und Promotion gehen Hand in Hand mit der Produktion

Kombinieren wir das Prinzip des Minimum Viable Contents mit iterativem Vorgehen, folgt daraus, dass wir nicht zwangsläufig mit einem Big Bang live gehen, sondern Schritt für Schritt. Dein Ziel ist es, Deine Produktidee frühzeitig und mit möglichst wenig Aufwand am Markt zu testen.

Und das gilt für Produkte ebenso wie für Dienstleistungen und eignet sich genauso gut für Teams wie für ganze Unternehmen.

Am besten erkläre ich das direkt an einem Beispiel: Stell Dir vor Du bist Berater und willst künftig anstelle deiner begrenzten Zeit lieber "skalierbare" Produkte verkaufen. Deine erste Idee ist ein eigener Online-Kurs.

Welche kleinen Schritte kannst Du gehen, um Dein Risiko – vor allem mit Blick auf die Produktions- und Werbekosten – zu minimieren bzw. Deine Erfolgschancen schon vor dem Launch zu steigern?

1. Sofern Du noch keine Erfahrung mit dem Medium Video hast, könntest Du dich zunächst durch **Live-Sessions (Webinare)** daran gewöhnen, vor der Kamera zu stehen – ggf. auch ohne ständig im Bild zu sein. Mach dich dabei auch mit den Tools vertraut und entwickle ein Gefühl für dieses Format.
2. Das hat gleich zwei positive Nebeneffekte: Zum einen kommst Du auf diese Weise mit potenziellen Kunden deines Kurses in Kontakt und kannst Dir direkt Feedback einholen. Zum anderen baust Du damit Deine E-Mail-Liste aus, die Du sowohl in der Produktionsphase (siehe Betaleser) als auch zur Vermarktung nutzen kannst.
3. Bevor Dein Produkt überhaupt existiert erstellst Du eine einfache **Landing Page**, die zunächst lediglich Informationen zu Deinem geplanten Produkt enthält (wobei Besucher nicht unbedingt wissen müssen, dass das Produkt aktuell erst in Planung ist) und auf der Du Interessenten die Möglichkeit bietest, per Mail auf dem Laufenden zu bleiben.
4. Melden sich kaum Leute an (obwohl genügend Personen die Seite besuchen), solltest Du zunächst Deine Landing Page handwerklich überprüfen (Wording, Gestaltung, Usability etc.) und dann im Zweifelsfall auch nochmals die Idee an sich bewerten (Thema, Format, Zielgruppe etc.). Es geht ja hierbei wie gesagt auch darum, Produktideen grundsätzlich zu testen. Stell dich also immer darauf ein, dass Du dich auch mal von einer idee verabschieden musst.
5. Ist das Interesse vorhanden, kannst Du über diese Landing Page auch mit einer **Vorverkaufsaktion** werben, sobald Du einen Erscheinungstermin definiert hast. E-Mail-Abonnenten könntest Du zum Beispiel Sonderkonditionen einräumen, die Du schon im Vorfeld als Anreiz zur Anmeldung angekündigt hattest.
6. Ben und ich haben auf diese Weise den Verkauf unseres Buches angekurbelt und in den ersten drei Wochen knapp 1.000 Exemplare verkauft.

7. Alternativ könntest Du über die Landing Page auch direkt **Feedback einholen**, zum Beispiel mittels Kommentarfunktion oder eines spezifischen Formulars. Der Vorteil von Befragungen besteht darin, dass Du gezielt Informationen sammeln kannst, etwa worauf sich Interessenten am meisten freuen oder was sie grundsätzlich erwarten. Dieses Wissen ist extrem wertvoll für Deine Produktgestaltung.
8. Zu guter Letzt. oder sagen wir "als letzter Punkt zu diesem Beispiel" könntest Du die zu erwartende Resonanz auf Dein Kursthema vorab in Form neuer **Blogartikel** testen. Einen Artikel zu schreiben ist nämlich deutlich weniger Aufwand als einen ganzen Videokurs aufzuzeichnen... Wie oben beschrieben prüfst Du dadurch automatisch die Nachfrage in Form von Suchvolumen und malst Dir ein Bild deiner potenziellen Konkurrenz. Beides gibt Aufschluss darüber, wie vielversprechend Deine Idee tatsächlich ist.

Ich hoffe Dir ist jetzt klar, wie Du dich Deinem 10X Content in kleinen Schritten nähern kannst, um das Risiko einer großen Produktion zu minimieren. Mach Dir für Dein 10X Projekt am besten eine ähnliche Liste, formulier für jeden deiner Schritte ein konkretes Ziel und bewerte sie anhand ihrer Performance. Bedenke jedoch eines: das beste Webinar, die beste Landing Page und die besten Blogartikel bringen Dir recht wenig, wenn sie keiner besucht. Wie sagte Jay Baer so schön:

> *"Most marketers don't simply have a content problem;*
> *they have an amplification problem. Launching something*
> *into orbit around the blogosphere, no matter how useful,*
> *doesn't mean anyone will see it. Or click. Or care."*

Was ich damit sagen will, ist, dass die Bewerbung deiner "Produkte" (ergo Content) genauso wichtig ist, wie diese an sich. Ich höre immer häufiger von der Faustregel, in die Distribution genauso viel zu investieren, wie in die Produktion. Wie sieht dieses Verhältnis bei Dir aus? Die Content Promotion ist sicherlich ein Thema, mit dem Du vertraut bist, daher will hier nur ein paar Aspekte im Sinne des 10X Mindsets hervorheben.

Mach Deine Zielgruppe aktiv via Social Media auf deinen Content aufmerksam

Es spricht nichts dagegen, neuen Content aggressiv, aber mit Verstand zu bewerben.

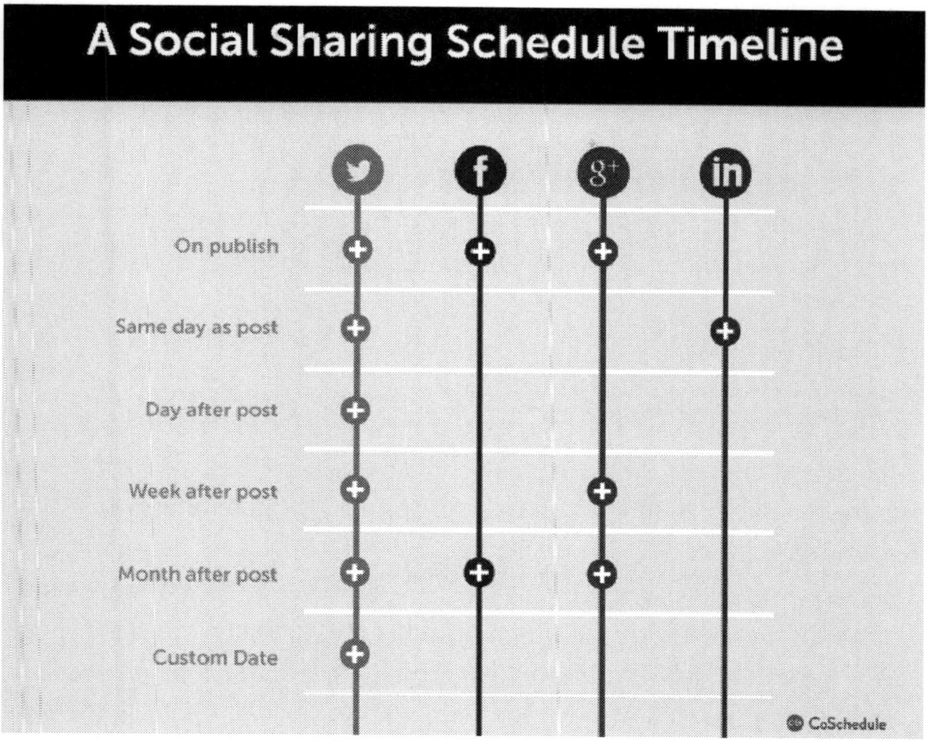

Hab den Mut, deinen Content mehrfach über unterschiedliche Plattformen zu teilen. Wer Content publiziert und dann jeweils nur eine Nachricht via Facebook, Twitter, LinkedIn und Co. streut, lässt enormes Potenzial liegen. Denn mal ehrlich, wann sind schon alle unsere Follower gleichzeitig online? Es ist ja nicht so, dass sie den ganzen Tag vor dem Bildschirm oder Smartphone sitzen und auf unseren Content warten... schön wär's!

Garrett Moon und sein Team bei CoSchedule haben diesbezüglich eigene Studien durchgeführt und die "idealen Postingzeitpunkte" sowie die "ideale Frequenz" ermittelt[23]. Das sind natürlich nur Richtwerte, aber ihre Herangehensweise kannst Du für Deine eigenen Untersuchungen durchaus übernehmen.

Das Gute daran ist, dass uns passende Texte schon vorliegen. Wir müssen also nicht allzu viel zusätzlichen Aufwand investieren, auch noch schicke Beitragstexte zu formulieren. Stattdessen können wir unseren Content beispielsweise mithilfe der folgenden Aufhänger promoten:

- Artikeltitel und Zwischenüberschriften als Tweets absetzen.
- Einleitungs(ab)satz über Facebook teilen.
- Erwähnte Experten in einem LinkedIn Beitrag zitieren.
- Enthaltene Bilder, Grafiken, Diagramme etc. via Pinterest verbreiten.

Promote deinen Content (automatisch) per E-Mail an alte und neue Kontakte

Ähnlich wie über Social Media kannst Du deinen Content auch via E-Mail mehrfach bewerben und daraus eine Art Funnel – vor allem für neue Abonnenten – gestalten:

1. Verwandle Deine(n) Blogartikel in eine kleine, automatisierte E-Mail-Serie, mit der Du neue Abonnenten anlocken kannst.
2. Kündige Deine Produktidee im Rahmen eines "persönlichen Schreibens" (Stichwort: Personalisierung) an und frag Deine Abonnenten nach ihrer Meinung.
3. Involviere (ausgewählte) Abonnenten in die Produktentwicklung (Stichwort: Betaleser).
4. Kündige den Termin an, zu dem Du Dein Produkt veröffentlichen wirst, und biete Abonnenten nicht nur Sonderkonditionen oder Extras, sondern denk ruhig auch mal über ein kleines Affiliate-System nach, um den Viralitätsfaktor zu beeinflussen.
5. Biete deinen Abonnenten Ausschnitte aus Deinem Produkt (bzgl. des Videokurses beispielsweise einzelne Videos oder Ausschnitte) und verweise sie stets auf Deine Landing Page und spezielle

23 https://coschedule.com/blog/best-times-to-post-on-social-media/

Sonderangebote hin. Auch das kannst Du in Form von Drip-Kampagnen automatisieren.

6. Binde einen Hinweis auf Dein Produkt bzw. Deine Landing Page in ältere Artikel ein, die thematisch passen und in der Customer Journey sozusagen eine Stufe vorne dran liegen. Insbesondere Content Upgrades kannst Du sehr gut automatisieren. usw.

Ich bin sicher, dass Du noch viele weitere Ideen finden wirst, um im 10X Stil auf deinen Content und Deine Produkte hinzuweisen, ohne zusätzlich viel Zeit investieren zu müssen. Die spannende Frage, die jetzt noch bleibt, ist die, welche dieser Ideen auch wirklich funktionieren...

Phase 4 des 10X Marketings: Analysiere die Performance und optimiere Content & Prozesse

Ein kurzer gedanklicher Reset: Dein Ziel ist es, Konkurrenz-freien Content in der Schnittmenge zwischen deinen Produkten und den Interessen deiner Zielgruppe zu produzieren und so zu optimieren, dass Besucher – ohne Deine direkte Einflussnahme – zu Kunden konvertieren.

Um deinen Erfolg zu messen, brauchst Du für dieses Ziel eine Metrik. Eine, nicht zwei, nicht drei, nicht viele. Eine. Garrett Moon nennt sie in seinem Buch "One Metric That Matters". Tim Ferriss nennt sie in seinem Buch The 4-Hour Workweek "North Star Metric". Sie beide beziehen sich auf ein Konzept, das Alistair Croll and Benjamin Yoskovitz in ihrem Buch Lean Analytics: Use Data to Build a Better Startup Faster[24] popularisiert haben.

"If you want to change results, your metric must be tied to the results you want."
– Garrett Moon

24 https://www.amazon.de/Lean-Analytics-Better-Startup-Faster/dp/1449335675/

Egal wie Du sie nennen willst, Du solltest mit ihr Dein aktuelles Wachstum beschreiben können. Ich sage aktuelles Wachstum, weil wir beizeiten unseren Schwerpunkt verändern und dementsprechend auch unsere Zielmetrik anpassen müssen. Im Grunde geht's um Folgendes:

> *"Finding the right metric to relentlessly focus on at the right time that's appropriate to your stage of growth."*

Ein Unternehmen entwickelt sich typischerweise in mehreren Phasen. In jeder dieser Phasen ist das Ziel und damit die Zielmetrik eine andere.

In einer ersten Phase geht es oft darum, Aufmerksamkeit zu generieren und grundlegend den Traffic zu steigern. Passende Metriken wären Seitenaufrufe, Page Views oder Unique Visitors.

In einer weiteren Phasen liegt der Fokus vielleicht eher darauf, die eigene Community zu entwickeln und dafür die Zahl der Fans, Follower und Abonnenten zu steigern – vor allem E-Mail-Abonnenten, weil wir diesen Kanal als einzigen "besitzen".

Die letzte Phase fällt sicherlich am individuellsten aus, da es hier ausschließlich um "Business Value" und die Frage geht, wie wir unsere Community monetarisieren können? Relevante Metriken könnten beispielsweise qualifizierte Leads, die wir vertrieblich angehen können, Kaufabschlüsse, regelmäßige Einnahmen ("Recurring Revenue") oder auch die Retention Rate sein.

Alle anderen Metriken, die uns zur Verfügung stehen, sollten wir dabei nicht völlig ignorieren! Sie dienen uns als Diagnose-Tool und Frühwarnsystem, denn oft korrelieren bestimmte Metriken nicht nur, sondern hängen tatsächlich kausal zusammen.

Heatmaps sind ein gutes Beispiel, um das zu verdeutlichen: Durch sie erhalten wir ja nicht einfach nur mehr Daten, sondern ergänzende Daten, mit deren Hilfe wir unser Wachstum beeinflussen können. Etwa indem wir eine bessere Position für unseren Call-to-Action (CTA) finden und dadurch die Anmeldequote für unseren Newsletter verbessern.

Setze Dir Dein Ziel auf Basis vorhandener Daten und aktualisiere beides kontinuierlich

Wann Du Deine Zielmetrik anpassen solltest, sprich wann Du von einer Phase in die nächste wechselst, wirst Du selbst entscheiden müssen. Am besten eignen sich dafür aber spezifische Ziele wie "Sobald wir 200.000 Page Views pro Monat generieren". Dieser Zahl kannst Du dich durch Hochrechnungen nähern: Angenommen Dein Ziel ist die Steigerung deines Jahresumsatzes von derzeit 100.000 Euro auf 1 Mio. Euro und der Customer-Lifetime-Value liegt aktuell bei 249 Euro. Du brauchst für Dein Ziel demnach ca. 4.000 Kunden. Deine Daten verraten Dir, dass Deine Abonnenten-zu-Kunden-Quote bei 3 Prozent liegt und Deine Besucher-zu-Abonnenten-Quote bei 6 Prozent. Du brauchst also grob 135.000 Abonnenten bzw. 2,2 Mio. Besucher (im Jahr). Schaffst Du es hingegen Deine Conversion Rate durch eine effektivere Platzierung deiner CTA mithilfe von Heatmaps um 1 Prozent zu steigern, brauchst Du "nur" noch 1,9 Mio. Besucher.

Du merkst schon: es gibt viele Stellschrauben, an denen Du drehen kannst.

Entscheidend ist die Frage, was Menschen dazu bewegt, "Ja" zu sagen – sowohl kleine Jas im Sinne von "Ja, das klingt spannend, ich klick mal drauf" als auch große im Sinne von "Ja, ich kaufe das jetzt".

"Motivating people to say yes ... is a matter of understanding both what's inside them and which stage of awareness they are in. This way, you can demystify their thought processes and invite them to enter the next stage of awareness."

– Garrett Moon

Die 5 Phasen des Bewusstseins

Mit "stages of awareness" bezieht sich Moon da auf die fünf Phasen des Bewusstseins, die auf Eugene Schwartz' Buch „Breakthrough Advertising" aus dem Jahr 1966 zurückgehen:

1. **Unaware** – Deine Zielpersonen haben ein Problem, oder wie wir im Marketing so schön sagen: einen "Pain", sind sich dessen aber nicht bewusst. Deine Aufgabe in dieser Phase ist es, Deine Zielgruppe darauf aufmerksam zu machen.
2. **Pain aware** – Okay, nun sind sie sich ihres Problems bewusst. Mach in dieser Phase deutlich, dass Du sie und ihr Problem verstehst und gib ihnen konkrete Lösungsvorschläge an die Hand – nicht aber Deine Produkte sondern eher "DIY-Lösungen".
3. **Solution aware** – Inzwischen kennen sie ihr Problem und wissen, dass sie verschiedene Lösungsmöglichkeiten haben (Produkte, Dienstleistungen etc.). Indem Du darüber informierst, wie Deine Produkte das Problem lösen können, geleitest Du sie in die nächste Phase.
4. **Product aware** – Deine potenziellen Kunden kennen dich, Deine Produkte und auch die Konkurrenz. Jetzt, aber auch erst jetzt, kannst Du über Produkteigenschaften (im Vergleich zu anderen Lösungen) sprechen, um sie von Dir zu überzeugen.
5. **Most aware** – In der letzten Phase befinden sich jene Personen, die ihre Entscheidung getroffen haben und sie jetzt nur noch umsetzen brauchen. Deine Aufgabe ist es, genau das zu ermöglichen – zum Beispiel durch entsprechende Buttons und Handlungsaufforderungen. Aber nimm diesen Schritt nicht auf die leichte Schulter, auch hier kannst Du potenzielle Kunden z.B. aufgrund unklarer Formulierungen noch verlieren!

An diesen fünf Phasen kannst Du im Grunde alle Deine Funnels ausrichten. E-Mail-Serien bauen derart aufeinander auf, Blogartikel führen in diesem Sinne von einem zum nächsten und Landing Pages kommen genau dann ins Spiel, wenn das angebotene Produkt zur aktuellen Phase eines Besuchers passt.

Wer investieren kann, ist mit entsprechenden Tools wie bspw. HubSpot gut bedient, um diese Form der Personalisierung und Automatisierung umzusetzen.

Konstruiere Deine Content Funnels stets mit der Frage im Hinterkopf, was Deine Besucher heute zu Dir geführt hat. Was passiert gerade in ihrem Leben? Haben sie ein Problem? Suchen sie nach konkreten Lösungen? Passen Deine Produkte?

Auf diese Weise nimmst Du sie von der ersten Minute an an die Hand und stellst einen echten Mehrwert für sie da. Am Ende hast Du ihnen nicht nur durch Deine Produkte ihr Problem gelöst, sondern ihnen gleichzeitig eine herausragende Erfahrung (Customer Experience) geboten. Diese Emotionale Komponente ist das, was sie nachhaltig an dich (Deine Marke) und Deine Produkte binden wird.

Der 10X Marketingprozess, kurz gefasst.

1. **Planen.** Dein Ziel ist Konkurrenz-freier Content in der Schnittmenge aus Einzigartigkeit und Nutzen (für Deine Zielgruppe und dich).
2. **Produzieren.** Steigere deinen durch Qualitätsstandards festgelegten Output durch verschlankte Prozesse und agile Methoden.
3. **Publizieren und Promoten.** Teste Deine Ideen frühzeitig durch viele kleinere Releases und scheue dich nicht davor, Dein Endprodukt aggressiv zu bewerben.
4. **Analysieren und optimieren.** Fokussiere dich stets auf eine einzige Metrik und optimiere deinen Content dahingehend auf Basis der vorliegenden Daten.

Ein abschließender Blick auf 10X außerhalb des Marketings

10X muss nicht zwangsläufig das angestrebte Ziel sein; oft ist es schlicht ein Nebenergebnis. Analysieren wir beispielsweise unsere Kunden- bzw. Umsatzstruktur auf der Suche nach dem Pareto Prinzip und ergreifen dann explizite Maßnahmen, um das Verhältnis zu optimieren, sorgen 10X Ergebnisse oft für einen Überraschungseffekt.

Als Dienstleister, etwa Freiberufler oder Agentur, plagen wir uns oft mit Kunden herum, die viel mosern und mit unserer Arbeit per se unzufrieden sind. Dabei sind wir nur in den seltensten Fällen auf genau diese Kunden angewiesen; weil sie eben nicht zu den 20% gehören, mit denen wir 80% unseres Umsatzes machen. Was würde also passieren, wenn wir uns von solchen Kunden trennen? Unser Stresslevel sinkt, wir können die Zeit anderweitig sinnvoll nutzen und sind grundlegend zufriedener mit unserer Arbeit – vielleicht sogar 10X zufriedener als vorher. Wer weiß, vielleicht können wir uns dadurch sogar zehnmal besser um „die wichtigen 20%" kümmern und dadurch zehnfachen Umsatz generieren…?!

Ich selbst befinde mich derzeit auch in einem 10X Experiment: Ich nenne es "10X Life".

Im ersten Schritt rufe ich meine Mails nur noch zweimal am Tag ab, um mich dazwischen voll auf die Arbeit, die ich am Vortrag geplant habe, zu konzentrieren. Allein dadurch merke ich schon einen Anstieg in meiner Produktivität.

Der nächste Schritt wird sein, mich sukzessive aus der "Büropflicht" zu befreien. Ich will dadurch nicht nur Zeit einsparen und Ablenkungen minimieren, um meine Produktivität weiter zu steigern, sondern vor allem mein Leben abseits der Arbeit in dieses System integrieren. Denn ehrlich gesagt bin ich zum Beispiel nachmittags zwischen 15 - 18 Uhr nicht unbedingt am produktivsten. Da mach ich während dieser Zeit doch lieber den Haushalt, Sport oder geh einkaufen und setz mich abends wieder an die Arbeit. Davon haben wir doch am Ende alle viel mehr…

Mein ultimatives Ziel ist es, künftig nur noch das zu tun, was mir am meisten Spaß macht; was ich am besten kann und was sonst keiner (so gut) kann. Alles andere werde ich versuchen, einfach bleiben zu lassen (da gibt es sicherlich mehr als genug…) oder auszulagern. Wenn ich dahingehend einen abschließenden Satz formulieren müsste, der meine Kernbotschaft rüberbringt, dann wäre es der folgende: Sei gewillt, alles zu hinterfragen und Dinge anders (d.h. besser) zu machen.

"I guess it takes a dreamer to change the world."
– Teresa Pérez-Luz[25]

10X im Überblick: 9 Fragen & Antworten

1. **Was bedeutet 10X, speziell in Bezug auf Content und Marketing?**
   10X steht für rasantes (zehnfaches) Wachstum in Bezug auf Dein (Content) Marketing und Dein Business allgemein. Das Prinzip basiert auf revolutionären statt evolutionären Veränderungen.

2. **Wie unterscheidet sich 10X Marketing von anderen Herangehensweisen?**
   10X Marketing basiert darauf, wie ein Start-up zu denken: Fail fast, fail forward. Viele Revolutionsversuche scheitern, aber die, die erfolgreich sind, bewirken unglaublich viel Veränderung. Die „10X Marketing Formula", wie sie Garrett Moon in seinem Buch beschreibt, ist ein System aus ineinandergreifenden Frameworks, das unabhängig von unseren Marketingkapazitäten skalierbar ist.

25 https://moz.com/blog/how-to-create-10x-content-whiteboard-friday

3. **Was macht 10X Content aus?**
   10X Content ist durch konkrete Kriterien definiert. Der wahrscheinlich wichtigste Aspekt ist die inhaltlich, strukturell und/oder mediatypisch Einzigartigkeit (bzw. Konkurrenzlosigkeit) – weil nur Du das Fachwissen (Erfahrung, Daten etc.), die handwerklichen Fähigkeiten oder schlicht die dafür nötigen Kapazitäten hast.

4. **Wie entsteht 10X Content?**
   Die Planung und Produktion von 10X Content ist durch standardisierte Prozesse charakterisiert, die durch Agile Methoden eine hohe Effizienz und durch definierte Qualitätsstandards eine positive Wirkung gewährleisten.

5. **Was muss ich bei der Publikation von 10X Content beachten?**
   Die Publikation und Promotion gehen Hand in Hand mit der Produktion, indem das Prinzip des Minimum Viable Contents mit iterativem Vorgehen kombiniert wird. Ziel ist es, Ideen frühzeitig und mit möglichst wenig Aufwand am Markt zu testen.

6. **Woher weiß ich, dass mein 10X Content Marketing wirklich funktioniert?**
   Die Grundlage ist eine konkrete Zielmetrik, auf die Du dich bei all deinen Aktivitäten fokussierst. Alle anderen verfügbaren Metriken helfen Dir, Optimierungspotenziale zu identifizieren.

7. **Was zeichnet 10X Marketer aus?**
   10X Marketer sind vielseitig, zuversichtlich, beharrlich, leidenschaftlich, optimistisch, empathisch und strukturiert. Sie fühlen sich in einem Start-up-ähnlichen Umfeld besonders wohl und arbeiten immer auf konkrete Ziele hin. Ihre Stärke liegt im Prozess, nicht in der Perfektion.

8. **Lohnt sich der Aufwand für 10X wirklich, oder reichen nicht auch 2X?**
Prinzipiell ist auch "doppelt so gut" besser als die Konkurrenz und in der Regel schneller zu erreichen, etwa durch Content Recycling, aber Dein Vorsprung bleibt dabei extrem gering. Mit genauso wenig Anstrengung kannst Du daher auch wieder überholt werden. 10X zielt darauf, quasi uneinholbar zu sein. Eben mit Abstand den besten Content zu bieten und das Feld zu dominieren. Alles andere ist nicht wirklich nachhaltig.

9. **Kann ich das 10X Prinzip auch auf andere Bereiche anwenden?**
Ja, unbedingt! Denn im Kern geht es darum, sich auf die wichtigen, weil wirkungsvollen, Dinge zu konzentrieren und möglichst effizient konkrete Ziele erreichen – damit wir die "restliche Zeit" in vollen Zügen genießen können. Das funktioniert für persönliche Fitnessziele genauso gut wie für Bauprojekte, Reiseträume oder neue Hobbies.

KAPITEL 11:

MIT SMARTEN TEAMS DIE WEICHEN FÜR MEHR WACHSTUM STELLEN

Darum wird die Arbeit in einem Team Dein Business nachhaltig weiterbringen

Von Sandro Jenny

Solltest Du ein Einzelkämpfer, ein Solopreneur oder Freelancer sein, wirst Du trotzdem von diesem Kapitel profitieren. Vielleicht sogar mehr als ein Unternehmer, der bereits auf ein Team zählen kann. Denn ich bin überzeugt, dass Du am Ende zumindest darüber nachdenken wirst, ob Du Dir nicht doch Unterstützung in Form eines Angestellten, Freelancers oder Partners holen willst. Ich selbst war sehr lange ein Einzelkämpfer, ich hatte große Mühe damit, Verantwortung abzugeben und Mitarbeitern zu vertrauen. Am liebsten verkroch ich mich hinter meinem Computer, kreierte, schrieb oder programmierte. Und nun schreibe ich ein Buch gemeinsam mit 13 anderen Autoren. Ich habe gelernt, anderen Menschen zu vertrauen und ich kann Dir verraten: Es hat mein Leben komplett verändert. Warum, das verrate ich Dir ganz am Ende dieses Kapitels.

Bevor Anfang der Neunziger Jahre die ersten Ansätze agiler Produktentwicklung in Unternehmen eingesetzt wurden, arbeiteten unsere Väter und

Großväter großteils nach tayloristischen Prinzipien; klar getrennte Hierarchien und zentral gesteuerte Organisationen prägten jahrzehntelang die Denkweise der Führungskräfte. Oben wurde entschieden und unten umgesetzt. Heute stehen wir mitten im Sturmzentrum der digitalen Revolution. Märkte verändern sich in einer noch nie dagewesenen Geschwindigkeit. Unternehmen sind also quasi gezwungen umzudenken, weil sie sich mit den alten Prinzipien nicht mehr schnell genug auf die Veränderungen einstellen können. Je nach Studie ist die bittere Wahrheit aber, dass 70 bis 80% der agilen Bemühungen in Unternehmen scheitern. Viele Führungskräfte sind zwar gewillt umzudenken und versuchen auch diverse agile Methoden und Prozesse zu etablieren, scheitern dann aber an der Umsetzung. Agilität ist in erster Linie eine neue Denkweise, die Wahl der Methode spielt dabei nur eine untergeordnete Rolle. Viel zu viele Chefs sind immer noch zu sehr davon getrieben, selbst alles kontrollieren zu wollen und stehen deshalb selbst der Veränderung im Weg. Es ist aber nachvollziehbar, denn seit zehntausend Jahren hat die Menschheit nun schon diese hierarchische Denkweise; sie ist quasi in unserer DNA verankert und lässt sich nicht so einfach von heute auf Morgen löschen. Das ist harte Arbeit und erfordert auch Mut.

„Mut ist wie Veränderung, nur früher"
– Unbekannt

Im Jahr 2001 wurde von einer Gruppe von 17 renommierten Softwareentwicklern das agile Manifest formuliert. Unter den Autoren waren unter anderem Jeff Sutherland und Ken Schwaber, die Begründer des Scrum Frameworks. Es gilt noch heute als Meilenstein der agilen Bewegung. Das Fundament des Manifests bilden 4 Leitsätze:

- **Individuen und Interaktionen** stehen über Prozessen und Werkzeugen
- **Funktionierende Software** steht über einer umfassenden Dokumentation
- **Zusammenarbeit mit dem Kunden** steht über der Vertragsverhandlung
- **Reagieren auf Veränderung** steht über dem Befolgen eines Plans

Bevor Du diese Grundprinzipien nicht verstanden hast, solltest Du nicht über die Einführung irgendwelcher Methoden nachdenken. Die Angst davor,

Verantwortung abzugeben, wäre ein guter erster Schritt. Das Gegenteil von starren Hierarchien ist ja nicht Anarchie, sondern die Berücksichtigung der Stärken aller Mitarbeiter und Wünsche der Kunden. Lasst uns also einen Blick auf die einzelnen Leitsätze werfen.

Zusammenarbeit mit dem Kunden steht über der Vertragsverhandlung

Die Berücksichtigung der Kundenwünsche ist ein wichtiger Erfolgsfaktor, das war schon immer so. Kunden haben heute aber viel mehr Möglichkeiten, sich vor dem Kauf über ein Produkt zu informieren, bevor sie Geld dafür ausgeben. Sie googeln danach, lesen Bewertungen, fragen über Social Media nach Erfahrungen oder diskutieren in Facebook-Gruppen über die Stärken und Schwächen eines Produkts. Auch deshalb hat die These „Märkte sind Gespräche" aus dem Cluetrain Manifesto auch 20 Jahre nach dessen Veröffentlichung immer noch einen hohen Wahrheitsgehalt. Viele Unternehmen haben bis heute nicht verstanden, dass der olympische Gedanke nicht ausreicht; dabei sein ist keinesfalls alles. Unternehmen müssen sich an den Gesprächen beteiligen, sonst werden sie nicht nur von den Algorithmen der sozialen Netzwerke, sondern auch von den eigenen Followern und Fans abgestraft und verschwinden unbeachtet irgendwo in den Tiefen des Webs. Sich der Diskussion zu stellen, Kritik einstecken oder frustrierte Trolle beruhigen zu müssen, mag mühsam und manchmal auch schmerzhaft sein, aber es ist auch eine sehr gute Möglichkeit, in einer frühen Entwicklungsphase Probleme zu erkennen. Es geht dabei nicht nur um die Qualität. Wunderschöne Designs und tolle Funktion werden Deine Kunden nicht überzeugen, solange Dein Produkt ihre Probleme nicht löst. Das dürfte den meisten mittlerweile klar sein.

Schaffst Du es aber, ein gutes Produkt zu entwickeln, welches die Erwartungen Deiner Kunden nicht nur erfüllt, sondern sogar übertrifft, ist die Chancen groß, dass sich Dein Produkt, alleine durch Empfehlungen und ohne teure Marketing-Kampagne, viral über den Globus verbreitet. Bei all den tollen Möglichkeiten, welche wir nutzen können, geht es also am Ende doch wieder nur um menschliche Bedürfnisse. Nir Eyal, Autor und Experte für Psychologie in Verbindung mit technischen Lösungen, meint, dass ein wesentlicher Erfolgsfaktor bei der Produktentwicklung die Erschaffung von Gewohnheiten ist. Produkte, die wir in unseren Alltag einbauen und oft nutzen, sind auch schwerer wieder aus unseren Köpfen zu vertreiben. Ein gutes Beispiel dafür ist Google. Jeder Versuch, die Suchmaschine vom Thron zu stoßen, ist unter anderem deswegen gescheitert, weil „Googeln" Teil unserer täglichen Routinen geworden ist. Du hast heute die Gelegenheit, jeden Berührungspunkt, den Nutzer mit Deinem Produkt haben, genau zu analysieren und auch zu beeinflussen. Du kannst das Nutzungsverhalten der Nutzer beobachten und sehr viel darüber lernen, wie Nutzer tatsächlich mit Deinem Produkt interagieren, wie sie es in der Masse an Informationen finden und warum ein Teil der Nutzer frühzeitig wieder geht.

Es gibt viele gute Ansätze, die uns dabei helfen Produkte zu entwickeln, die unsere Kunden begeistern. Die Produkte nicht blind nach unseren eigenen Vorlieben zu entwerfen, sondern die Bedürfnisse, Probleme und Kernaufgaben unserer Zielgruppe mit einzubeziehen, ist ein weit verbreiteter Ansatz, der sich berechtigterweise immer mehr durchsetzt. Egal, ob man es Design Thinking, Growth Hacking, Lean Management oder User Centered Design nennt, das Ziel ist immer dasselbe: Ein tiefes Verständnis für die Wünsche und Probleme der Zielgruppe zu entwickeln.

Zu Beginn klingt dieser Ansatz eigentlich ganz einfach: Sprich mit Deinen Kunden und entwickle auf dieser Basis Dein Produkt. Leider tun sich in der Praxis die meisten Unternehmen äußerst schwer damit. Dafür gibt es vielfältige Gründe. Zum einen, und so geht es mir auch heute oft selbst noch, sind viele Produktmanager in ihre Produkte verliebt und trennen sich nur sehr ungern von einer guten Idee, auch wenn ein großer Teil der Kunden darin keinen wirklichen Nutzen erkennt. Du hast eine Idee im Kopf und suchst dafür Kunden. Doch eigentlich sollte man den Prozess umkehren: Finde Deine Kunden, frage, was sie wollen und entwickle daraus dann die passende Lösung.

Das Dilemma mit den Kundenwünschen

Kunden sind sich häufig selbst nicht so genau im Klaren, was sie eigentlich brauchen. Kaum ein Smartphone-Nutzer hätte, bevor Apple das iPhone präsentiert hat, freiwillig auf Tasten oder einen SIM-Karten-Slot verzichtet. Kaum jemand hätte sich vor dem Launch von Streaming-Plattformen vorstellen können, dass einem Musikalben irgendwann nicht mehr selbst gehören werden und wir diese nur temporär streamen. Der Harvard Business Review befragte in einer Studie 270 Unternehmen. 71% gaben an, ihre Kunden gut einschätzen zu können. Tatsächlich scheitern aber die meisten Unternehmen, und vor allem Startups, genau an diesem Punkt. Die Wahrnehmung und die Realität scheinen also weit auseinander zu liegen. Kawasaki war zum Beispiel über Jahrzehnte hinweg der unangefochtene Leader im Jet-Ski-Markt. Als Kawasaki ihre Kunden nach Verbesserungsvorschlägen für ihre JetSkis fragte, antworteten diese mit „mehr Polsterung" um die Stehposition komfortabler zu machen. In der Zwischenzeit entwickelten andere Hersteller jedoch JetSkis mit einer Sitzgelegenheit und stießen Kawasaki damit von der Marketleader-Position.

„Das Problem zu erkennen, ist wichtiger, als die Lösung zu erkennen, denn die genaue Darstellung des Problems führt zur Lösung"
– Albert Einstein

Diese Erkenntnis ist nicht neu. Bereits 1962 meinte der renommierte Harvard Professor Theodore Levitt, die Menschen wollen keine sechs Millimeter großen Bohrer, sie wollen sechs Millimeter große Löcher in den Wänden. Tony Ulwick, CEO von Strategyn, entwickelte die Idee im Jahre 1999 weiter und nannte seinen Ansatz „Outcome Driven Innovation (ODI)". Ulwick meinte, eine Aufgabe bleibe über Jahre hinweg stabil, sie ändere sich nicht über die Zeit. Produkte hingegen hätten immer eine Lebenszeit. Ulwick sagte schon damals, es sei wichtiger, die emotionalen Jobs (Aufgaben) der Kunden zu verstehen, als sich zu sehr auf die Funktionen zu konzentrieren.

Professor Clayton Christensen, ein amerikanischer Wissenschaftler, Autor und Unternehmensberater und Vater des Begriffs der disruptiven Innovation, griff die Theorie von Ulwick auf. Christensen meinte, Menschen beauftragen ein Produkt, um für sie einen „Job“ zu erledigen, aber sie feuern es auch wieder, wenn es eine neue, bessere Lösung gibt. Weltberühmt wurde sein Milchshake-Beispiel. Christensen fragte sich, wie eine Fastfoodkette mehr Milchshakes verkaufen könnte. Typisch wären eigentlich die Verbesserung der Produktattribute wie zum Beispiel die Kreation anderer Geschmacksrichtungen oder die Ausrichtung auf eine neue Zielgruppe.

Tatsächlich scheiterten die Fastfoodketten genau an diesen Bemühungen. Sie bemerkten mit der Zeit, dass sie so nicht mehr Milchshakes verkauften und versuchten einen neuen Ansatz. Sie richteten den Fokus auf den Kontext der Kernaufgaben und stellten fest, dass ein Großteil der Milchshakes am Morgen verkauft wurde. Die Berufstätigen wollten auf der langen Fahrt zur Arbeit eine einfache Beschäftigung, die sie auch während des Fahrens ausüben konnten. Die Fastfoodketten verbesserten vor allem die Prozesse und erreichten dadurch eine schnellere Kaufabwicklung. Die Verkaufszahlen schossen in die Höhe. Das Milchshake-Beispiel zeigt den Grundgedanken hinter einem Konzept, welches sich „Jobs to Be Done“ nennt. Im Kern geht es darum, dass Kunden Produkte beauftragen, um für sie eine bestimmte Aufgabe zu lösen.

Die 5-Why-Methode ist eine hervorragende Interview-Technik, um der Ursache oder auch der Kernaufgabe auf den Grund zu gehen. Dabei ist die Anzahl der Fragen symbolisch auf 5 beschränkt. Das spielt aber keine großse Rolle, wichtig ist, dass Du solange nachfragst, bis Du das Problem identifiziert hast.

Wenn sich zum Beispiel das Auto nicht starten lässt, kannst Du Dir folgende Fragen stellen:

- Warum startet das Auto nicht?
    - Die Batterie ist leer
- Warum ist die Batterie leer?
    - Der elektrische Generator funktioniert nicht

- Warum funktioniert der elektrische Generator nicht?
  - Der Keilriemen ist gerissen
- Warum ist der Keilriemen gerissen?
  - Er wurde zu lange nicht ausgewechselt
- Warum wurde er zu lange nicht ausgewechselt?
  - Das Fahrzeug wurde bisher noch nie gewartet

Elon Musk spricht in diesem Zusammenhang von First Principles. Für den Gründer von Paypal, Tesla und SpaceX ist diese Denkweise einer seiner wichtigsten Erfolgsfaktoren. Im Fall von Tesla ist immer noch ein großer Teil der Welt davon überzeugt, dass elektrische Autos sich niemals durchsetzen werden, weil die Produktion der Akkus zu teuer sei. Musk stellt sich dem vehement entgegen. Musk meint, wenn man den gesamten Prozess der Akku-Produktion hinterfrage, bestehe durchaus eine Chance, Akkus viel günstiger und effizienter zu produzieren. Zum Beispiel durch den Kauf von individuellem Material von kostengünstigen Quellen sei es ihm möglich, sehr viel günstigere Akkus zu produzieren. Musk hat diese Prinzipien nicht erfunden, bereits der griechische Gelehrte Aristoteles beschrieb 322 v. Chr. sehr ähnliche Prinzipien.. Im Wesentlichen geht es darum, komplexe Probleme in kleine Teilprobleme aufzuteilen, um die Komplexität zu reduzieren. Die angesprochenen Philosophien sind als Denkanstöße zur Inspiration gedacht. Wichtig ist das grundlegende Bekenntnis des gesamten Unternehmens, Kundenfeedback ins Zentrum aller Überlegungen zu stellen und dies strategisch auch so zu verankern. Das Mindset, lösungsorientiert zu denken und Probleme, Reklamationen oder negatives Feedback als wichtige Quelle für zukünftige Innovationsbemühungen zu sehen, und nicht als Versagen, und den Mut zu haben, auch komplexe Projekte anzugehen, ist ein weiterer wichtiger Schritt.

Es braucht Anfangs nicht unbedingt komplexe Methoden und Strategien, auch vermeintliche einfache Maßnahmen, wie sich als Produktmanager regelmäßig mit den Mitarbeitern des Kundendienstes zu unterhalten oder bei verlorenen Aufträgen nach dem Grund zu fragen, reichen oft schon, um ein viel besseres Kundenverständnis zu entwickeln. In den vielen Gesprächen mit Produktmanagern und User Experience Designern international etablierter Unternehmen habe ich gelernt, dass es keine Wundermittel oder Patentrezepte gibt. Das ist kein Freibrief für Chaos, selbstverständlich braucht es gut durchdachte Konzepte, aber schlussendlich nutzen nicht homogene Kundengruppen unsere Produkte, sondern Individuen, welche trotz ähnlicher Bedürfnisse völlig unterschiedlich auf bestimmte Angebote und Funktionen reagieren. Es ist und bleibt also harte Arbeit, der wir uns jeden Tag aufs neue stellen müssen. Es gibt keine Magie, die Dein Unternehmen in kürzester Zeit starkes Wachstum beschert. Bei aller Liebe zu Themen wie Growth Hacking, Social Media oder Content Marketing, wer sich nur auf Theorien verlässt und andere Modelle kopiert, wird kaum erfolgreich sein.

Individuen und Interaktionen stehen über Prozessen und Werkzeugen

Gerade weil nutzerzentriertes Arbeiten eine große Herausforderung ist, braucht es neue Organisationsformen, die es den Mitarbeitern ermöglichen, sich stärker auf das Produkt und die Kundenbedürfnisse zu fokussieren. Agile Methoden und Prozesse gibt es mittlerweile viele. Softwareentwickler setzen häufig auf Scrum, Spotify koordiniert seine Teams in kleinen Organisationseinheiten, genannt Squads. Andere Unternehmen organisieren sich in Gilden oder Growth Teams und nutzen die Kanban-Methode. Und auch in diesem Fall spielt weniger das gewählte Modell eine Rolle, als die Bereitschaft, sich auf die neue Organisationsform einzulassen. Es geht nicht darum, einfach blind ein theoretisches Modell zu kopieren, sondern selbst neue Ansätze zu entwickeln und vor allem auch die Mitarbeiter in die Produktentwicklung einzubeziehen. Eine Führungsperson bei Scout24 hat mir mal gesagt, man könne Mitarbeiter eigentlich gar nicht motivieren, sondern nur demotivierten. Er meinte damit, dass Du eigentlich nur die Rahmenbedingungen schaffen kannst, damit die Mitarbeiter selbst eine innere Motivation entwickeln. Natürlich gibt es in diesem Bereich viele Varianten und Theorien, aber es gibt einen Grundsatz, der mit Sicherheit nachhaltig dafür sorgen wird, dass Deine Mitarbeiter jeden Tag mit viel Herzblut an die Sache gehen und den Drang entwickeln, ihr Produkt und damit Dein Unternehmen zum Erfolg zu führen, und das ist Freiraum.

Es mag ein besonderes Merkmal der Generation Y sein, heute eher nach Möglichkeiten der Selbstverwirklichung zu suchen, als nach nach Statussymbolen und materiellem Erfolg zu streben. Aber es dürfte auch in Zukunft ein wichtiger Erfolgsfaktor bleiben, den Mitarbeitern mit Vertrauen mehr Wertschätzung entgegenzubringen. Natürlich sind autonome Teams alleine nicht die Lösung für eine gute Firmenkultur, aber sie können dazu beitragen, dass jeder Mitarbeiter ein Gefühl der Zugehörigkeit hat und eine innere Motivation entwickelt. Auch wenn es als Führungskraft sehr schwer ist, Verantwortung abzugeben, aber nur so entfalten Mitarbeiter ihr volles Potenzial.

„It doesn't make sense to hire smart people and then tell them what to to. We hire smart people so they can tell us what to do."
– Steve Jobs

Mitarbeiter in Produktteams identifizieren sich viel stärker mit dem Unternehmen, aber auch mit dem Produkt selbst. Sie entwickeln einen starken Fokus für das Thema, werden zum Experten in diesem Bereich und entwickeln dadurch auch bessere Lösungen. Sie setzen nicht nur um, was man ihnen vorgibt, sie entwickeln ein grundlegendes Verständnis für den Gesamtkontext, indem das Produkt genutzt wird. Die Zusammensetzung autonomer Teams ist je nach Produkt, Unternehmen und Branche sehr unterschiedlich. Häufig braucht es fachspezifische Spezialisten wie Entwickler und User Experience Designer oder bestimmte Rolle wie einen Concepter oder einen Prozessverantwortlichen. In Scrum-Prozessen setzen wir Teams mit speziellen Rollen ein wie dem Scrum Master oder dem Product Owner. Es gibt viele weitere Spezialisten, welche ein Produktteam vorantreiben können. Sean Ellis, CEO und Startup Coach aus dem Sillicon Valley hat beispielsweise mit dem „Growth Hacker" eine völlig neue Rolle definiert und hat damit einen weltweiten Hype ausgelöst. Ellis beschreibt „Growth Hacking" als eine Art Schnittstelle zwischen den User Experience Designer, Programmierern, Projektentwicklern und Marketing-Leuten. Ellis selbst kreierte als Growth Hacker den Klassiker unter den Growth Hacks bei Dropbox. Als er mit klassischen Performance-Maßnahmen keinen anständigen Return on Investment erreichte, entschied er sich für eine kreative Maßnahme und entwickelte gemeinsam mit seinem Team eine Art Empfehlungsprogramm. Jeder Nutzer konnte durch das Einladen seiner Freunde mehr Speicherplatz ergattern. So verbreitete sich der Cloud-Speicher quasi wie von selbst.

„A growth hacker is just different than a marketer. A growth hacker is a person whose true north is growth. Every decision that a growth hacker makes is informed by growth. Every strategy, every tactic, and every initiative, is attempted in the hopes of growing."
– Sean Ellis

Ellis empfiehlt in seinem Buch „Hacking Growth" einen Growth Master in jedes Produktteam zu integrieren. Also jemanden, dessen einzige Aufgabe es ist, das Wachstum des Produkts zu beflügeln. Es ist aber zu beachten, dass dies bei manchen agilen Methoden zu Problemen führen könnte, da der Growth Hacker so ziemlich in jedem Fachgebiet aktiv werden kann. In Scrum besteht zum Beispiel ein erhebliches Konfliktpotenzial mit dem Product Owner, da beide Rollen einen starken Produktfokus innehaben. Aber es geht schlussendlich auch darum mutig zu sein und auch einfach mal etwas Neues auszuprobieren.

Orientiere Dich an Deinem Nordstern

Damit alle Teammitglieder auf dasselbe Ziel hin arbeiten, empfiehlt Ellis, sich an einem gemeinsamen Nordstern, auch NorthStar Metric genannt, zu orientieren. Das helfe nicht nur dabei, das komplette Team in Einklang zu bringen, sondern auch neue Wege konsequent einzuhalten. Bei kleineren Unternehmen und Startups helfe diese Vorgehensweise beim Aufbau der Wachstumsmaßnahmen, aber auch größere Unternehmen würden davon profitieren, indem mehrere interdisziplinäre Teams gemeinsam an Wachstumszielen arbeiten können. Der Nordstern von Spotify ist zum Beispiel die gesamte Zeit, welche ein Nutzer aufwendet, um Musik zu hören. Um dieses Ziel zu erreichen, versuchten die Teams wiederum, die Nutzer möglichst oft auf Spotify zurückzubringen, also Spotify in die täglichen Routinen einzubinden. Erreicht haben sie dieses Ziel durch Maßnahmen wie teilbare Playlists, die Möglichkeit, Musik Freunden zu empfehlen, oder über intelligente Funktionen neue Musik zu entdecken, welche den eigenen Vorlieben entsprechen.

Nordsterne schaffen Leitplanken, die den Teams auch in stürmischen Zeiten die richtige Richtung vorgeben sollen. Gerade wenn es darum geht, die klassische Welt zu verlassen und neue Schritte in Richtung digitaler Märkte zu gehen, muss die neue Ausrichtung strategisch verankert werden. Nur so kann Dein Unternehmen das nötige Mindset entwickeln, das bei Innovationsprojekten zwingend vorhanden sein muss. Auch wenn Du Dir schon beim Start Deines Startups oder beim Kickoff eines neuen Produkts natürlich Gedanken über Deine Vision und Deine Positionierung machen solltest, solltest Du Dich davon nicht verrückt machen lassen. Eine klare Positionierung zu finden, ist ein harter Prozess, der eigentlich niemals abgeschlossen ist. Es empfiehlt sich gerade zu Beginn verschiedene Varianten zu testen. Vladi von Chimpify hat mir seine Vorgehensweise als Spaghetti-Technik beschrieben. Wirf Deine Ideen wie Spaghetti an eine Wand und verfolge diejenigen weiter, die kleben bleiben.

Viele tun sich schwer damit, sich von Bereichen zu trennen, die möglicherweise schon Umsätze bringen. Die allermeisten Startups, welche ich betreut habe, werden früher oder später mit der Situation konfrontiert, Anfragen zu erhalten, welche sich außerhalb der eigentlichen Positionierung befinden. Solange diese Aufträge das Wachstum Deines Produkts nicht bremsen, ist natürlich nichts dagegen einzuwenden, diese anzunehmen. Aber ich habe selbst erlebt, wie es ist, wenn man auf einmal keine Zeit mehr hat, um an den eigenen Unternehmenszielen zu arbeiten. Mein erster Versuch in die Selbständigkeit ist unter anderem deswegen gescheitert, weil ich, anstatt an meiner Unternehmensvision zu arbeiten, mich mit viel zu vielen Kleinaufträgen rumgeschlagen habe, welche mir am Ende des Tages einfach zu wenig Umsatz eingebracht und mich schlussendlich kein Stück näher an mein Ziel gebracht haben. Heute weiß ich, dass das vor allem daran gelegen hat, dass ich mein oberstes Ziel, meinen Nordstern, nicht richtig definiert hatte. Das wiederum hat zu einer schwammigen Positionierung geführt. Gerade kleine Startups können sich im Haibecken aber nur durchsetzen, wenn sie auf ihrem Gebiet deutlich besser sind als die Konkurrenz und dort sehr viel Mehrwert bieten können. Eine gute Positionierung wird dafür sorgen, dass Du auf Deinem Gebiet wachsen kannst, indem Du Dich auf die richtigen Themen fokussierst und so keine Ressourcen verschwendest. So hast Du den Freiraum, Dich in Deinem Spezialgebiet weiterzubilden und ständig dazuzulernen. Sein Wissen zu steigern und jeden Tag besser zu werden ist immer noch der wichtigste Garant für Wachstum. Wenn Du Morgen mehr weißt als heute, bist Du bereits gewachsen.

Reagieren auf Veränderung steht über dem Befolgen eines Plans

Die Art und Weise, wie wir zusammenarbeiten, hat sich in den letzten 20 Jahren stark verändert. Das Tempo hat sich beschleunigt und die Erwartungen und Denkweisen neuer Generationen sind völlig andere als die unserer Eltern. Agilität ist dabei nur eine Antwort auf die vielen Fragen, die auf die Unternehmen in Zukunft zukommen; vor allem mit dem Bewusstsein, das lebenslanges Lernen ein wichtiger Erfolgsfaktor für die Arbeitnehmer, aber auch für die Arbeitgeber, geworden ist.

Der Neurobiologe und Hirnforscher Dr. Gerald Hüther plädiert seit Jahren für die Etablierung einer völlig neue Lernkultur und fordert einschneidende Änderungen am Bildungssystem, damit gewährleistet ist, dass auch die nächste Generation den Anforderungen der Wirtschaft gewachsen ist. Natürlich sind gerade in Sachen Erwachsenenbildung auch die Unternehmen in der Pflicht. Und auch die Gesellschaft und die Politik sollten ihren Teil dazu beitragen, dass wir in Europa auch Morgen und Übermorgen in der Lage sind, trotz der großen Veränderungen, die Themen wie „Machine Learning“ oder „dezentrale Netzwerke“ mit sich bringen, innovative Lösungen zu entwickeln.

Auch als Gründer, CEOs, Team-Leader oder Solopreneur lohnt es sich einmal über den Tellerrand zu blicken und sich auf die philosophischen Thesen von Koryphäen wie Dr. Hüther einzulassen. So ist gerade die Aussage, dass der wichtigste Rohstoff einer Gesellschaft die Begeisterung der Menschen am Entdecken und Gestalten ist, doch sehr einleuchtend. Laut Hüther besitzt jedes Kind seit Geburt diese Begeisterungsfähigkeit und sorgt dafür, dass unsere Kinder spielerisch lernen und sich automatisch weiterentwickeln. Leider werde dieser kostbare Schatz im Moment zu stark unterdrückt und verkümmere zusehends. Die Hirnforschung hat in den letzten Jahren eine Vielzahl an Erkenntnissen zutage gefördert, wie Lernprozesse optimal gestaltet werden können. So besagen die Forschungsergebnisse, dass wir dann Lernen, wenn die neuronalen Äste in unserem Gehirn wachsen. Im limbischen System werden ankommende Reize als wichtig oder unwichtig bewertet. Weitergeleitet wird nur, was als wichtig erscheint. Damit wir überhaupt etwas lernen, müssen wir zuerst einmal dafür sorgen, dass Informationen als wichtig wahrgenommen und bewertet werden. Es wäre beispielsweise sinnvoll, beim Einstieg in ein neues Thema vorhandenes Wissen zuerst wieder zu aktivieren und sich mit dem Thema so auseinanderzusetzen, dass man das große Bild versteht.

Wird die Information dann weitergeleitet, werden unterschiedliche Bereiche im limbischen System aktiv, die jeweils andere Aufgaben wahrnehmen und unterschiedlich stimuliert werden können. Der Präfrontale Cortex ist für die Emotionen zuständig; hier findet auch die Impulskontrolle statt. Dann gibt es ein Belohnungssystem, oder die Amygdala, in welcher Gefühle, Furcht und Stress verarbeitet werden. Verschiedene Studien aus der Hirnforschung belegen, dass wir dann die größten Lernerfolge erzielen, wenn unterschiedliche Bereiche im Gehirn gleichzeitig aktiviert werden. Entgegen weitläufiger Meinungen ist die Funktionsweise des Gehirns wesentlich komplexer als ein Muskel, der einfach durch Wiederholungen trainiert werden kann. Hüther sagt zum Beispiel, nachzudenken und sich zu konzentrieren sei nicht unbedingt die Lieblingsbeschäftigung des Gehirns; dieses sei zuallererst damit beschäftigt, wichtige Körperfunktionen aufrecht zu halten. Also müssen wir es zuerst einmal in die Lage versetzen, neues

Wissen aufnehmen zu können. Natürlich wird durch die Wiederholung des Lernstoffs das Gehirn stimuliert. Die schlechte Nachricht ist also: Wir müssen immer noch lernen. Die gute Nachricht ist aber, dass laut Dr. Hüther die Verzweigungen in unserem Hirn dann wachsen, wenn wir emotionale Erfolgserlebnisse haben. Freude an dem zu haben, was wir tun, spielt also auch beim Lernen eine sehr wesentliche Rolle.

„Willst Du ein Schiff bauen, rufe nicht die Menschen zusammen um Pläne zu machen, die Arbeit zu verteilen, Werkzeug zu holen und Holz zu schlagen, sondern wecke in ihnen die Sehnsucht nach dem großen, endlosen Meer."
– Dr. Gerhald Hüther

Auch der deutsche Psychiater und Hochschullehrer Manfred Spitzer meint, dass nicht das Pauken von langweiligen Regeln große Lernerfolge bringt, sondern das Üben an vielen konkreten Beispielen, die äußeren Bedingungen und die Neugierde. Es ist also wiederum die Motivation und Wertschätzung, die dafür sorgt, dass Kinder oder Mitarbeiter ihr volles Potenzial entfalten und sich weiterentwickeln.

Inspirierende Objectives und messbare Key-Results

Nach soviel Theorie springen wir wieder etwas in die Praxis. Eines meiner Lieblingsthemen sind intelligente Zielvereinbarungssysteme. Das sogenannte OKR-Modell ist ein solches System. Es stammt ursprünglich von Intel, wird heute aber von vielen erfolgreichen Unternehmen wie Google, LinkedIn oder den Spieleentwicklern von Zynga eingesetzt, um ihre über den gesamten Globus verstreuten Teams, trotz autonomer Organisation und viel Freiraum, zu organisieren und gleichzeitig den Unternehmenserfolg messen zu können. Jedes Team orientiert sich so immer an der Vision, also am Nordstern des Unternehmens. Nach der Definition des Nordsterns wird eine Mission formuliert, diese beinhaltet die strategischen Richtlinien für die nächsten fünf bis zehn Jahre. Die OKRs selbst werden auf Basis dieser Mission erstellt und quartalsweise, also alle 3 Monate, definiert. OKRs lassen sich auch sehr gut mit anderen agilen Methoden wie Scrum verbinden, indem beispielsweise die Ziele aus den OKRs die Grundlage für die Sprint-Backlogs legen. OKRs bilden so eine Art Baumstruktur, in welcher jede Unternehmensebene die OKRs an die tiefer gelegene Ebene weitervererbt und so alle Teams und Teammitglieder auf die große Vision, den Nordstern, hinarbeiten.

OKRs selbst bestehen aus den Objectives, welche ein eher abstraktes, aber für das Team motivierendes Ziel beschreiben. Jedes Objective beinhaltet zwei bis fünf messbare Key-Results, die beschreiben wie das Objective konkret erreicht werden kann.

	Team OKRs	
Confidence Level (0 to 100)	**Key Result**	**Performance Level**
49	**Objective 1**	
50	KR 1 – Key Result 1	
25	KR 2 – Key Result 2	
70	KR 3 – Key Result 3	
80	KR 4 – Key Result 4	
20	KR 5 – Key Result 5	
45	**Objective 2**	
20	KR 1 – Key Result 1	
60	KR 2 – Key Result 2	
30	KR 3 – Key Result 3	
50	KR 4 – Key Result 4	
65	KR 5 – Key Result 5	

Dabei ist es wichtig, dass OKRs über das gesamte Unternehmen, in jedem Bereich, eingesetzt und sowohl operative als auch strategische Ziele berücksichtigt werden. Alles, was nicht in den OKRs steht, ist für das Unternehmen schlicht nicht relevant und wird auch nicht weiterverfolgt. Die große Herausforderung ist, keine allgemeingültigen Ziele zu formulieren. Den Umsatz zu steigern mag wichtig sein, Fehler zu minimieren ebenfalls, aber mit solchen Zielsetzungen werden Deine Produktteams keine großen Sprünge machen.

Wenn Dein Produktteam in Zukunft mit E-Mail-Marketing neue Kunden akquirieren möchte, wäre „Einführung eines erfolgreichen E-Mail-Newsletters" ein gutes Objective. Und „Ein wöchentliches Wachstum von 5%, um am Ende des Quartals 5.000 Abonnenten zu erreichen" ein gutes Key Result. Auch die Steigerung der Klickrate von 2,5 auf 5% ist als Key Result denkbar. Es gibt eine Reihe weiterer Empfehlungen. So solltest Du auch das Bonussystem konsequent auf den OKRs aufbauen, es sollte keine weitere zeitliche Terminierung innerhalb des Systems geben und alle OKRs sollten allen Mitarbeitern des Unternehmens transparent offengelegt werden. Am wichtigsten erscheint mir aber, dass das Top-Management lediglich übergreifende Unternehmens-OKRs definiert und die Teams daraus selbst ihre Team-OKRs festlegen können und im besten Fall alle Teammitglieder dann sogar die Freiheit erhalten, ihre persönlichen ORKs selbst zu definieren. Nur so entfaltet die angesprochene Baumstruktur ihr volles Potenzial. OKRs bieten viele weitere Vorteile. So zeigen Studien aus der Burnout-Prävention, dass Mitarbeiter sich eher trauen auch mal „Nein" zu etwas zu sagen, wenn sie dies aufgrund ihrer Zielvereinbarung rechtfertigen können.

Wenn Du interessiert daran bist OKRs einzuführen, kann ich Dir den umfassenden OKR-Kurs der Murakamy Academy sehr empfehlen: http://murakamy.com/okr-online-kurs-seminar

Funktionierende Software steht über einer umfassenden Dokumentation

Agile Methoden sind nicht nur für die Software-Entwicklung relevant. Ich spreche in Zusammenhang mit diesem Leitsatz also meistens von funktionierenden Produkten.

Ein schneller Test mit einem MVP ist ein bewährtes Mittel, um möglichst ohne große Ressourcenverschwendung Produktideen schnell am Markt zu validieren, bevor man diese entwickelt. MVP steht für „Most Viable Product" und beschreibt eine frühe Version Deines Produkts. Das kann bereits ein funktionsfähiges Produkt sein oder nur die Imitation Deines Produkts in Form eines Smoke-Tests. Ein Smoke-Test ist eine Landingpage, auf der das Produkt lediglich angepriesen wird und für wenig Geld beworben wird. Je nach Zielsetzung kannst Du Dich darauf konzentrieren, über die Kampagne Leads einzusammeln, indem Du auf einer Landingpage Dein Produkt beschreibst, alle Vorteile ausführst und am Schluss dem Besucher die Möglichkeit bietest, sich informieren zu lassen, sobald das Produkt verfügbar ist. Als zusätzlichen Anreiz kannst Du dem Besucher einen Rabatt auf die erste Bestellung versprechen, sollte er sich mit seiner E-Mail-Adresse eintragen. Eine besondere MVP-Variante ist der Mechanical Turk, bei dem Funktionen einer Software von Menschen simuliert werden, ohne dass die Nutzer es bemerken.

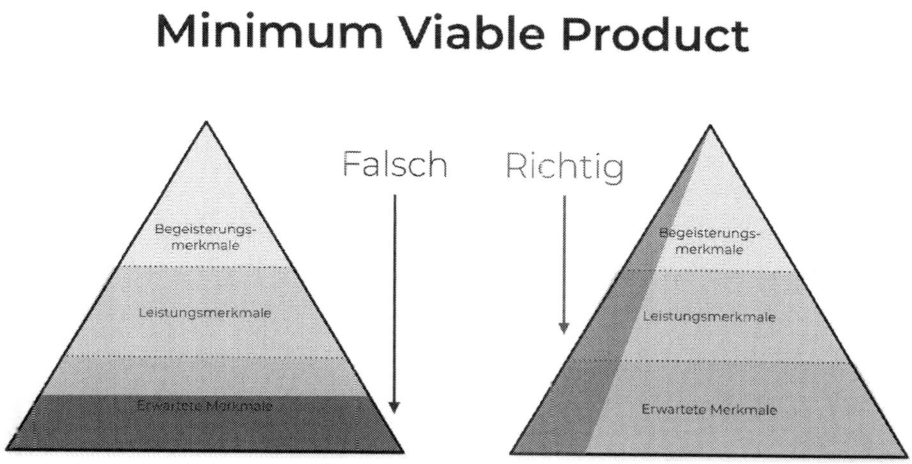

Das MVP-Prinzip wird oft nicht richtig interpretiert. MVPs sind keine Prototypen oder Konzepte, MVPs sind funktionsfähige Produkte, welche sich lediglich auf die wichtigsten Funktionen reduzieren. Sie sind nutzbar und zeigen den Mehrwert des Produkts. Das ist enorm wichtig, weil sonst ein Testergebnis keine verwertbare Aussage ergeben würde. Die Qualität muss also trotz allem stimmen. Es geht nicht darum, etwas Halbfertiges in schlechter Qualität zu veröffentlichen, sondern sich zu Beginn auf wenige Funktionen zu fokussieren. Das kann aber nur gelingen, wenn vorher die Unternehmensvision glasklar formuliert wurde. Nur so ist es den Projektentwicklern möglich, sich auf das zu fokussieren, was schlussendlich das gesamte Unternehmen weiterbringt.

Konzentriere Dich in erster Linie auf einfache Prinzipien und schaffe klare und selbsterklärende Produkte. Nutzer verwenden unsere Produkte meistens nicht so, wie wir das vermuten, und investieren viel weniger Zeit, zu verstehen, um was es auf einer Webseite, Plattform oder Landingpage eigentlich geht. Sie betrachten alles nur sehr oberflächlich und lesen viele Passagen erst gar nicht, sie scannen die Seite und suchen sehr schnell eine Möglichkeit um weiterzukommen. Bei der ganzen Vielfalt an verschieden menschlichen Bedürfnissen gibt es eine Gemeinsamkeit, welche der größte Teil Deiner Nutzer teilt: Sie haben keine Zeit. Der Usability-Experte und Autor Steven Krug sagt, wenn Du Dir nur eine einzige Usability-Regel merken möchtest, dann ist es „Don't make me think!", also: Bring mich nicht zum Nachdenken. Daher empfiehlt es sich, sich beim Entwickeln Deiner Produkte soweit es geht an Usability-Patterns zu halten, also bewährte Funktionen einzusetzen und nicht jedes Mal das Rad neu zu erfinden. Das betrifft nicht nur digitale Produkte. Auch im Alltag möchten Menschen Produkte, welche sie schnell verstehen, ohne ein Handbuch lesen zu müssen. Der beste Weg, Produkte verständlich zu gestalten und Probleme in jeder Phase der Produktentwicklung zu erkennen, ist die regelmäßige Durchführung von formalen Usability-Tests. Mich überrascht immer wieder, wie selten Unternehmen solche Tests in ihre Prozess eingebunden haben oder wie oft solche Tests einfach vergessen werden oder einem zu engen Zeitplan zum Opfer fallen. Dabei liefert jeder Usability-Test sehr aufschlussreiche Informationen darüber, wie Deine Kunden Deine Produkte nutzen und wo die größten Probleme entstehen. Zudem sind solche Usability-Test einfach und schnell durchführbar. Alles, was Du benötigst, ist ein Computer, eine Software, um die Nutzung aufzuzeichnen, und drei bis fünf Testpersonen, die dem Profil Deiner Zielkunden entsprechen.

Autonome Teams, Tricks, Hacks und agile Methoden – was nun?

Man kann es nicht genug betonen, wir entwickeln Produkte nicht für anonyme Zielgruppen, sondern für Menschen, deren Verhaltensweise teilweise schwer einzuschätzen ist. Um Menschen zu begeistern, muss man ihre Erwartungen übertreffen und möglichst versuchen, die verkauften Versprechen einzuhalten. Schlechte Bewertungen und Shitstorms haben schon vielen Unternehmen großen Schaden zugefügt. Bevor Du daran denkst, Erwartungen eines Kunden zu übertreffen, musst Du diese zuerst einmal verstehen. Es ist längst gang und gäbe, dass Unternehmen Psychologen für die Produktentwicklung einsetzen. Es gibt viele psychologische Effekte, welche wir uns zunutze machen können. Wir haben zum Beispiel bereits über die Macht der Gewohnheit gesprochen. Durch Freemium-Modelle kannst Du Deinen Kunden die Möglichkeit geben, Deine Produkt zu verwenden, bevor sie dafür bezahlen müssen. Sobald Deine Kunden das Produkt mehrmals eingesetzt, den Mehrwert erkannt und es in die tägliche Routine eingebaut haben, bietest Du ihnen zusätzliche Funktionen an oder beschränkst das bestehende Angebot. Zur Preisgestaltung kannst Du die Erkenntnisse aus der Preispsychologie nutzen. Dass Preise, die auf die Zahl 9 enden und unter einem runden Wert wie „5,99 Euro" liegen, funktionieren, ist weitläufig bekannt. Es gibt aber weitere Wahrnehmungseffekt die Du Dir zunutze machen kannst. So bewirken auch absteigende Werte wie „432" oder das Weglassen des Währungssymbols signifikant bessere Ergebnisse. Auch, wenn man nicht pauschal sagen kann, dass solche psychologische Effekte überall gleich gut wirken, können sie erwiesenermaßen dazu beitragen, dass Deine Kunden süchtig nach Deinem Produkt werden. Soziale Netzwerke manipulieren ihre Nutzer richtiggehend, indem sie psychologische Trigger (Auslöser) nutzen, um diese immer wieder auf die Plattform zu bringen. Fühlt sich der Nutzer einsam, loggt er sich ein, um sich mit anderen Menschen zu unterhalten. Hat er das dringende Bedürfnis, einen Erfolg oder Frust zu teilen, loggt er sich ebenfalls ein, um dies zu posten. Wenn Dir so etwas gelingt, ist die Chance groß, dass Du Deine Kunden langfristig binden kannst oder sogar zu Empfehlern machst.

Letztendlich geht es bei den vielen Möglichkeiten, Tricks, Hacks und Methoden, welche uns zur Verfügung stehen, vielmehr darum, sich so zu organisieren, dass die Mitarbeiter und Partner überhaupt erst die Möglichkeiten und den Freiraum haben, neue und teilweise mutige Wege zu gehen. Wenn wir auf die Stärken und das Wissen anderer Menschen vertrauen, können wir logischerweise auf einen viel größeren Wissensreichtum zugreifen. Anders als häufig behauptet wird, wird Dir kaum ein einziger Trick oder eine besonders geniale Idee exponentielles Wachstum besorgen. Auch wenn die vielen Erfolgsgeschichten von AirBnB, Dropbox oder Facebook diesen Eindruck vermitteln, ist es eher die Summe der Aktivitäten, die Teamfähigkeit und die grundlegende Einstellung, Neues auszuprobieren, welche Dir über einen längeren Zeitraum zu Erfolg verhelfen werden. Einzelne Maßnahmen sind dabei nur die Spitze des Eisbergs. Sie sorgen dafür, dass neue Nutzer zu Dir finden, möglichst wenig Schranken vorfinden, um zu bezahlen oder Dein Produkt weiterempfehlen können. Das ist in jedem Fall wichtig, aber es sind die Aktivitäten aller involvierten Mitarbeiter, welche Dein Unternehmen wachsen lassen. Es gibt zweifelsohne geniale Persönlichkeiten, die uns unglaubliche Geschichten liefern und uns inspirieren. Aber es empfiehlt sich, erst einmal sich selbst nicht als den nächsten Steve Jobs, Elon Musk oder Satya Nadella zu sehen, sondern zuerst einmal die Hausaufgaben zu machen und für eine gute Unternehmenskultur zu sorgen. Lass Dich nicht von einmaligen Erfolgen blenden und vergiss nicht: Wirklich großartige Erfolge entstehen in den allermeisten Fällen nicht durch einen genialen Einfall eines von der Muse geküssten Visionärs, sondern durch gute Teamarbeit und eine gute Unternehmenskultur.

„Culture eats strategy for breakfast."
– Peter Drucker

Ich bin Dir noch eine Antwort schuldig; bin mir aber fast sicher, dass Du in der Zwischenzeit schon erahnen kannst, worauf ich hinaus will. Seit ich denken kann, habe ich kreative Dinge erfunden, gestaltet oder Ideen und Produkte veröffentlicht. Nur hat das bis vor fünf Jahren niemand wirklich interessiert. Auch meine Familie und Freunde hatten langsam genug von meiner ständigen Träumerei. Dann hat sich mein Leben innerhalb weniger Wochen komplett verändert. Warum? Ich habe auf Twitter Tomas Herzberger, den Herausgeber dieses Buches kennengelernt. Tomas hat mich damals angesprochen, weil er über einen Tweet von mir mitbekommen hatte, dass ich, wie er, an einem eBook über „Growth Hacking" gearbeitet habe. Wir haben beschlossen, uns bei einem Skype-Call auszutauschen und Tomas machte gleich Nägel mit Köpfen und schlug vor, dass wir uns zusammentun sollten und ein gemeinsames eBook über Growth Hacking herausbringen sollten. Ich zweifelte wieder einmal, weil mein eBook ja schon fast fertig war und ich wie immer lieber alles alleine machen wollte, um die Kontrolle nicht zu verlieren. Wieso genau ich mich in diesem Fall aber dafür entschloss, mit Tomas zusammenzuarbeiten, weiß ich nicht mehr so genau; wahrscheinlich die gemeinsame Vision und Tomas charismatische Persönlichkeit. Jedenfalls haben wir uns perfekt ergänzt. So wurde unser Buch später vom Rheinwerk Verlag gedruckt und ich wurde dank dieser Entscheidung zum Bestsellerautor und gefragten Experten zum Thema „Unternehmenswachstum". Oder anders gesagt, auf einmal hörten mir die Menschen zu, wenn ich etwas erzählte, obwohl sich inhaltlich gar nicht so viel geändert hat.

Daher lautet mein wichtigstes Learning aus bald 20 Jahren Erfahrung in der Berufswelt: *„Nicht einzelne Menschen, sondern Teams können Berge versetzen."*

In diesem Sinne, viel Erfolg und gutes Gelingen

Sandro Jenny

KAPITEL 12:

THINK GROWTH!

Es passiert alles in Deinem Kopf

Von Tomas Herzberger

„Your time is limited, don't waste it living someone else's life. Don't be trapped by dogma, which is living the result of other people's thinking. Don't let the noise of other's opinion drown your own inner voice. Everything else is secondary."
– Steve Jobs, Gründer und CEO von Apple

Hast Du Kinder? Oder bist Du vielleicht Tante, Onkel oder Pate? Früher oder später (und egal ob Du willst oder nicht) wird sich die Anzahl der Kinder in Deinem sozialen Umfeld erhöhen - ob es nun die eigenen sind oder die Kinder von Freunden und Verwandten.

Das bringt Vor- und Nachteile. Auf der einen Seite wirst Du deutlich weniger Zeit mit Deinen Freunden verbringen. Du wirst deutlich seltener die Dinge machen, die Dir in Deinen frühen Zwanzigern Spaß gemacht haben. Und die Partyspiele werden sich radikal verändern. Aber Du hast auch die Gelegenheit, etwas ganz Wunderbares wiederzuentdecken. Etwas, das wir irgendwann in unserem Erwachsenendasein verlernt haben: wie man wächst.

Nicht physisch, der Zug ist irgendwann abgefahren. Sondern mental.

Nimm Dir einmal die Zeit und beobachte kleine Kinder auf einem Spielplatz: Sie sind ständig damit beschäftigt, etwas Neues zu lernen. Die einen lernen laufen, die anderen klettern. Auf der Wiese messen Jungs ihre Kräfte beim Kicken, im Sandkasten zwei Mädels ihre Geschicklichkeit beim Sandburgbauen. Nichts davon klappt sofort und schon gar nicht in der gewünschten Qualität. Aber hält das die Kids davon ab, es immer und immer wieder zu versuchen? Nein.

Natürlich gibt es gelegentlich Tränen oder sogar einen Wutanfall. Da fliegt vor Frust das Förmchen durch die Gegend und die beste Freundin ist auf einmal „total doof". Aber nach gefühlten fünf Minuten ist die Welt (zumindest meistens) wieder in Ordnung. Das Spiel und das Lernen geht weiter.

Noch nie war ein Kind vom Scheitern so frustriert, dass es nicht gelernt hat, wie man läuft. Oder klettert. Oder rennt. Wann haben wir Erwachsene das eigentlich verlernt?

Danke, ich kann schon laufen – was hat das mit mir zu tun?

Unser Bildungssystem basiert auf klaren Zielen: Abschluss der Grundschule, Abschluss der weiterführenden Schule, Ausbildung, Bachelor, Master usw. Während dieser Zeit haben wir immer ein Ziel vor Augen bzw. eine Karotte vor der Nase. Und diese Karotte ist von unserem sozialen Umfeld nicht nur anerkannt, das Erreichen wird auch Voraussetzung für den nächsten Schritt – den Start ins Berufsleben. Und dann hat es sich oft erledigt mit den klaren Zielen – und leider häufig auch mit dem mentalen Wachstum. Ab hier muss die intrinsische Motivation das Ruder übernehmen.

Die Ehrgeizigen unter uns schaffen es, sich selbst ein klares, berufliches Ziel zu setzen oder durch Neugierde und gesunde Unzufriedenheit (innere Triebkraft) sich kontinuierlich weiterzuentwickeln, beispielsweise Abteilungsleiter zu werden.

Aber das „Wachstum" findet seinen Ausdruck lediglich in der Gehaltsstufe und den Quadratmetern der Wohnung. Selten noch im mentalen Wachstum.

Aber vielleicht trifft das auf Dich nicht zu. Vielleicht bist Du jemand, der genug hat vom Hamsterrad. Vielleicht bist Du jemand, der sich damit beschäftigt, was das Leben neben Job, Kredit und Rente noch zu bieten hat. Und warum auch nicht, immerhin hast Du (wahrscheinlich) nur dieses eine Leben?!

Einige Menschen haben diesen Mut in sich gefunden. Den Mut etwas Neues zu wagen, etwas Neues zu lernen und als Mensch zu wachsen. Diese Menschen haben sich freiwillig für ein neues Projekt gemeldet – nicht etwa, weil sie dadurch besser bezahlt werden würden, sondern weil sie lernen oder ihre Geschäftsidee auf den Prüfstand stellen wollen. Diese Menschen machen sich selbstständig oder gründen ein Unternehmen. Nicht etwa, weil sie reich werden, sondern etwas verändern wollen. Mindestens sich selbst, vielleicht sogar die ganze Welt.

Wenn Du diese Zeilen liest, bist Du einer von uns – herzlich willkommen!

Jetzt ist es an der Zeit, dass Du die Lust am Lernen wiederfindest!

Natürlich lerne ich. Gestern habe ich gelernt, wie man einen IKEA-Schrank zusammenbaut!

Lernen und wachsen ist nicht für jeden etwas. Warum? Weil es unmittelbar und unweigerlich mit Scheitern verbunden ist.

Wer Skifahren lernen möchte, landet zu Beginn mit der Nase im kalten Schnee. DAS akzeptieren wir als natürlichen Lernprozess. Beim Skifahren ist ein Scheitern vollkommen in Ordnung. Man rappelt sich wieder auf, klopft sich den Schnell von den Klamotten und sucht seinen zweiten Ski, der zwanzig Meter weiter unten von alleine zum Stehen gekommen ist, und weiter gehts.

Warum sagen wir das Gleiche nicht auch im beruflichen Leben? Weil Scheitern in unserer Kultur in beruflichen Dingen immer noch als persönlicher Makel gilt. Ein Unternehmer, der nach fünf Jahren Insolvenz anmelden muss, ist in unseren Augen ein Verlierer. Wir sehen nicht den Mut, den es zur Gründung gebraucht hat. Wir sehen nicht seine Menschenkenntnis bei der Auswahl und Führung seiner Mitarbeiter. Wir sehen nicht die Aufopferung, Tag und Nacht für sein Unternehmen zu kämpfen und die Stunden, die er in seinem Unternehmen, statt mit Freunden oder seinen Kindern, verbracht hat. Wir sehen nur den Verlierer.

Das ist schade, denn dieser Unternehmer hat in den fünf Jahren bestimmt mehr über Menschen, den Markt und Unternehmensführung gelernt, als es ein Angestellter in zwanzig Jahren.

„I knew that if I failed I wouldn't regret that, but I knew the one thing I might regret is not trying."
– Jeff Bezos, Gründer & CEO von Amazon

Schon seit der Schule wurde uns eingeimpft, dass Fehler etwas Schlechtes sind: Sie werden Rot markiert, man wird vor der ganzen Klasse bloßgestellt und am Ende bekommt man eine schlechte Note. Warum? Weil man nicht alles wusste. Würde man als Schüler alles wissen, bräuchte man nicht in die Schule zu gehen. Natürlich sind Fehler Teil des Lernens. In der Schule werden Fehler immerhin noch als notwendiges Übel geduldet. Aber im beruflichen Leben sind Fehler mitunter ein Kündigungsgrund! Und das ist der Grund dafür, dass wir in Europa im Allgemeinen und in Deutschland im Speziellen über zu wenig Innovation und Unternehmertum klagen. Wir verdammen Fehler und diejenigen, die sich trauen, Fehler zu machen.

Denn Innovation entsteht nur dort, wo sich Menschen „aus der Deckung wagen" und ihre Komfortzone verlassen. Wo man lernen muss und damit unweigerlich auch Fehler machen wird. Ich glaube, dass sich erfolgreiche und glückliche Menschen oft genau in diesem Punkt unterscheiden: dass sie lernen und wachsen wollen, indem sie sich an neue Herausforderungen wagen und akzeptieren, dass sie dabei Fehler machen werden.

„The master has failed more times than the beginner has even tried."
– Stephen McCranie, Autor von „Mel & Chad"

Einige positive Anzeichen für die Veränderung von Mindsets gibt es: Zumindest in agilen Entwicklungsprozessen wird ansatzweise öfter über ein s.g. „fail fast"-Ansatz gesprochen. Und man versucht, diesen als Teil der Prozessoptimierungen bei Digitalprojekten zu leben.

Diese Bereitschaft, Fehler als Teil des Lernprozesses zu akzeptieren, macht den Unterschied aus. Und diese Bereitschaft findet nur in Deinem Kopf statt. Du und nur Du allein bestimmst, wie Du mit Fehlern umgehst.

Fehler machen fühlt sich scheiße an!

In den letzten fünf Jahren habe ich drei größere berufliche „Fuck-ups" erlebt, bin mit einem Projekt also gescheitert oder rausgeschmissen worden. Und das sind nur die großen, die richtig weh getan haben. Ich kann daher behaupten, dass ich weiß, wie man sich nach Rückschlägen fühlt. Und diese Rückschläge sind zumindest teilweise passiert, weil ich Fehler gemacht habe. Sei es bei meiner Tätigkeit, meiner Kommunikation oder schlicht bei der Wahl der Mitstreiter. Per se fühlt sich so ein Rückschlag genauso an, wie man es sich vorstellt: scheiße!

Dieses Gefühl ist unvermeidlich, weil menschlich. Und genauso liegt es in unserer Natur, den Fehler bei anderen zu suchen: Der Investor hatte keine Ahnung! Der Markt war noch nicht soweit! Die Kunden sind zu blöd für mein Produkt! Was kannst Du in dieser Situation tun?

Zwei Möglichkeiten: Du kannst es akzeptieren: Wenn man die „Schuld" bzw. die Fehler bei sich sucht, wirkt es ungemein befreiend. Denn diese Fehler hätte man nicht gemacht, wenn man sich zunächst nicht dazu entschlossen hätte, das Projekt überhaupt zu starten. Man kann sein Scheitern als Teil des

Lernprozesses akzeptieren – und deswegen stolz darauf sein! Denn höchstwahrscheinlich wird man diese Fehler nicht noch ein zweites Mal machen.

Oder Du kannst Deine Einstellung ändern: Dabei kann Dir die sog. „Reframing"-Methodik helfen. Der Begriff stammt aus der systemischen Therapie und wird oft im Coaching eingesetzt. Beim Reframing geht es um die „Umdeutung" von Ereignissen, einem Perspektivwechsel. Ein einfaches Beispiel gefällig? Das Glas ist nicht halb leer – sondern zur Hälfte mit Wasser und zur Hälfte mit Luft gefüllt.

Ein besseres Beispiel gefällig? Ein Kunde lehnt Dein Angebot ab. Statt Dich zu fragen „Warum? Was habe ich falsch gemacht?" könntest Du sagen „dieser Kunde war nicht ausreichend qualifiziert für mein Produkt – also suche ich den passenden Kunden." Oder wie ein Coach einmal zu mir sagte: „Wenn Du Deinem Kunden keinen Up-Sell (also ein höherpreisiges Produkt oder Dienstleistung) anbietest, ist das unterlassene Hilfeleistung."

„Denn an sich ist nichts weder gut noch schlecht; das Denken macht es erst dazu."
– Hamlet von William Shakespeare, 2. Akt, 2. Szene

Beim Reframing geht es nicht darum, sich etwas vorzumachen, sondern sich nicht von den mit dem Scheitern verbundenen negativen Emotionen in die Untätigkeit drängen zu lassen. Stattdessen bleibt man optimistisch, rappelt sich auf, setzt sein Krönchen zurecht und macht weiter. Frage Dich nicht, warum gerade Du diesen Rückschlag erleiden musstest – sondern was Du daraus lernen kannst und wozu es womöglich gut ist.

Beispiel Sport: In vielen Sportarten werden vermehrt Video-Analysen gemacht, um durch die gemeinsame Betrachtung die Fehler zu identifizieren, Zusammenhänge zu erkennen und daraus zu lernen. Natürlich solltest Du nicht absichtlich Fehler machen in der vermeintlichen Erwartungshaltung, dass Du davon lernen und wachsen wirst. Aber Du solltest Dich in neue, ungewohnte Situationen begeben. Dort ist die Gefahr von Fehlern höher – aber auch die Lernkurve.

Der bereits zitierte Gründer und Chef von Amazon, Jeff Bezos, sagt: *„I've made billions of dollars of failures at Amazon.com. Literally. None of those things are fun, but also they don't matter. What matters is companies that don't continue to experiment or embrace failure eventually get in the position where the only thing they can do is make a Hail Mary bet at the end of their corporate existence."*

Diesen Mut zu haben ist nicht einfach, denn vermutlich werden Fehler von Deinen Eltern, Deinen Geschwistern, Deinen Freunden aus dem Verein und Deinen Kollegen als etwas Negatives gesehen – deswegen tun sie selbst alles dafür, um diese unangenehme Situation in ihrem Leben zu vermeiden. Sie wehren sich mit Händen und Füssen gegen das Neue, das Unbekannte. Stattdessen surfen sie lieber auf der Welle der Bequemlichkeit und vermeintlich sicheren Routinen, während sie ihre 28 Urlaubstage genießen und sich wie Bolle freuen, wenn sie dem Arbeitgeber ein Schnippchen schlagen und die Urlaubstage perfekt in die Brückentage legen. Das sind Menschen, die man vor dem zweiten Kaffee am Montagmorgen lieber gar nicht ansprechen sollte; die jedes Meeting als willkommene Gelegenheit für Schnack & Kekse ansehen; und die am Mittwochabend bereits geistig im Wochenende sind.

Ich bin kein Klassenkämpfer. Selbstständigkeit oder Unternehmertum sind nicht für jeden Etwas und das ist auch vollkommen in Ordnung so, denn viele Menschen sind glücklich mit ihrem Job. Mir persönlich ist mein Leben nur zu schade dafür, ein Großteil meiner Zeit an einem Ort verbringen zu müssen, nur weil ich dafür bezahlt werde für jemand anderen Geld zu verdienen.

Ich will nicht gründen – kann ich trotzdem wachsen?

Gibt es also nur zwei Gruppen von Menschen – bequeme Angestellte und mutige Unternehmer/Selbstständige? Natürlich nicht.

Darf ich Dir Sabine vorstellen?

Sabine ist jemand, die wie Du nicht im Hamsterrad enden möchte. Sabine ist Studentin der Naturwissenschaften, die neben ihrem Studium ein Startup gegründet hat, das nun von einem Inkubator-Programm gefördert wird. Dort lernten wir uns kennen. Denn just bei diesem Inkubator gab ich ein Seminar über Growth Hacking.

Ich erläuterte gerade eine Methode, die als „Retargeting" bekannt ist. Falls Dir der Begriff nichts sagt: Retargeting ist die Möglichkeit, ein Cookie im Browser Deiner Website-Besucher zu hinterlassen und sie durch Banner an ihren Besuch zu erinnern. Besonders praktisch bei Besuchern, die nach einem Produkt gestöbert, es aber nicht gekauft haben. Große Augen starrten mich an – den Teilnehmern war gerade klar geworden, warum sie von all diesen Bannern verfolgt werden.

„Ich könnte das nicht." Sabine hielt sich erschrocken die Hand vor den Mund.

„Was?"

„Mich so zu … verkaufen", sagte sie leise.

„Du verkaufst nicht dich, sondern Dein Produkt."

„Aber ich will das nicht!"

Ich war verdutzt ob dieser Ablehnung und versuchte, es ins rechte Licht zu rücken: „Das ist nichts Schlimmes. Das ist nur Werbung."

Man sah ihr die moralische Zwickmühle an: „Aber das fühlt sich trotzdem ... komisch an."

Diese Reaktion war neu für mich. Und jetzt war ich derjenige, der nach Worten suchte. „Ok", sagte ich schließlich. „Aber wenn Du niemanden von Deinem Unternehmen erzählst, wirst Du keinen Erfolg haben. Dann kann Dein Produkt noch so gut sein. Niemand außerhalb Deines Bekanntenkreises wird davon erfahren. Und dann hast Du kein Unternehmen, sondern ein Hobby. Was vollkommen in Ordnung ist – aber nicht der Sinn und Zweck, warum wir hier sind. Denn hier geht es um Wachstum."

Diese Unterhaltung war neu für mich. Ich war von diesem Einwand überrascht worden und hätte viel empathischer reagieren können. Normalerweise spreche ich mit Gründern und Marketern, die nach Wachstum geradezu hecheln. Die begierig sind auf neue Strategien, Prozesse und Hacks, um mehr und schneller wachsen zu können. Die man davon abhalten muss, zu viel auf einmal machen zu wollen, da sie sonst in einen unsinnigen Aktionismus verfallen würden. Aber Sabine wollte das nicht.

Manchmal ist weniger mehr

Mit Sabine hatte ich jemanden vor mir, für den Wachstum kein Muss, sondern eine Option war. Daran ist überhaupt nichts Verwerfliches. Im Gegenteil: es zeugt von Rückgrat und Überzeugung, wenn man weiß, was man NICHT will. Ebenso, wie wenn jemand leidenschaftlich für die Erfüllung seiner ambitionierten Ziele kämpft. Es ist eine Frage der Mentalität oder auf Neudeutsch des *Mindsets*.

Nehmen wir den von mir sehr geschätzten Blogger und Coach Paul Jarvis, der im Januar 2019 ein Buch mit dem vielsagenden Titel „Company of one: why staying small is the next big thing for business" veröffentlicht hat.

Er hat ein stabiles Einkommen durch den Verkauf seiner Onlinekurse und lebt einen vergleichsweisen minimalistischen Lebensstil irgendwo in Westkanada. Er sträubt sich mit Haut und Haar gegen wirtschaftliches Wachstum, weil er zufrieden mit dem Status Quo ist – auch ohne Selfies von den Malediven oder Videos in einem Lamborghini.

Tatsächlich gibt es nicht wenige Ratgeber, die einen minimalistischen Lebensstil als ein sehr erstrebenswertes Ideal darstellen. Denn je weniger man besitzt, desto weniger Ablenkung hat man im Leben. Und desto mehr Zeit hat man, sich auf das Wesentliche zu konzentrieren. Für eine wachsende Bevölkerungsgruppe gilt Zeit als das wichtigste Asset – wichtiger noch als Umsatz.

Warum?

Wenn ich keine Playstation habe, muss ich mir nicht den Kopf zerbrechen, wie ich genügend Zeit einräume, um Red Dead Redemption zu spielen. Wenn ich nicht alle zehn Minuten ein Live-Video poste, muss ich mich nicht über Trolle und Hater ärgern – und kann mich stattdessen auf die Qualität meines Produkts fokussieren.

Cal Newport schreibt in seinem Bestseller „Deep Work", dass lange Phasen des konzentrierten und ungestörten Arbeitens Gold wert sind. Denn nur durch absoluten Fokus kann etwas wirklich „Wahres" von hoher Qualität entstehen. Viele Schreiber und Denker ziehen sich ganz bewusst aus ihrem Alltag zurück und suchen die Einsamkeit, um sich voll und ganz auf eine Sache konzentrieren zu können. Ob diese Methode auch etwas für Dich ist, kannst Du jetzt gleich testen: stelle Dein Handy auf „Flugmodus" und installiere in Deinem Browser eine Erweiterung, die Dich von besonders verführerischen Zeitfressern abhält, in dem sie Seiten für Dich blockt.

Wir leben in einer Zeit der Bequemlichkeit und des „Information Overload". Wir müssen uns bewusst GEGEN die vermeintlichen Annehmlichkeiten und Ablenkungen entscheiden, um fokussiert auf unser Ziel zuzusteuern. Genauso, wie wir uns bewusst gegen leckere, aber ungesunde Lebensmittel entscheiden, wenn wir abnehmen wollen. Auch dieser Kampf findet allein in Deinem Kopf statt. Du musst den kleinen Stagnations-Teufel auf Deiner Schulter zum Schweigen bringen, der Dir von einem wunderbaren Fernsehabend vorschwärmt.

Ja, das ist nicht immer leicht – aber es liegt dennoch in Deiner Natur.

Wachstum liegt in der Natur der Menschen

Und zwar im wortwörtlichen Sinne, denn wir vermehren uns – auch wenn wir nicht mehr genügend Platz und Ressourcen für uns alle auf diesem Planeten haben. Als Menschheit wachsen wir geistig, indem wir uns ständig neue Herausforderungen suchen. Jede wissenschaftlich relevante Erkenntnis wirft nur noch mehr Fragen auf.

Wir wachsen physisch und jagen immer neuen Rekorden hinterher. Usain Bolt war nicht damit zufrieden, die 100 Meter *ziemlich schnell* zu laufen. Er wollte der schnellste Mann der Welt sein. Michael Jordan ist nicht bekannt dafür geworden, einen Ball *relativ oft* durch einen Korb werfen zu können. Und wir bewundern Meryl Streep nicht dafür, weil sie *ganz ordentlich* schauspielern kann, sondern weil sie 21mal für den Oscar nominiert war (und ihn dreimal gewonnen hat).

Auch wirtschaftlich sind wir auf Wachstum angewiesen, denn Kapitalismus (und sei die Marktwirtschaft auch noch so sozial) funktioniert nicht ohne Wachstum. Wer sein Geld nicht vermehrt, sondern es unter der Matratze liegen lässt, der verliert sein Vermögen Cent für Cent. Die Länder drucken immer mehr Geldnoten, was zu einer Wertminderung, d.h. Inflation, führt. Bis auf wenige Ausnahmen haben sich alle Länder dieser Welt einer kapitalistischen Wirtschaftsordnung verschrieben. Und sogar das „kommunistische" China ist davon abhängig, dass die Wirtschaft beständig wächst – nicht zu sehr, aber vor Allem nicht zu wenig.

Ist man also wirtschaftlich aktiv, sollte man Wachstum nicht verfluchen oder sich davor erschrecken. It's part of the game! Denn selbst wenn die eigenen Ziele bescheiden sind und man nur ein kleines Unternehmen mit stabilem Umsatz etablieren möchte, muss man doch immerhin zu diesem Status wachsen.

In der digitalen Boheme hat sich das Wort „Growth" gegenüber dem viel uncooleren, geradezu altbackenem deutschen Wort „Wachstum" durchgesetzt. Zumindest für den Moment. In Kreisen vieler Jungunternehmer wird gerne über Hustle" oder „Grind" gesprochen. Damit möchten sie ihre Strebsamkeit trotz etwaiger Widrigkeiten zum Ausdruck bringen. Man macht sich die Hände schmutzig, man nutzt jede Chance und man verlässt auch gerne die etablierten Pfade, um das Wachstum des eigenen Unternehmens anzukurbeln. Egal, wie Du es nennst: es geht um Wachstum.

Unter den Startups im Silicon Valley hat der Begriff Growth oft eine noch aggressive Bedeutung. Ähnlich wie biologische Organismen sind Unternehmen dort bemüht, mit Geschäftsmodellen in den Markt „hineinzuwachsen" – auch auf Kosten anderer Unternehmen oder sogar ganzer Branchen.

So entstehen aus einer kundenzentrierten Denkweise und explorativen Methoden neue Online-Plattformen, Services und Produkt wie Uber oder Airbnb, die traditionelle und oft verkrustete Märkte disruptieren und komplett umkrempeln.

Schnelles Wachstum ist nicht ohne Risiko

Auch sollte man „Wachstum um des Wachstums willen" (das Leitmotiv von Krebs) vermeiden und nicht jedem Kunden hinterherjagen wie ein streunender Hund. Nicht etwa, weil man in Gefahr läuft zu scheitern – sondern weil man Gefahr läuft, zu bekommen, was man will. Was zunächst verlockend klingt, kann mittelfristig im Desaster enden, denn oftmals sind die Kapazitäten gar nicht ausreichend.

Im betriebswirtschaftlichen Sinne kann gesundes (Umsatz-) Wachstum auch funktionieren durch:

- Entwicklung nach Minimalprinzip (Produktion mit geringerem Einsatz)
- Pricing-Strategie
- Verknappung am Markt

Als Coach ist Deine Zeit begrenzt und weil Du Dich nicht klonen kannst, ist die maximale Anzahl Deiner Kunden limitiert. Als Unternehmer kannst Du nur eine bestimmte Anzahl Produkte herstellen und ausliefern oder Kundenanfragen bearbeiten.

Selbst beim Verkauf eines digitalen Produktes wie bspw. einer App kannst Du nicht unbegrenzt wachsen, ohne die Kapazitäten Deiner Server und das Personal der IT-Sicherheit oder des Customer Supports anpassen zu müssen. Diese leidvolle Erfahrung mussten einige Startups machen, die durch einen Auftritt in der TV-Show „Die Höhle der Löwen" sehr schnell sehr viel Aufmerksamkeit erlangt haben.

Aber Growth ist nicht nur Wachstum im qualitativen Sinne – es steht auch für Entwicklung, für qualitatives Wachstum. Und dieses Wachstum sollte von jedem angestrebt werden.

Nicht mehr Kunden, sondern zufriedenere Kunden. Nicht mehr Mitarbeiter, sondern eine gesunde Unternehmenskultur. Nicht mehr Umsatz, sondern mehr Gewinn. Nicht Wachstum um jeden Preis. Das Leitmotiv und Titel von Grant Cadones Bestseller „10X" ist mit Vorsicht zu genießen. Insbesondere hier in Europa, wo die meisten von uns ein anderes Verständnis von „gesundem Wachstum" und menschlicher Marktwirtschaft haben.

Bitte nachmachen: Das Growth Mindset

Carol S. Dweck ist Professorin für Psychologie an der Stanford University. In Ihrem Bestseller „The Growth Mindset" beschreibt sie zwei unterschiedliche Mentalitäten: das „Fixed Mindset" sowie (wer hätte es erraten) das „Growth Mindset".

Im Kern geht es darum, dass Menschen mit dem Fixed Mindset glauben, dass Dinge „in Stein gemeißelt" wären. Entweder ist man gut im Sport oder nicht. Entweder ist man schlau oder nicht. Entweder ist man eine gute Führungspersönlichkeit oder nicht. Alles ist Begabung, Talent und Veranlagung.

Problematisch wird es dann, wenn Menschen mit diesem Mindset den Erwartungen nicht mehr entsprechen können – seien es die Erwartungen anderer oder der eigenen. Denn wenn man trotz hoher Begabung scheitert, ist man in einer Sackgasse.

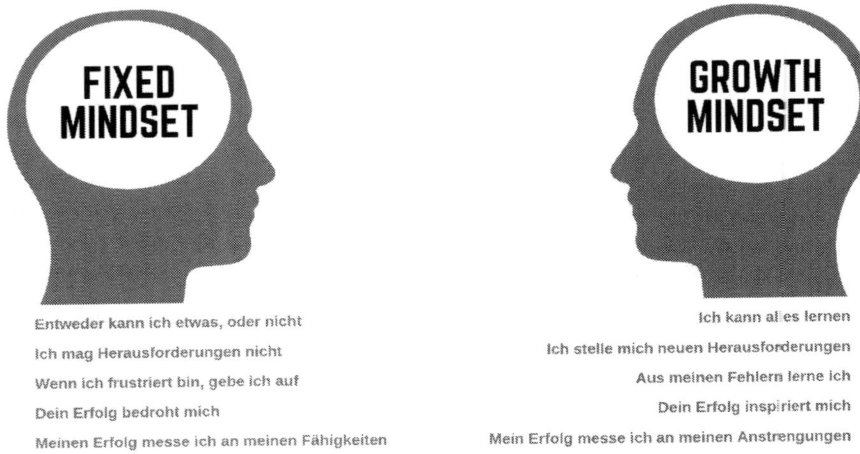

The Growth Mindset developed by Dr. Carol S. Dweck

Für die Menschen mit einem Growth Mindset steht – um die Worte von T.E. Lawrence aka Lawrence von Arabien zu verwenden – *„nichts geschrieben"*: Sie glauben daran, dass sie sich jederzeit verändern können, dass sie wachsen können. Egal, wie gut oder schlecht sie in einer Sache sind: Durch Lernen und harte Arbeit können sie jeden Tag ein bisschen besser werden. Sie sagen nicht „Ich kann das nicht!", sondern „Ich kann das NOCH nicht!" Ihr einziger Gegner ist das gestrige ich – und solange man dieses gestrige ich überwinden kann, gewinnt man. Wenn ich Skifahren lernen möchte und gestern an einem Abhang zehnmal hingefallen bin, ist es ein Erfolg, wenn ich heute nur noch achtmal hinfalle.

In vielen Studien hat Dr. Dweck bewiesen, dass es nicht nur Menschen mit dem einen oder dem anderen Mindset gibt, sondern dass wir immer wieder zwischen den beiden Mentalitäten wechseln – je nach Situation.

Vielleicht haben wir ein Growth Mindset in Sachen Unternehmertum und zeichnen uns als herausragende Führungspersönlichkeiten aus, die der persönlichen Entwicklung ihrer Mitarbeiter oberste Priorität einräumen. Aber sobald es um die Kindererziehung geht, verfallen wir in das Fixed Mindset und loben die guten Noten (= lies: die wenigen Fehler) unserer Kinder, anstatt den Lernprozess.

Möchtest Du also wirtschaftlich erfolgreich sein – und nur Du definierst, was „Erfolg" ausmacht – dann sei Dir ein „Growth Mindset" empfohlen. Denn nur damit wirst Du langfristig Erfolg haben. Du wirst dich, Dein Unternehmen und Deine Mitarbeiter weiterentwickeln. Du wirst neue Erfahrungen suchen, Dich in unbekanntes Terrain bewegen, Du wirst Fehler machen – aber trotzdem ist es die bessere Alternative zum „Fixed Mindset", denn Wachstum und Weiterentwicklung entsprechen unserem menschlichen Naturell und bringen Dich als Individuum und uns als Gesellschaft weiter.

Butter bei die Fische: Was kann ich tun?

Du willst Dich fachlich und persönlich weiterentwickeln? Glückwunsch, das ist der erste Schritt! In den folgenden neun Bereichen lohnt es sich, Dein Potenzial auszuschöpfen:

Execute – Bring Dein Projekt auf die Straße!

Du musst nicht gleich ein Startup gründen oder Dich selbstständig machen, um Gas zu geben. Tritt in eine Partei ein und kandidiere für ein Amt! Initiiere ein Meetup und halte einen Vortrag zu Deinem Fachgebiet! Schreib endlich das Buch, das in Dir schlummert! Denk daran: es muss nicht perfekt sein.

Von Mark Zuckerberg soll das schöne Zitat stammen: „Better done than perfect." Tatsächlich „leiden" viele von uns (mich eingeschlossen) unter einem Perfektionismus, der uns die Verwirklichung eines Projekts erst erlaubt, wenn alles perfekt ist – was es nie sein wird. Bis wir mit unserem Projekt soweit sind, dass es unsere Qualitätsansprüche erfüllt, haben andere schon zwei oder drei Projekte auf die Straße gebracht und dadurch nicht nur deutlich mehr gelernt, sondern auch zwei oder drei mehr Chancen auf Erfolg bekommen. Natürlich ist Qualität wichtig, aber sie sollte Dir nicht im Weg stehen.

Denk an das Pareto-Prinzip: achtzig Prozent sind häufig ausreichend. Wenn Dein erster Entwurf Erfolg hat, kannst Du an den fehlenden zwanzig Prozent arbeiten. Aber wenn er keinen Erfolg haben sollte, hast Du Zeit und Energie gespart. Mehr dazu im Kapitel von Hendrik Lennarz.

Zeitmanagement

Nur weil Deine Eltern von 8:00 Uhr morgens bis 17:00 Uhr abends gearbeitet haben, heißt es nicht, dass Du das auch tun musst. Insbesondere, wenn Du nebenberuflich ein Projekt starten willst, kann es sich lohnen, die „Randzeiten“ als Arbeitszeit zu testen. Stell Deinen Wecker doch mal auf 5:00 Uhr, steh auf, setz Dich an den Rechner und fange an zu arbeiten. Klar bist Du müde, aber das geht vorbei, sobald Dein Gehirn etwas zu tun bekommt. Du hast keine Ablenkung, denn alle anderen schlafen noch. Dein Gehirn ist frisch und ausgeruht – perfekt um sich zu konzentrieren! Und egal, was im Laufe des Tages noch passieren wird: Du hast das gute Gefühl, heute schon etwas Konstruktives getan zu haben!

Vielleicht bist Du aber keine Lerche, sondern eine Eule und Du kannst Abends besser arbeiten. Dann lass den Fernseher aus, leg das Handy beiseite und arbeite an Deinem Projekt, wenn alle anderen faul auf dem Sofa liegen! Denk daran – Du hast nur dieses eine Leben. Wäre es nicht schade, Deine Chance zu vertun, nur weil im Fernsehen eine Castingshow läuft?

Aufgabenmanagement

Was das Aufgaben- und Projektmanagement im täglichen Tun angeht, gibt es eine Vielzahl von Methoden, die Du ausprobieren kannst. Beispielsweise die Eisenhower-Matrix[1], bei der alle Aufgaben, abhängig von ihrer

1 https://www.lernen-heute.de/selbstmanagement_eisenhower.html

Dringlichkeit und Wichtigkeit, in einen von vier Quadranten eingetragen und dementsprechend bearbeitet werden. Oder die Pomodoro-Technik[2] (benannt nach einer Küchenuhr in Tomatenform), bei der Du in 25-minütigen Sprints arbeitest. Oder auch die Getting-things-Done (GTD)[3] Methode des Autors David Allen, bei der alle Aufgaben auf vier unterschiedlichen Listen gesammelt und damit priorisiert werden. Kanban ist eine weitere, sehr populäre Methode aus dem Lean-Innovation-Umfeld, um die eigenen und Teamaufgaben zu managen. Lass Dich inspirieren und probiere verschiedene Methoden aus, um die zu finden (oder selbst zu erstellen), die genau zu Deinem Arbeitsstil passt!

Partnerschaften & Networking

Kennst Du den Begriff „Stealth Mode"? Gründer benutzen ihn, wenn sie ihr Startup geheim halten wollen, um die Geschäftsidee vor der vermeintlichen Konkurrenz zu schützen. Deswegen sprechen sie nicht darüber, denn der böse Konzern könnte ja davon Wind bekommen und dem Gründer zuvorkommen! Ich bin kein Freund von Stealth Mode, denn meine Erfahrung hat gezeigt, dass es sehr, sehr hilfreich ist, schon frühzeitig über sein Projekt zu sprechen.

Was hat man zu verlieren? Es ist sehr unwahrscheinlich, dass Du der Erste bist, der auf diese Idee kommt. Was übrigens nichts über die Erfolgschancen aussagt, denn Facebook war nicht die erste Social-Media-Plattform und Google nicht die erste Suchmaschine. Insbesondere großen Konzernen mangelt es nicht an kreativen Ideen, sondern an den Ressourcen, diese auch nur ansatzweise so schnell umzusetzen, wie Du es kannst. Das heißt, selbst wenn der Chief Innovation Officer Deines ärgsten Wettbewerbers von Deiner Idee Wind bekommen würde – sie würde vermutlich in einer Schublade enden. Wie viele, viele andere auch. Denn dieser Mensch hat genug mit Politik, seinem Team, seinem Budget, seinen Meetings und ganz bestimmt seiner IT zu tun, als das er in der Lage wäre, Deine Idee zu stehlen.

2 https://karrierebibel.de/pomodoro-technik/
3 https://gettingthingsdone.com/

Was kannst Du gewinnen, wenn Du früh und oft über Deine Idee sprichst? Konstruktives Feedback. Hilfreiche Partner. Wertvolle Kunden. Innovative Mitarbeiter. Alles Dinge, die insbesondere zu Beginn Deines Projekts sehr wertvoll sind. Also „gehe vor die Tür" und erzähle den Menschen von Deinen Projekten mit all der Leidenschaft, die Du für Dein Baby hast. Und scheue auch nicht den „Feindkontakt" mit Deinem vermeintlichen Wettbewerber, denn gerade in jungen Branchen ist der Markt noch lange nicht gesättigt und der Kuchen groß genug. Statt Deine Energie darin zu investieren, Dir über den Wettbewerb Gedanken zu machen, kümmere Dich um Dein Projekt, Deine Kunden und Deine Mitarbeiter.

Weiterbildung

Bestimmt kennst Du Leonardo da Vinci. Nicht nur war er einer revolutionärer Maler (er hat u.a. die „Mona Lisa" und „Das letzte Abendmahl" gemalt), sondern war auch Ingenieur, Anatom, Bildhauer, Architekt und vieles mehr. Er war das, was wir heute gerne als Universal-Genie bezeichnen. In seinen Notizen fand man das, was wir heute als To-do-Liste bezeichnen würden. Allerdings notierte sich da Vinci keine Aufgaben, sondern Lernprojekte. Er wollte die besten Experten in einem Fachgebiet nach ganz spezifischen Kenntnissen fragen, um zu lernen wie man bspw. einen Kanal baut oder die Distanz zur Sonne berechnen könne.[4] Da Vinci war sicherlich intelligenter als die meisten von uns, aber seine Expertise und damit seinen Erfolg hat er vor allem seinen Durst nach Wissen zu verdanken – und bestimmt auch einer gewissen Dreistigkeit, sich an die besten Experten zu wenden und ihnen Löcher in den Bauch zu fragen.

Nimm Dir daran ein Beispiel! Da Vinci lebte vor ca. 530 Jahren. Wir leben in einer Welt, in der beinahe jede Information verfügbar ist, vieles sogar kostenlos oder leicht erreichbar. Verschwende diesen Schatz nicht und profitiere von dem Wissen so vieler erfahrener und kluger Köpfe, die vor Dir gekommen sind und ihre Erkenntnisse dankenswerterweise aufgeschrieben haben. Was ich damit sagen will: lies mehr Bücher! Und wenn lesen nichts

4 http://www.openculture.com/2018/07/leonardo-da-vincis-list-circa-1490.html

für Dich ist, dann besorge Dir Hörbücher! Auch wenn Du jeden Tag nur fünfzehn Minuten investieren kannst, dann schaffst Du im Laufe eines Jahres mehrere Bücher – und wer sagt, dass Du jedes Buch von Anfang bis Ende lesen musst? Starte doch mit Zusammenfassungen wie bspw. von Blinkist, um herauszufinden, welche Bücher für Dich interessant sein könnten. Oder lese nur die relevanten Kapitel, wenn Deine Zeit knapp bemessen ist.

Auch Webinare, Barcamps und Konferenzen erlauben uns einen Zugang zu Wissen und den persönlichen Austausch mit Experten, wie es ihn in der Geschichte der Menschheit noch nie gegeben hat. Auch wenn Du ein „Macher" bist – sei auch ein Leser. Never stop learning! Mehr dazu im Kapitel von Dennis Fischer.

Intuition

Der intuitive Geist ist ein heiliges Geschenk,
und der rationale Verstand ein treuer Diener.
Wir haben eine Gesellschaft erschaffen, die den
Diener ehrt und das Geschenk vergessen hat.
– Albert Einstein, Physiker

Die Intuition, oder umgangssprachlich das Bauchgefühl, ist ein Bestandteil unseres Wesens, den wir stark vernachlässigen. Es gibt unzählige Ratgeber über Entscheidungsfindung, die Dir das Leben erleichtern wollen. Und ich selbst bin ein großer Verfechter von datengetriebenem Marketing. Aber die wichtigen Entscheidungen in unserem Leben, die sich nicht anhand von Daten bemessen lassen, treffen wir aufgrund unseres Bauchgefühls – und das ist gut so. Oft können wir nicht sagen, warum wir uns in jemanden verlieben, warum wir mit einer Person gut zusammenarbeiten können oder warum wir gerne ein Projekt verfolgen wollen ... trotzdem sind wir der Ansicht, dass es richtig ist, so zu handeln. Und meistens ist es das auch. Unserer linke Gehirnhälfte „erfindet" noch nachvollziehbare, vernünftige Gründe, die uns die Rechtfertigung erleichtert (gegenüber anderen und uns selbst), aber die Entscheidung ist oft schon getroffen.

Mein Appell: Lerne, auf Deine innere Stimme zu hören! Vertraue ihr und vergeude keine Zeit damit, eine Entscheidung auf die lange Bank zu schieben. Diese innere Stimme wird sich bei Dir melden, wenn sie Dein nächstes Projekt erkennt. Egal, ob es der Bau einer Gartenhütte, eine große Weltreise, Dein erstes Buch oder die Gründung eines Startups ist. Du musst nur lernen, ihr zuzuhören!

Der Regisseur Steven Spielberg hat gesagt: „Der Traum ist etwas, von dem Du nicht wusstest, dass es in Dein Leben kommen würde. Träume schleichen sich an Dich heran, statt Dir ins Gesicht zu schreien: „Das ist es, wer Du bist, das ist es, was Du für den Rest Deines Lebens sein musst." Manchmal flüstert ein Traum fast. Und ich habe immer zu meinen Kindern gesagt, dass es am schwierigsten ist, auf seine Instinkte zu hören – seine persönliche Intuition – denn sie flüstert immer; sie schreit nie. So müsst ihr jeden Tag in eurem Leben bereit sein, zu hören, was sie euch ins Ohr flüstert. Und wenn Du dem Flüstern zuhören kannst, und wenn es Dein Herz kitzelt und es etwas ist, von dem Du denkst, dass Du es für den Rest Deines Lebens tun willst, dann wird es das sein, was Du für den Rest Deines Lebens tust, und wir werden von allem profitieren, was Du tust."

Selbstoptimierung & Gewohnheiten

Sobald Du Dir ein Ziel gesetzt und Dein Projekt realisiert hast, wird etwas Wunderbares geschehen: Du wirst süchtig. Süchtig nach Freiheit, süchtig danach, Dein Leben zu gestalten und zu optimieren. Nicht nach den Vorstellungen Deines Arbeitgebers, Deiner Freunde aus der Uni oder Deiner Eltern. Sondern so, wie DU es willst. Du wirst Dein Leben optimieren wollen.

Das betrifft beispielsweise:

- Sport und körperliches Wohlbefinden
- Schlafenszeiten und Optimierung Deiner Arbeitsweise
- Ernährung
- Dein persönliches und berufliches Umfeld
- Persönliche Finanzen

Die Ratgeber zu diesen Themen füllen ganze Bibliotheken und auch nur ein Anriss würde den Umfang dieses Kapitels sprengen. Deswegen verweise ich auf die drei der besten Bücher, die ich jedem Macher ans Herz legen möchte:

1. Dale Carnegie: „Wie man Freunde gewinnt". DAS Buch über den Umgang mit Menschen. Sollte Pflichtlektüre in der Schule sein.
2. George S. Clason: „Der reichste Mann von Babylon". Ein gutes Einstiegsbuch über die Verwaltung der persönlichen Finanzen.
3. Tim Ferris: „Tools der Mentoren". Jede Menge Inspiration, wie sich erfolgreiche Menschen geistig und körperlich fit halten.

Ziele setzen

Du willst Gas geben – aber Du weißt nicht, in welche Richtung Du fahren sollst? Du hast Talent und Ehrgeiz, aber Dir fehlt der Kompass?

Dann starte Dein Projekt damit, indem Du Deine Vision definierst. Es ist lohnenswert, sich für diesen Prozess Zeit zu nehmen, denn er ist sehr persönlich. Letztlich kommt es nämlich darauf an, was Du in Deinem Leben erreichen möchtest. Und diese Fokussierung fällt uns angesichts der Unmengen an Möglichkeiten und Lebensentwürfen (man denke nur an Instagram) zunehmend schwer. Aber diesen Schritt kann Dir niemand abnehmen. Du kannst einem Vorschlag von Stephen R. Covey[5] folgen und damit beginnen, Deine Grabrede zu schreiben. Wie sollen Deine Mitmenschen Dir Gedenken? Was willst Du bis zu Deinem Tod geleistet haben? Wie wirst Du mit Deinen Mitmenschen umgehen und welchen Einfluss hast Du auf die Geschichte der Menschheit?

Oder Du folgst der Argumentation von Simon Sinek und definierst zunächst Dein „Why".[6] Warum tust Du, was Du tust? Was treibt Dich an,

5 Stephen R. Covey: Die 7 Wege zur Effektivität
6 Simon Sinek: Start with Why

woran glaubst Du und warum kannst nur Du es sein, der gerade jetzt dieses Projekt verwirklicht?

Davon kannst Du Deine Vision ableiten: Dein Ziel, dass Du nie erreichen wirst, aber alle Deine Tätigkeiten darauf ausrichtest. Ein gutes Ziel sollte mehrere Bedingungen erfüllen, die wichtigste aber ist: Eine Vision ist gut, wenn man sie einmal im Leben hört und dann nie wieder vergisst.[7]

Du hast Deine Vision definiert? Hervorragend, jetzt brauchst Du Dir nur noch ein festes Ziel setzen, an dem Du Deinen Erfolg messen kannst. Dieses Ziel sollte **SMART** sein:

- **S**pezifisch: „Kundenzufriedenheit erhöhen" ist viel zu abstrakt. Sei so genau wie möglich!
- **M**essbar: wann genau hast Du ein Ziel erreicht? Definiere eine feste Zahl!
- **A**ttraktiv: Du musst voll dahinter stehen und Dein Ziel mit jeder Faser erreichen wollen
- **R**ealistisch: Sei ambitioniert, aber bleibe auf dem Boden des Machbaren
- **T**erminiert: bis wann genau willst Du Dein Ziel erreicht haben?

Ein Beispiel: „Ich möchte ein erfolgreiches Unternehmen gründen" ist kein SMARTes Ziel. Stattdessen könntest Du sagen: „Ich möchte bis zum 31. Dezember 10 neuen Kunden jeweils mindestens 5.000 EUR in Rechnung gestellt haben". Spezifisch, messbar, attraktiv, realistisch und terminiert. Im Prinzip sehr einfach, aber trotzdem oft leider ignoriert.

Auch die durch Google populär gewordene Management-Methode *„Objectives and Key Results"* (OKR) basiert auf der Definition von messbaren Zielen und der anschließenden Ausrichtung der eigenen Maßnahmen und Produkt-Entwicklungen.

Ein letzter Tipp: Du wirst Höhen und Tiefen durchleben. Damit Du auch an schlechten Tagen nicht aufgibst und Deiner Vision treu bleibst, kann es

7 Stefan Merath: Die Kunst, seine Kunden zu lieben

hilfreich sein, sie sich vor Augen zu führen. Was wird geschehen, wenn Du Dein Ziel erreicht hast? Wie wirst Du Dich fühlen? Je besser und öfter Du Dein Ziel visualisierst, je mehr Du Dir vor Augen führst, wie Du Dich fühlen wirst, desto realistischer wird es – und praktischerweise manipulierst Du damit Dein eigenes Gehirn. Denn Dein Ziel wird sich ins Unterbewusstsein einbrennen und Du folgst quasi auf Autopilot dem richtigen Kurs.[8,9]

Chuzpe

Sobald Du es Dir zum Ziel machst, Dich weiterzuentwickeln und mit Deinen Projekten die Straße unsicher machst, wird etwas Wunderbares passieren: Du stellst alles infrage. Warum verbringen so viele Menschen ein so ähnliches Leben? Warum ist Erfolg in unserer Gesellschaft als 1,3 Kinder, ein Haus im Grünen, zwei Autos und ein sicherer Job definiert? Wer stellt die Regeln auf? Und wer sagt, dass wir alle den gleichen Zielen und Idealen folgen sollen? „I was blind, but now I see!"

Chuzpe ist jiddisches Wort, für das es kein deutsches Pendant gibt. Es beschreibt eine Mischung aus zielgerichteter, intelligenter Unverschämtheit, charmanter Penetranz und unwiderstehlicher Dreistigkeit – also perfekt für zielstrebige Menschen mit einem Growth Mindset. Trau Dich auch mal, unkonventionelle Wege zu gehen! Provoziere, unterhalte und entspreche nicht den Erwartungen! Setze Deine eigenen Ziele! Orientiere Dich an Deiner Vision und nicht an der Vision der Gesellschaft. Und wenn im Zweifel, dann bitte eher um Entschuldigung, statt vorher um Erlaubnis zu fragen.

8 Marc A. Pletzer: Die Cappucino Strategie
9 Napoleon Hill: Think and grow rich

NACHWORT

Von David Arnoux

How many experiments do you run per year, per month, per week, per day? Why do I ask?

Since the beginning of time random experiments have determined what survives, what dies, what adapts and what dominates. We call this natural selection, the survival of the fittest, feedback loops, the law of the jungle, the theory of evolution, Darwinism. It takes billions of years, it's more luck than controlled experiments and it explains why I'll probably never see a short-necked giraffe[1].

Now fast forward a bit to early 17th century Europe when humans began applying natural selection to ideas, to *truth*. Previously *truth* was the sole result of faith or the words of a divine leader. But from Galileo onwards truth was increasingly recognised as the result of a series of trials and errors, of tests and experiments. The *scientific method* was born[2]. A somewhat controlled natural selection of ideas. One to which we owe most of the

---

1 Although a new theory, interestingly called the "necks-for-sex" hypothesis, attributes their long necks to sexual selection.

2 It's a shortcut to say that the scientific method was developed by Galileo, but we'll take that shortcut.

world's greatest scientific accomplishments; antibiotics, silicon conductors, spaceships, self-flushing toilets and the complex process through which this book made its way to you.

So if the fittest species have embraced this, if science has understood this, why do an overwhelming majority of people and organisations still stick to faith and certainty when taking decisions, when placing bets on ideas. Why haven't we all embraced controlled selection to validate which ideas should survive. What is blocking us? Is it us? Is it our environment, or both?

Our environment is part of the cause. The environment we live in is growingly complex. Nearly a decade ago I was introduced to the notion that we evolve within *complex adaptive systems*. *Complex* due to the infinite variables that surround us; competitors, transitioning work models, shifting regulations, fast moving consumer trends, politics, world events, evolving biases, demographics, technological change and how rainy it will be tomorrow. Secondly it's *adaptive* meaning these variables never stop moving, never stop evolving. They're shifting faster today than ever before. I'll agree, complex adaptive systems are difficult to cope with, you need to be faster, more flexible and more adaptable than ever before. To succeed you'll need to continuously keep learning, continuously be curious and regularly reinvent yourself. It's challenging but it's also exciting as hell. Rather than seeing this as a threat I propose to see this as an opportunity. By purchasing this book you've made a solid step in the right direction, you're already learning and I want to congratulate you. But after reading it I also want you to take action.

Meet Jane and John

Jane and John work together. I consider them old-school in their thinking. They work in an exciting consumer electronics firm that regularly launches cool devices. They're responsible for launching a new connected watch. The launch includes a campaign comprised of a message, positioning, geographical choices, a target audience, a tone, a customer journey, visuals, channels and a bazillion other details. They're faced with an almost infinite choice of combinations. An infinite number of risky decisions. The campaign is launched in September, money is spent and results are analysed in February of the following year. The campaign did ok. Nothing great. If they could do it again they'd change many things. If only they'd known earlier. If only they'd changed the messaging, used more of this channel, targeted a different audience, used different visuals and looked for early signals before going all-in. If only they'd applied a natural selection of their assumptions early on to reduce risk and increase success.

Now imagine a world where Jane and Jchn had access to tools that would allow them to ship experiments rapidly, to test features, content, value propositions, customer journeys, products, copywriting, ads and track engagement, run growth experiments and track retention all at the same time in a matter of days or weeks. A world where technology would allow them access to rapid feedback loops, allow them to run thousands of experiments per year, a world where they could speed up the natural selection of their ideas. 'Darwinism on steroids'. What a world that would be. A world where a non-coder from that same firm could prototype an idea over the weekend, where a developer could test their concept on the market before even building it, where a product owner could test 3 variations of a new feature to improve retention or where a sales manager could test 10 variations of an upsell sales funnel. Imagine a world where if you don't have a skill you could tap into a central hub of knowledge and learn the basic principles in a few hours. A world where the growth mindset was not just possible, but within arms reach.

William Gibson famously said that "the future is now, it's just not evenly distributed". The world I've just described is already here. We already live in this world. The question is, do you?

And if not, read this book then come anc join us.
— David Arnoux
Founder Growth Tribe

Printed in Poland
by Amazon Fulfillment
Poland Sp. z o.o., Wrocław

78319528R00167